新型电容器介电陶瓷储能材料

陈国华　许积文　著

New Dielectric Ceramic Materials for Energy Storage Capacitors

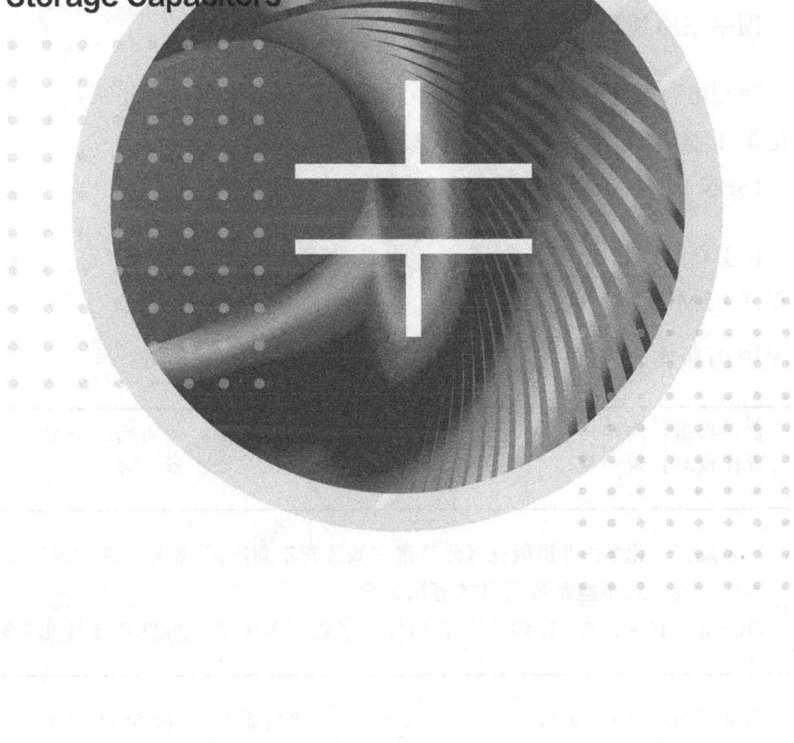

化学工业出版社
·北京·

内 容 简 介

《新型电容器介电陶瓷储能材料》以作者多年来在储能微晶玻璃与陶瓷材料研究开发方面取得的科研成果为基础，较系统地总结了国内外在储能玻璃和陶瓷研究方面的最新成果，具体内容包括：电介质电容器与介电储能材料，介电微晶玻璃和陶瓷储能材料研究进展，电介质储能材料结构与性能表征，不同系列储能微晶玻璃的制备、结构和性能，添加稀土微晶玻璃储能材料的研究，单掺和复合离子掺杂 BNT-BT 陶瓷结构、铁电和储能性能，以及添加反铁电组元的 BNT 基陶瓷结构、铁电和储能性能的研究及应用领域。

《新型电容器介电陶瓷储能材料》可供材料、电子、能源、环境等领域从事科学研究、新材料开发、生产和管理的工作者阅读与参考，也可作为材料科学与工程、新能源材料与器件、无机非金属材料工程、功能材料、应用物理学等专业的本科生和研究生的教学参考书。

图书在版编目（CIP）数据

新型电容器介电陶瓷储能材料/陈国华，许积文著．—北京：化学工业出版社，2021.3（2022.3 重印）

ISBN 978-7-122-38631-1

Ⅰ.①新…　Ⅱ.①陈…②许…　Ⅲ.①陶瓷介质电容器-研究　Ⅳ.①TM534

中国版本图书馆 CIP 数据核字（2021）第 038463 号

责任编辑：陶艳玲　　文字编辑：师明远　毕梅芳

责任校对：宋　夏　　装帧设计：张　辉

出版发行：化学工业出版社（北京市东城区青年湖南街 13 号　邮政编码 100011）

印　　装：天津盛通数码科技有限公司

710mm×1000mm　1/16　印张 14¾　字数 255 千字　2022 年 3 月北京第 1 版第 2 次印刷

购书咨询：010-64518888　　售后服务：010-64518899

网　　址：http://www.cip.com.cn

凡购买本书，如有缺损质量问题，本社销售中心负责调换。

定　　价：98.00 元

前言

对新能源和可再生能源的开发探索，寻找提高能源利用效率的新方法，已成为21世纪的重要课题。能源的不断消耗，特别是各类不可再生能源的大量使用，已对全球气候、环境和人类健康造成极大的负面影响。因此，越来越多的新型绿色能源被逐渐地开发出来，将其高效转变为电能，以供人类生产和生活使用。同时，如何有效地储存利用好电能也变得越来越重要。

目前商用的储能器件大致可以分为电介质电容器、电化学电容器和电池（锂电池和燃料电池）三大类。其中电池具有较高的储能密度和较低的功率密度，电介质电容器具有低的储能密度和高的功率密度，而电化学电容器的储能密度和功率密度则介于电池和电介质电容器之间。与电化学电容器和锂离子电池相比，电介质电容器拥有较高的可释放功率密度、较快的充放电速率以及长的循环寿命，是重要的新型功率储能器件，在新能源汽车、智能电网以及脉冲功率系统等领域有巨大的应用潜力与商业化前景。电介质电容器这种固态储能方式安全可靠，但储能密度和效率不够理想，使其实际应用受限。要实现储能元件的小型化、轻量化，则必须提高电介质电容器的有效储能密度及其效率。

人们对传统成熟的蓄热供暖技术、气体水合物储能技术、化学能储存技术及其应用、电化学储能器件与原理及其关键材料和储能用碳基纳米材料等进行了广泛研究，获得了丰富的储能技术及其关键材料等方面的科学理论与知识，并开发出了众多实用的产品和技术。然而，对于电介质电容器及其关键储能材料的研究还不够系统和完善，尤其是对储能微晶玻璃和无铅陶瓷材料的研究较少。近年来的研究表明，无铅铌酸盐微晶玻璃和钛酸铋钠基陶瓷材料具有组成可调、环境友好、化学稳定性好、击穿强度高、能量转换效率高和储能密度大等诸多优点，是理想的电介质电容器用关键材料，在各种混合电动汽车、脉冲激光武器、电力、能源电子系统中扮演着越来越重要的角色，特别是在高能脉冲功率技术领域有不可替代的应用。因此，研究、开发用于电介质电容器的新型储能微晶玻璃与陶瓷材料具有十分重要的意义。

本书以作者承担的国家自然科学基金项目、广西自然科学基金项目及作者多年来在储能微晶玻璃与陶瓷材料研究开发方面取得的科研成果为基础，较系统地总结了国内外在储能微晶玻璃和陶瓷材料方面的最新成果，介绍了电容器与介电储能材料的概念、微晶玻璃和陶瓷储能材料研究进展、电介质储能材料结构与性能表征、不同微晶玻璃和陶瓷体系储能材料的制备和性能。全书共 10 章，包括电介质电容器与介电储能材料，介电微晶玻璃和陶瓷储能材料研究进展，电介质储能材料结构与性能表征，SrO-BaO-Nb_2O_5-B_2O_3-SiO_2 微晶玻璃制备和性能，SrO-BaO-Nb_2O_5-B_2O_3 微晶玻璃制备和性能，（La_2O_3，Sm_2O_3）-SrO-BaO-Nb_2O_5-B_2O_3-ZnO 微晶玻璃的制备和性能，SrO-BaO-Nb_2O_5-B_2O_3-P_2O_5 微晶玻璃的制备和性能，单离子掺杂的 BNT-BT 陶瓷结构、铁电和储能性能，复合离子掺杂的 BNT-BKT 陶瓷结构、铁电和储能性能和反铁电组元调控的 BNT 基陶瓷结构、铁电和储能性能。

本书由桂林电子科技大学陈国华、许积文著。其中陈国华编写第 2 章的 2.1～2.4 节、第 3、4、5、6、7 章，许积文编写第 1、8、9、10 章。作者在编写本书的过程中参考了大量文献，受益匪浅，并得到了国家自然科学基金和广西自然科学基金等项目的资助，在此，谨向所有提供帮助的文献作者和资助单位表示衷心的感谢。同时，也向在本书编写过程中提供大量帮助的研究生们表示谢意，他们是张文俊、刘涛涌、宋俊、郑佳、谢航、赵阳阳、卢晓鹏、霍子伟等。

介电储能微晶玻璃和陶瓷新材料的发展很快，新体系不断涌现，内容丰富，应用领域非常广泛。由于时间和作者水平有限，书中不妥之处在所难免，竭诚希望使用本书的教师、研究生、本科生及其他科技工作者批评指正。

著　者

2020 年 10 月于桂林

目录

第1章 电介质电容器与介电储能材料

第2章 介电微晶玻璃和陶瓷储能材料

第 5 章 $SrO-BaO-Nb_2O_5-B_2O_3$ 微晶玻璃制备和性能

第6章 (La_2O_3, Sm_2O_3)-SrO-BaO-Nb_2O_5-B_2O_3-ZnO 微晶玻璃的制备和性能

第7章 SrO-BaO-Nb_2O_5-B_2O_3-P_2O_5 微晶玻璃的制备和性能

第9章 复合离子掺杂的BNT-BKT陶瓷结构、铁电和储能性能

第10章 反铁电组元调控BNT基陶瓷结构、铁电和储能性能

第 1 章　电介质电容器与介电储能材料

1.1　引言

对新能源和可再生能源的开发探索，寻找提高能源利用效率的新方法，已成为21世纪的重要议题。能源的不断消耗，特别是各类不可再生能源的大量使用，已对环境、全球气候和人类健康造成极大的负面影响。因此，越来越多的新型绿色能源被逐渐地开发出来。同时如何有效地储存、利用这些能源也越来越重要。当前我国正逢能源高消耗期来临，因此，针对目前我国能源问题，国家发展改革委 2016 年公布《可再生能源发展“十三五”规划》，对风光水电、生物质能、地热能、海洋能等新能源和可再生资源 2016—2020 年的发展给出明确规划，国家能源局也印发了《能源技术革命创新行动计划（2016—2030 年）》，其中储能技术作为能源互联网和可再生能源产业发展的关键技术，被列为我国未来 15 年的关键创新任务之一。

目前商用的储能器件大致可以分为电介质电容器、电化学电容器、电池（锂电池和燃料电池）三大类。图 1-1 为各类储能器件的储能密度和功率密度的对比图[1]，其中电池具有较高的储能密度和较低的功率密度，电介质电容器具有低的储能密度和高的功率密度，而电化学电容器的储能密度和功率密度则介于电池和电介质电容器之间。与电化学电容器和锂离子电池相比，电介质电容器拥有较高的可释放功率密度，较快的充放电速率以及长的循环寿命，是重要的新型功率储能器件，在新能源汽车、智能电网以及脉冲功率系统等领域有巨大的应用潜力与商业化前景。

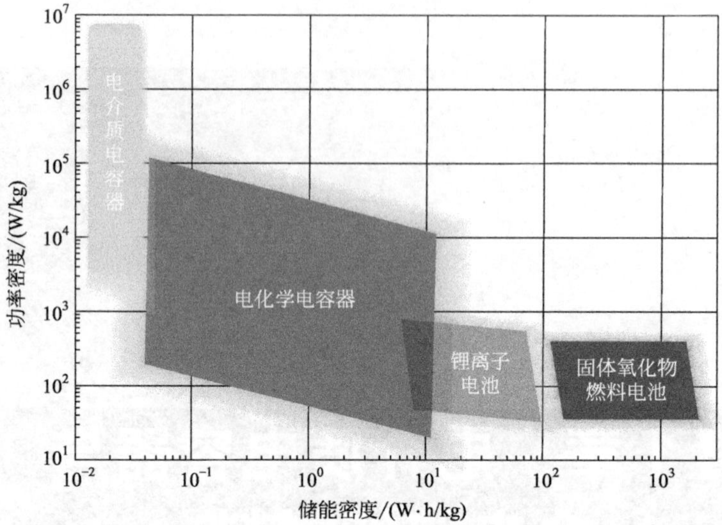

图 1-1　商用储能技术的性能对比

电介质电容器是一种传统的储能器件，广泛应用于电子电路中。电介质电容器储能密度虽不如电化学电容器，但它的功率密度在各类储能器件中最高，适合应用于功率波动快速且不稳定的领域，例如脉冲功率领域[2]。脉冲功率技术是把缓慢储存起来的高密度能量，进行快速压缩、转换或者直接释放给负载的物理技术，多用于激光、加速器与电磁发射等[3]。电介质电容器储能方式是以两电极间电势能的形式储存电能。这种固态储能方式安全可靠，但储能密度不够理想，使其实际应用受限。低储能密度的元件，不利于高功率脉冲电源的小型化和实用化。例如，目前商用的电介质储能密度基本小于 $3J/cm^3$。要实现储能元件的小型化、轻量化，必须提高电介质材料的有效储能密度。

高储能介电材料经过近 60 年不断的研究和发展，不论在民用还是军用方面都有广泛的应用。尤其在脉冲功率系统中，储能系统往往是脉冲功率系统中最关键的部分，其储能材料储存能量越大，放电速度越快，形成的脉冲功率也越大。随着设备的轻量化、微型化以及紧凑型电子产品的需求增大，对于高储能的储能介电材料的研究也越来越被重视。目前，用于高储能密度的固态介电材料主要有陶瓷材料、玻璃陶瓷（微晶玻璃）材料、聚合物以及聚合物-陶瓷复合材料，这三类材料各有其优缺点[4]。聚合物和玻璃具有高的击穿场强（E_b），但介电常数低；而陶瓷材料介电常数非常大，但击穿场强普遍较低。聚合物、聚合物-陶瓷复合材料、玻璃陶瓷和陶瓷材料，都存在研究难点。

高储能密度和高可靠性电介质储能材料在各种电力、电子系统中扮演着越来越重要的角色，特别是在高能脉冲功率技术领域有不可替代的应用[5,6]。相关器件及产品朝着小型化、轻型化、多功能方向发展，对器件的储能密度提出了更高的要求。因此，提高器件储能特性的关键，在于开发出具有高储能密度的电介质材料。同时，随着世界科技日新月异的发展，各类能源的快速消耗成为新问题，也因此在新型储能技术与材料的开发拓展中衍生出环境友好型材料、可再生能源的研究需求。电介质储能技术因其具有能量转换速率高、工作寿命长、环境友好等优势，已在军用系统、日常电子设备等领域享有一席之地。随着应用领域中电子器件不断高性能化、微型化，高储能密度的电介质材料成为迫切需要的研究对象。本书主要介绍玻璃和陶瓷介质材料及其电储能性能的研究。

1.2 电介质电容器及应用

1.2.1 物理储能电容器

电容器是一种以静电的形式储存并释放电能的电子元件，基本特点是“隔断直流电、传递交流电”。任何两个彼此绝缘又相距很近的导体，都可以被看成一个电容器。平行板电容器是最简单也是最基本的电容器，可以说所有的电容器都是平行板电容器的变形体系。随着现代电子工业的使用要求越来越高，人们也不再将目光局限于单一的平行板电容器，因此发明了多层陶瓷电容器（multilayer ceramic capacitors，MLCC)。MLCC 是由印好电极（内电极）的陶瓷介质膜片以错位的方式叠合起来，经过一次性高温烧结形成陶瓷芯片，再在芯片的两端封上金属层（外电极），从而形成一个类似独石的结构体。多层陶瓷电容器适应了电子产品不断小型化、片式化及表面封装技术（SMT）的集成化趋势，成为世界上用量最大、发展最快的片式元件之一。

如图 1-2 所示，平行板电容器由两块被电介质材料隔开的导体极板组成，在两块距离较近、相互平行的金属平板上加载一个直流电压，待电压稳定后，两板带有等量异种电荷的过程为充电过程；充了电的电容器两极板用导线相连，使充电后的电容器失去电荷的过程为放电过程[7]。两个金属平板间会形成一个静电场，电容以电场能的形式储存电能，且每个极板所带电荷量的绝对值记为 Q。电容储存的电荷量与电压 U 及自身属性（电容 C）相关，即 $Q=UC$。电容器的电容相关公式如下：

$$C=\frac{\varepsilon S}{d} \tag{1-1}$$

$$W=\frac{1}{2}CU^2 \tag{1-2}$$

式中，C 为电容，F；U 为电压，V；S 为电容器电极面积，m^2；ε 为介电常数，F/m；d 为极板间距，m；W 为电能，J。电容 C 的单位为法拉，用 F 表示。由于单位法拉（F）太大使用不便，通常用微法（μF）或皮法（pF）表示，其换算关系为：$1F=10^6\mu F=10^{12}pF$。

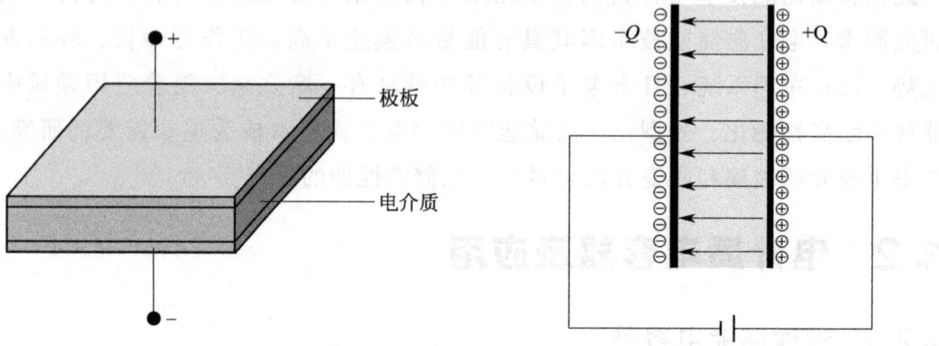

图 1-2　平行板电容器的结构示意

从公式(1-2) 可知，电容存储的电能只与电压大小有关，与电压建立的过程无关，而且是平方关系。从材料的角度看，要求电介质材料的耐压能力强，可以施加高压充电。同时，还可以知道存储的电能与电容有关，因此要求电容器具有较高的电容。

从材料的角度而言，要提高电容器的电容，一方面需要电介质材料具有较高的介电常数，另一方面则需要电介质材料具有较薄的厚度。但从工程可实现的角度来看，既不可能无限增加电介质材料的介电常数，也不可能无限减薄电介质材料的厚度。因此，在实际工程应用中需要设计和构造独特的器件结构，以实现电容的进一步增加。考虑到电容与其他被动元件（电阻、电感）一样，也可以组合进行元件的应用，而串联和并联是连接电路元件的基本方式。串联是将电路元件（如电阻、电容、电感等）逐个顺次首尾相连接，电路中通过各元件的电流都相等。并联是将电路元件首首相接，同时尾尾亦相连的一种连接方式，电路中各元件具有相同的端电压。

对于电容的串并联来说，其总电容的计算采用式(1-3) 和式(1-4)。

$$\frac{1}{C}=\frac{1}{C_1}+\frac{1}{C_2}+\frac{1}{C_3}+\cdots \tag{1-3}$$

$$C=C_1+C_2+C_3+\cdots \tag{1-4}$$

式中，C_1、C_2、C_3 为单个电容器的电容；C 为串并联后总的电容。根据公式(1-3) 可知，串联电容的电容比多个串联电容中任意一个电容都要低，不能够提高电容。而公式(1-4) 则表明并联电容是增加电容的有效方法，这就是 MLCC 提升电容的基本原理，也是 MLCC 成为目前世界上应用最广、发展最快的片式元件之一的原因。

以上是电介质电容器存储电能的普适性物理描述，而对于不同的电介质材料，其存储和可释放的能量及其效率可以有多种计算及表示方法。根据极化特性的不同，介电储能材料分为铁电材料、顺电材料、反铁电材料、弛豫铁电材料、线性电介质材料。

铁电类材料的储能密度可以利用电滞回线，即 P-E 曲线来计算，其示意图如图 1-3 所示。计算公式如下：

总的储能密度 W（$W=W_{rec}+W_{loss}$）为：

$$W=\int_0^{P_{max}} E\mathrm{d}P \tag{1-5}$$

可释放的储能密度（W_{rec}）为：

$$W_{rec}=\int_{P_r}^{P_{max}} E\mathrm{d}P \tag{1-6}$$

电容器的储能效率（η）为：

$$\eta=(W_{rec}/W)\times 100\% \tag{1-7}$$

式中，P_{max}、P_r、P 和 E 分别表示最大极化强度、剩余极化强度、极化强度和外加电场强度。图 1-3 中黑色阴影部分面积为放电过程中可释放出的能量密度（W_{res}），灰色部分面积为放电过程中的能量损耗（W_{loss}），两者面积总和为储存的总能量。

线性电介质的储能密度可由如下计算公式计算得出：

$$W=\frac{1}{2}\varepsilon_0\varepsilon_r E^2 \tag{1-8}$$

式中，ε_0 和 ε_r 分别是真空介电常数和材料的相对介电常数；E 是外加电场强度。

1.2.2　储能电容器的应用

(1) 科研和国防上的应用

高储能密度脉冲电容器广泛应用于国防（如粒子束与激光武器、电磁轨道炮武器、全电动军舰、战斗用车辆和混合动力汽车等）、科学实验（如强脉冲 X 射线）、工农业及医学等领域，军事上的机载和车载激光武器基本都用脉冲功率电容器作为储能元件。美国、英国、德国、法国、日本、俄罗斯相继建立了大型激光装置进行研究，例如美国的 NIF 激光器、英国的 Orion 巨型钕玻璃激光系统、法

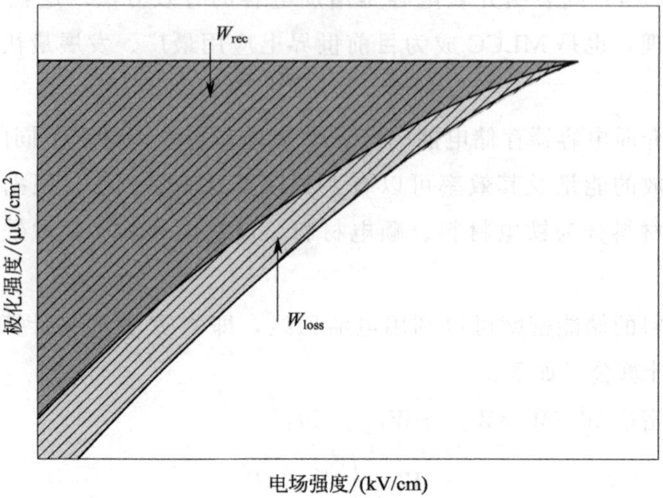

图 1-3　典型的电滞回线

国的 LMJ 和 Petal 激光器、俄罗斯的 UFL-2M 热核激光装置。此外，新概念电磁武器和脉冲功率技术也密切相关。目前，应用比较成熟的高储能电容器主要是有机薄膜电容器，玻璃和陶瓷类等无机材料制备的电容器相对滞后。据报道，美国海军于 2010 年成功试射电磁轨道炮，采用的是美国通用公司研制的有机薄膜电容器，每门电磁炮需储能 32MJ，重达 18t[3]。通用公司研制的电容器储能密度为 3.0MJ/m^3，寿命达 1000 次，处于最高水平[3]。我国的研究虽然起步较晚，但无论是基础研究还是工程应用都获得了较快发展。2011 年，中国工程物理研究所研制成功的神光 3 号惯性约束核聚变点火装置由 108 套 1.2MJ 有机薄膜电容器能源模块组成，每套能源模块采用 34 台脉冲功率薄膜电容器[8]。2014 年，成功研制出 Z 箍缩超高功率脉冲强流加速器——聚龙一号，采用 144 台脉冲功率电容器[9]。目前，国内已知的通过测试的电容器整机最高储能密度为 2.0MJ/m^3，而实验室能够制备出储能密度达 2.7MJ/m^3、放电寿命大于 1000 次，以及储能密度 2.2MJ/m^3、放电寿命大于 2000 次的脉冲功率电容器[10]。

(2) 在电动汽车上的应用[11]

储能电容器除了用于国防、科学实验等外，还可以用于民用领域，如电动汽车等。2007 年，美国 EEStor 公司研制的电动汽车储能装置宣告了里程碑式的成果：充电 5min 可储能 52.22kW·h，供 14 马力（1 马力＝735.5W）的电动汽车以 96km/h 的速度行驶 5h（480km），储能密度超过 400W·h/kg，可以媲美锂电池产品。这种新型超级电容器动力系统，将替代包括从电动汽车到笔记本电脑的一切电化学电池。

新型超级电容器其实是一种电介质电容器，其关键的电介质材料是包覆的钛酸钡粉体。EEStor公司把电极厚度做到1μm，电介质的相对介电常数做到19861，耐压做到557V/μm，厚度做到9.81μm，工作温度范围−20～60℃。2009年，第三方认证机构进行认证，确认装置在3500V电压下介质相对介电常数达到22000。

铅酸电池充电次数约为500～700次，而EEStor的新型超级电容器可反复充电100万次以上，不会出现材料降解问题。由于它是一种固体状态的能量储存系统，不会出现锂电池那种过热甚至爆炸的危险，没有安全隐患。该技术对下一代锂电池构成了强有力的竞争，不仅适用于小型旅客电动车，还可能取代300马力的大型汽车。

(3) 在电力电网上的应用

电介质电容器储能技术的突破，不仅可以从根本上改变电动车在交通运输中的位置，也将改进诸如风能、太阳能等间歇性能源的利用性能，更提高了电网的效率和稳定性，也将满足人们能源安全的需求，减少对石油的依赖。由于风力能源的间歇性，风速变化导致在风力发电系统中风电机组输出功率出现波动，从而影响电网的电能质量。为了解决风力发电电能质量与功率不平衡的问题，在风机与电网间并入储能系统，是实现调节电能质量、改善功率不平衡的有效途径之一[12]。储能系统不仅可用于电力调峰，控制风力发电输出的有功功率，使风力发电单元作为调度机组单元运行，而且具备向电力系统提供频率控制、快速功率响应等辅助服务的能力。传统的储能技术是化学电池，而通过电极与电解质之间形成的界面双层来存储能量的超级电容器，凭借其高功率密度、充放电迅速、使用寿命长、免维护等优点，作为储能系统的主要储能元件，在风电领域的应用受到广泛研究。

无功补偿在电力供电系统中可提高电网的功率因数，降低供电变压器及输送线路的损耗，提高供电效率，改善供电环境，其无功补偿装置在电力供电系统中是不可或缺的[13]。电容器作为配电网无功补偿的重要设备，在配电系统中被广泛使用。配电网用电力电容器的制备材料主要是聚丙烯薄膜，该类薄膜虽然具备高的击穿场强，但其相对介电常数偏低，严重制约了其储能密度的进一步提升，难以满足配电网的需求。

1.3 电介质储能材料

1.3.1 按材质类型分类

按照材质类型可以分为微晶玻璃（玻璃陶瓷）材料、陶瓷材料和聚合物材料三大类。

(1) 玻璃材料

玻璃是一种无规则结构的非晶态固体，属于无机非金属材料。玻璃因具有极高的击穿场强，是一类重要的储能材料，但其显著不足是介电常数偏低，因此玻璃材料发展的重点是兼具玻璃和陶瓷优势的玻璃陶瓷。玻璃陶瓷是将一定成分的玻璃原料通过熔融、快速冷却得到玻璃块体，利用随后可控结晶工艺制备的玻璃基体与陶瓷颗粒复合的介电材料，通过对玻璃成分控制和结晶工艺的调整，可在结晶过程中弥散而均匀地析出细小的陶瓷结晶相。玻璃相的低孔隙率与析出陶瓷相高的介电常数，使得玻璃陶瓷复合材料同时具有较高的击穿场强和出色的介电性能。提高玻璃陶瓷储能性能的难点，是如何提高玻璃陶瓷的介电常数，使其相对介电常数能够达到1000甚至更高。

(2) 陶瓷材料

陶瓷介电材料具有高介电常数，不同陶瓷体系的相对介电常数在数十到数万之间，具有电阻率和击穿强度较高、热稳定性好、可靠性高等优点。同时，用于电储能的铁电陶瓷种类丰富，如顺电体、弛豫铁电体、反铁电体，使得陶瓷电介质的研究较为丰富，且进入了实用化阶段。陶瓷储能电容器具有功率密度大、充放电时间短、循环寿命长、温度使用范围宽、工艺成熟等优点。提高铁电陶瓷储能性能的难点，是如何提高陶瓷的饱和极化、击穿场强，调控其极化行为（即电滞回线的形状）。

(3) 聚合物材料

聚合物材料通常具有较高的击穿场强、较低的损耗，这一优点与玻璃较为相似，因此可以在高的电场强度下获得较高的储能密度和效率。同时，聚合物具有成本低、密度小、容易大规模加工成薄膜的特性，已被广泛应用在薄膜电容器中。薄膜电容器中常见的电介质材料有双向拉伸的聚丙烯（BOPP）、聚乙烯（PE）、聚酯（PET）、聚碳酸酯（PC）、聚苯硫醚（PPS）等。虽然这类材料击穿场强非常高，但由于大多数聚合物的介电常数较低、极化强度低、储能密度低，以及工作温度低，限制了其高温使用。以 $BaTiO_3$ 为代表的陶瓷电介质具有高的介电常数，结合聚合物高击穿场强和陶瓷高介电常数的优点，制备聚合物-陶瓷复合材料，是一种有效提高聚合物材料储能性能的方法[14]。

这几种储能介质材料都有各自的特点，适用于不同的领域。目前，储能介质材料的发展趋势是：a. 较高的储能密度和储能效率；b. 较高的介电常数；c. 较小的体积和质量；d. 较好的绝缘性；e. 较好的频率、温度稳定性；f. 较长的使用寿命。

1.3.2 按极化类型分类

根据介质材料在电场中的极化函数不同，储能电介质材料可分为五种：线性电介质、顺电体、铁电体、弛豫铁电体和反铁电体。这几种电介质的电滞回线的特点如图 1-4 所示[15]，其中黑色表示材料的可释放储能密度，灰色部分表示材料的能量损耗，从而可以得出存储电能的优势和不足。

（1）线性电介质

线性电介质是指在一定的电场强度范围内，极化强度随电场强度的变化呈线性关系，其介电常数不随电场而变的材料。线性电介质的介电常数虽然低于铁电体和反铁电体，但击穿场强高。从图 1-4 中可以看出线性电介质的储能效率最高，几乎没有损耗。例如 TiO_2 作为单一阳离子线性电介质，具有高的击穿场强（约 1MV/cm）及温度和频率稳定性。

（2）顺电体

温度超过居里温度后，铁电体的自发极化消失，极化有序转为极化无序，电介质的铁电相将会转变为顺电相。顺电相晶体由于具有中心对称结构，在室温和无外场激励时，剩余极化为零。从图 1-4 可知，顺电体比铁电体具有更好的电存储能力。

（3）铁电体

电介质晶体中的晶胞结构使正负电荷中心不重合而出现电偶极矩，产生不等于零的电极化强度，使其具有自发极化，且电偶极矩方向可以因外电场而改变，呈现出类似于铁磁体的特点，故称其为铁电体。铁电体自发极化形成的偶极矩能够在外电场的影响下扭转方向，因偶极矩极化而产生储能效应。铁电体由于存在铁电畴的极化反转和比较大的剩余极化，能量损耗大，不适合作为储能材料。

（4）弛豫铁电体

具有铁电体的显著铁电性，同时还呈现出强烈的弛豫特性的电介质，被称为弛豫型铁电体或扩散相变型铁电体。其铁电相到顺电相是一个渐变的过程，在最大介电常数的温度峰（T_m）以上具有频率色散现象，在 T_m 峰以上仍然存在自发极化。弛豫铁电体的电滞回线、击穿场强、介电常数通过组分可实现较强的调控性，因此极具储能潜力。

（5）反铁电体

反铁电体在一定温度范围内，相邻离子连线上的偶极子呈反平行排列，宏观上自发极化强度为零。在外电场、热应力诱导下反铁电相将向铁电相转变，呈现双电滞回线。反铁电体在低电场下缺乏铁电畴，滞后相对较小，且介电损耗较小。在较高电场时，偶极子反平行排列形成铁电相，反铁电材料通过相变能够存储相当大的能量。相比于线性电介质、顺电体、弛豫铁电体，反铁电材料具有更大的理论储能密度，因铁电-反铁电瞬间相变而有更快的放电率。同样的储能密度，介电常数低的介质需要更高的电压，而反铁电体材料具有比线性电介质材料更高的介电常数。

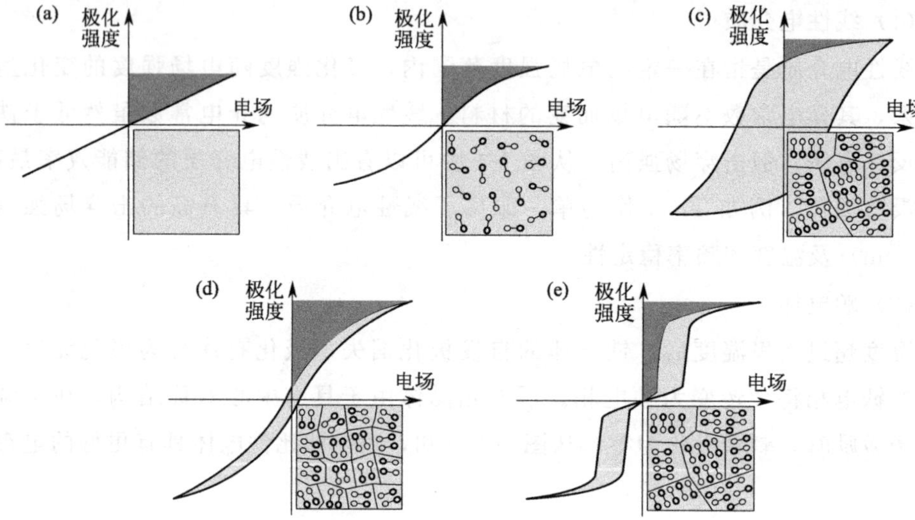

图 1-4　几种电介质的电滞回线

(a) 线性电介质；(b) 顺电体；(c) 铁电体；(d) 弛豫铁电体；(e) 反铁电体

1.4　储能密度的测试方法

储能密度的测试方法一般采用动态法或静态法。

(1) 动态测试法

根据式(1-5) 和式(1-6) 可知，储能密度可以通过铁电测试仪测得的电滞回线(P-E 曲线）积分得到，即极化轴与曲线所围绕的面积大小。测试电滞回线的原理为 Sawyer-Tower 电路，P-E 曲线的测试过程包含升压和降压过程，电场从零逐渐增加，即电容器的充电过程，电场从最大值逐渐减小到零对应电容器的放电过程。五种类型的电介质材料通过动态测试，得到的可释放和损耗的储能密度如图 1-4 所示，两种能量密度之和为总的储能密度。

(2) 静态测试法

静态法测试电介质电容器的储能性能的测试电路如图 1-5 所示。首先，将开关接至左侧，外加高压电源对电容器进行充电。随后将开关接至右侧，已充电的电容器将对右侧电路的负载电阻 R_L 进行放电，形成瞬间变化的大电流。根据放电过程中电流 I 与时间 t 的变化关系，用公式(1-9) 计算出电容器释放出的能量，然后根据电容器释放的能量和电容器尺寸（体积 V）计算得到释放的能量密度。如果采用示波器采样测试的是电压信号，则电容器释放的能量计算采用公式(1-10)。计算储能效率时采用公式(1-2) 可以获得电容器充电时的总能量，释放出的能量与总能量的比值即为储能效率。

$$W=\int I^2(t)R\,\mathrm{d}t/V \tag{1-9}$$

$$W=\int \frac{U^2(t)}{R}\mathrm{d}t/V \tag{1-10}$$

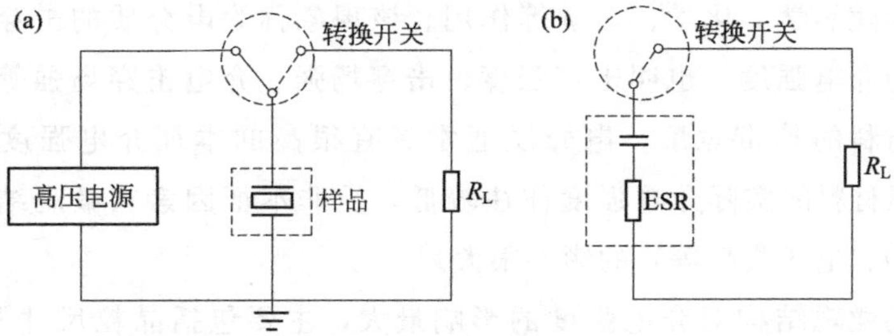

图 1-5　充放电测试电路示意图（a）和电容放电等效电路示意图（b）

同时，静态测试法是一种脉冲放电电路，被认为是一种行之有效的表征脉冲放电性能的方法。电路对电容器充分充电存储电能后对负载放电，放电过程在极短时间内完成，从而得到对负载释放的脉冲能量。因此，可以获得放电电流的波形、峰值及放电时间。

通常，采用静态测试法获得的放电能量密度小于采用动态测试法的测试结果，这可能是静态测试法的放电电路中存在一定的能量损耗。同时，它们的区别还在于动态测试法在测试 P-E 曲线时所加电场为交流电场，降压时电能回到电源，电容器始终与电源连接，而静态测试法测试时外加的是直流电源，充电与放电是两个不同的回路。

1.5　影响电介质电容器性能的因素

1.5.1　影响储能密度的关键因素

（1）介电常数

介电常数是反映电介质极化的宏观物理表现。介质的极化类型主要有电子极化、离子极化、偶极子极化和空间电荷极化，也可根据极化方式不同分为位移型极化和弛豫型极化。位移型极化不需要消耗能量，是弹性的极化，主要包括电子位移极化和离子位移极化，对电场的响应时间极短；弛豫型极化过程是非弹性的，需要一定的响应时间，且需要消耗一定的能量。

从式(1-1) 和式(1-2) 可知，高的介电常数使得电容器具有较高的电容，以及较高的存储能量。如果介电常数偏低，则需要尽可能高的外加电压，而高的外加电压增加电介质击穿的可能性，而且对于铁电类材料来说还可能引起高电场下的巨应变，使陶瓷体碎裂，极大地降低电容器的使用寿命。

(2) 介电强度

电介质能承受的电场强度存在一个临界值，超过临界值后电介质将丧失绝缘性能，同时伴随热学、化学、力学等作用。该现象称为电介质的击穿，临界电场强度被定义为介电强度，也叫击穿强度、击穿场强、介电击穿场强等。本征介电强度取决于材料的禁带宽度，电介质通常具有很高的本征介电强度，一般大于1MV/cm。但材料的实际介电强度往往较低，受非本征因素（微观结构、样品厚度、电极结构、电压类型等）的影响很大。

电介质的微观结构对介电强度的影响最大，主要包括晶粒尺寸及尺寸分布、气孔数量与尺寸、杂质离子等。通常，晶界处的电阻大于晶粒内部，绝缘性能更好，因此晶粒细小均匀的电介质其介电强度较高。由于气孔的介电常数小，气孔处承受的电场强度远大于外加电场，因而容易发生击穿。杂质离子等缺陷的存在，也会在外电场作用下形成空间电荷，破坏电场的均匀分布，造成局部电场增强而引发击穿。

随着厚度增加，电介质的介电强度显著减小，这是由于厚的电介质中杂质、缺陷的数量多，引发击穿的概率更高。电极结构也会对介电强度造成影响，通常采用半球状电极以获得更为均匀的电场，测得的介电强度也更接近真实值。测试的电压波形和频率也会使测量的介电强度产生较大差异，在直流电压下的介电强度高于交流电压下，且介电强度随着电场频率的提高而迅速降低。这是因为直流下介电损耗更小，且局部放电更易自灭。另外，脉冲电压作用下的介电强度比直流更高，这是因为脉冲电压作用时间短，电介质内局部放电造成的破坏和热效应来不及形成。

(3) 铁电极化

对铁电类储能电介质来说，由公式(1-6) 可知，高的可释放储能密度需要大的极化差值 ΔP（$\Delta P = P_{max} - P_r$）和高的击穿场强（DBS），因此铁电类电介质的储能性能与其铁电极化行为息息相关。通过铁电材料的组成调控可以将 P_r 降低到接近 0，因此需要在提高击穿场强的同时尽可能提高 P_{max}。图 1-6 是反铁电体的储能性能随电场的变化关系[16]，可知不断提高外加电场后，饱和极化强度将会达到饱和状态，因此 ΔP 达到了最大值。另外，随着电场的提高，双电滞回线的极化路径几乎不再发生改变，并没有向增加储能密度的高电场方向移动。因此，储能密度在饱和极化和外加电场提高后获得了快速提高，但是超过某一临界电场后，储能密度将接近饱和，存在储能的极限，如图 1-6（b）所示。

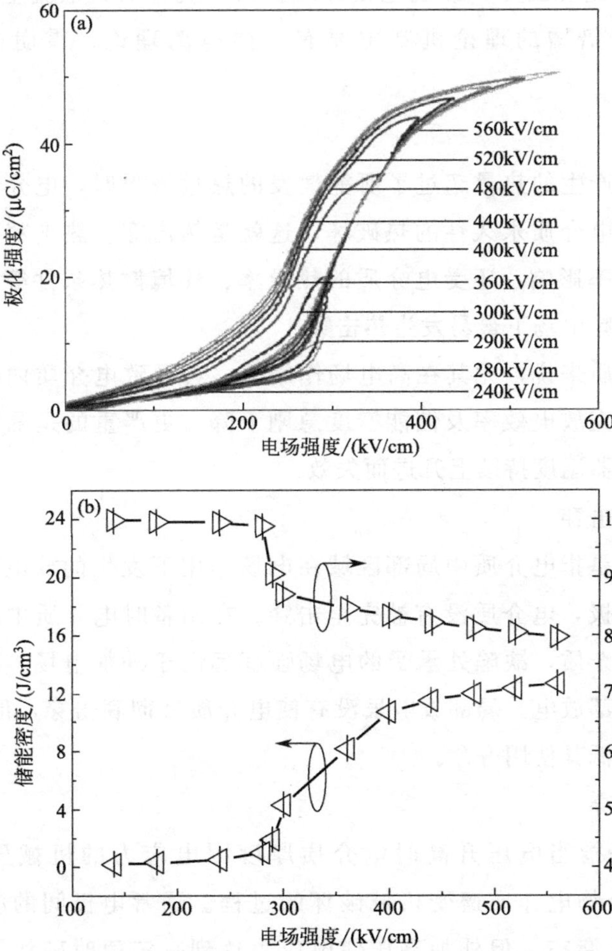

图 1-6　反铁电体的储能性能随电场的变化关系

1.5.2　固体电介质的击穿行为

在低电场时电介质内的电流与外电场呈线性关系，电场增强时电流偏离欧姆定律，随电场呈指数上升，当外电场超过某个临界值时，电介质材料丧失绝缘性能变为导电状态，该现象称为固体电介质的击穿。一般来说，击穿可分为电击穿、热击穿、局部放电击穿、电机械击穿、树枝化击穿等。其中电机械击穿和树枝化击穿主要针对聚合物电介质。

（1）电击穿

电击穿是材料的本征特性，当电介质承受的电场超过一定数值时，电介质中有相当大的电流通过，即载流子的数量迅速增加，从而使电介质丧失绝缘性能。电击穿是电介质的整体击穿，接近电击穿时材料中流过的大电流主要通过电子传导，引起导电电子倍增的理论机制主要有碰撞电离理论、雪崩击穿、齐纳击穿等。

（2）热击穿

在电场作用下产生的热量超过了所能散发的热量极限时，电介质的温度将持续升高，最终造成电介质永久性的热破坏，这就是热击穿。热击穿不仅受外加电场和电介质的电导率影响，还受电介质的热导率、环境散热条件等影响。介电损耗大的电介质在高频电场下最易发生热击穿。

对于任何电介质来说，尤其在高电场作用下，会导致电介质内部漏电流呈指数上升趋势，造成充放电效率及储能密度急剧下降，更严重的是漏电流转变成焦耳热，使储能电容器温度持续上升进而失效。

（3）局部放电击穿

局部放电击穿是指电介质中局部区域在电场作用下发生的放电现象，因放电没有完全贯穿两电极，电介质没有被完全击穿。在制备时电介质中不可避免地存在缺陷，如气孔、杂质，缺陷处承受的电场强度远高于外加电场，因此在这些薄弱区域容易发生局部放电。局部放电虽没有使电介质被彻底击穿，但发生的热学、力学反应等容易降低其使用寿命。

（4）电机械击穿

电机械击穿是指当电压升高时电介质厚度因电应力的机械压缩作用而减小，致使绝缘聚合物电介质遭受机械破坏的过程。通常电极间的应力与聚合物产生的抗力处于平衡态，但外加高压使电应力达到一定值时破坏了平衡态，并因此发生电机械击穿，这一临界电压就是击穿电压。对聚合物来说，当温度较高，特别是接近软化点时，弹性模量很小，最易发生电机械击穿。当聚合物处于一般温度时，因其较紧实，弹性模量较大，其他形式的击穿可能先于电机械击穿发生。

（5）树枝化击穿

树枝化击穿是在高电场强度作用下，在绝缘体某一区域内形成的树枝状局部损坏。在电场的持续作用下，树枝状微通道顺着电场方向贯穿整个绝缘体。雷电是人们最早熟悉的树枝化击穿。后来在含有空气隙的固体绝缘体和油浸纸绝缘中也发现树枝化击穿。“树枝”都是起始于绝缘中电场集中的地方。

（6）边缘效应

如图 1-7 所示，对于电介质电容器而言，在实际应用中电容器边缘存在发散电场的现象，称为边缘效应。从图 1-7 可知，由于边缘效应的存在，边缘处（如低介电常数的空气）为非均匀电场，电介质内部的电场与边缘位置处的电场强度不等，而且边缘处的场强更高，因此边缘处会优先产生电击穿[17]。

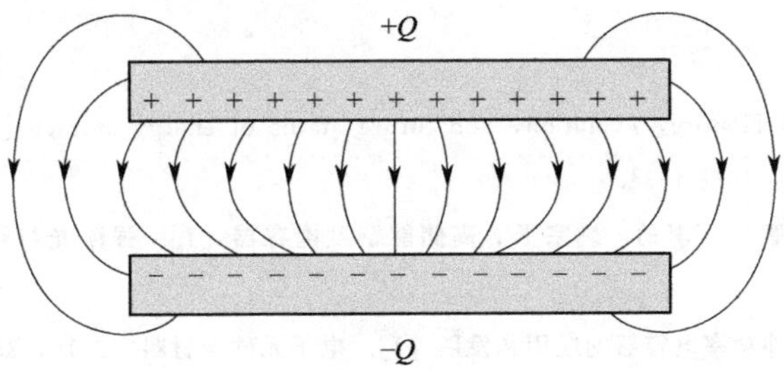

图 1-7　电容器的边缘效应

边缘效应不仅会导致平行板存在了一个边缘附加电容，而且边缘的非均匀高电场会导致边缘处优先电击穿，使器件失效。采用图 1-8（a）所示的电容器结构，具有工艺简单、成品率高、不浪费材料的特点，是常用的形式。图 1-8 中（b）和（c）是为了降低边缘效应的电极设计，可一定程度上消除边缘效应，但该结构在实际制造中难度大，影响成品率，材料使用较多。该设计已经实现了实际生产，产品如图 1-9 所示。除了电极设计，合适的封装是消除边缘效应的关键措施，选用抗电击穿能力强的媒质作为封装材料，使媒质的击穿强度高于作用于电介质中的电场强度。

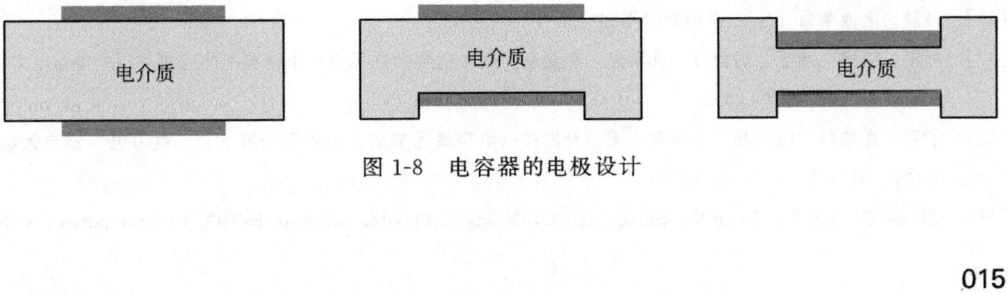

图 1-8　电容器的电极设计

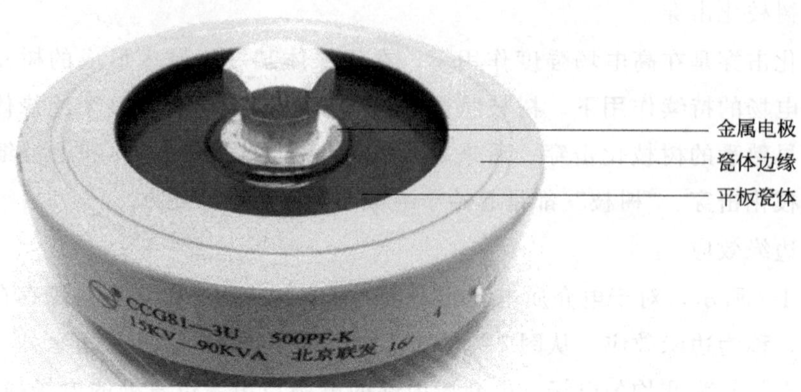

图 1-9 高压陶瓷电容器的实物图

参考文献

[1] Whittingham M S. History, evolution, and future status of energy storage [J]. Proceedings of the IEEE, 2012, 100: 1518-1534.

[2] 林福昌，代新，徐智安，李劲，姚宗干．高储能密度电容器 [J]. 强激光与粒子束，2003，15 (1)：94-96.

[3] 周水杉，章莉．脉冲功率电容器的应用和发展 [J]. 电子元件与材料，2016，35 (11)：98-102.

[4] 顾逸韬，刘宏波，马海华，童苑馨．电介质储能材料研究进展 [J]. 绝缘材料，2015，48 (11)：1-13.

[5] 黄贝利，李兆林．电力电容器用高储能密度介质材料的研究 [J]. 电力电容器与无功补偿，2018，39 (2)：38-41.

[6] 郭庆，任波．储能电容器在大电流脉冲系统中的应用 [J]. 太赫兹科学与电子信息学报，2018，16 (1)：176-180.

[7] 韩典荣．平行板电容器充电过程中能量问题 [J]. 江苏教育学院学报（自然科学），2012，28 (2)：38-40.

[8] 齐珍，陈德怀，赖贵友，郭良福，力一峥，栾永平，李冬梅，周丕璋．神光-Ⅲ主机装置 MJ 级能源系统研制现状 [J]. 强激光与粒子束，2014，26 (5)：050201.1-050201.6.

[9] 王勐．"聚龙一号"装置及其电磁驱动高能量密度物理实验研究 [J]. 2015 年版中国工程物理研究院科技年报，2015，Ⅰ：1-10.

[10] 李化，王文娟，李智威，李浩原，王博闻，黄想，林福昌．2.7MJ/m^3 高储能密度脉冲电容器的研制 [J]. 高压电器，2016，52 (3)：69-73.

[11] 吕静．电池革命 [N]. 中国新闻周刊，2007，24：56.

[12] 钟彬，雷珽，刘舒，吕仙月，龚明光，鲍剑明．超级电容器在风力发电储能中的应用 [J]. 华东电力，2014，42 (8)：1515-1519.

[13] 丁胜，肖楚鹏，邱泽晶，彭旭东．无功补偿并联电容最优节能分布模型研究 [J]. 电力电容器与无功补偿，2014，35 (2)：29-32.

[14] Zhang C, Yin Y, Yang Q, Shi Z, Hu G, Xiong C. Flexible cellulose/$BaTiO_3$ nanocomposites with

high energy density for film dielectric capacitor [J]. ACS Sustainable Chemistry & Engineering，2019，7 (12)：10641-10648.

[15] Peddigari M，Palneedi H，Hwang G，Ryu J. Linear and nonlinear dielectric ceramics for high-power energy storage capacitor applications [J]. Journal of the Korean Ceramic Society，2019，56 (1)：1-23.

[16] Liu X，Li Y，Sun N，Hao X. High energy-storage performance of PLZS antiferroelectric multilayer ceramic capacitors [J]. Inorganic Chemistry Frontiers，2020，7 (3)：756-764.

[17] 史伟．电容器陶瓷击穿问题的研究 [J]．山东电子，1994，3：25-27.

第2章 介电微晶玻璃和陶瓷储能材料

2.1 微晶玻璃概述

微晶玻璃（glass-ceramics，GC）又称玻璃陶瓷，是将特定组成的配合料制成基础玻璃，在加热过程中通过控制基础玻璃的晶化，而制得的一类含有大量微晶相和玻璃相的多晶固体材料[1]。

微晶玻璃既不同于玻璃，也不同于陶瓷。微晶玻璃与陶瓷的区别在于：基础玻璃晶化过程中析出的晶相是从单一均匀玻璃相或已发生分相的区域，通过成核和晶体长大而产生的致密材料；而陶瓷材料中的晶相，除了通过固相反应出现的重结晶或新晶相以外，大部分是在制备陶瓷时通过组分直接引入的。微晶玻璃和玻璃的不同之处在于：微晶玻璃是微晶体（纳米或微米尺度）和残余玻璃相组成的复相材料；玻璃则是非晶态或无定形体。另外，微晶玻璃可以是透明的或呈现各种颜色和花纹的非透明体，而玻璃一般是各种颜色、透光率相同的透明体。微晶玻璃既有玻璃的基本性能，又有陶瓷的多晶特征，集中了玻璃和陶瓷的特点，是一类独特的新型材料。

微晶玻璃具有诸多优异的性能，其性能指标常常优于同类玻璃和陶瓷材料。如热膨胀系数可以在很大范围内调整；机械强度高；硬度大，耐磨性能好；具有优良的化学稳定性和热稳定性，能适应严苛的使用环境；电绝缘性能优良，介电损耗小，介电常数可调，耐击穿强度高，储能密度大等。人们可以通过玻璃组成设计来获取特殊的光学、电学、磁学、热学、化学和生物等功能的微晶玻璃，从而作为各种技术材料、结构材料或其他特殊材料而获得广泛应用[2]。

微晶玻璃的性能主要取决于微晶相的种类、晶粒尺寸和数量、残余玻璃相的性质和数量。以上诸因素反过来又取决于基础玻璃的组成和热处理制度。因此，通过调整基础玻璃的成分和工艺制度，就可以制得各种符合预定性能要求的微晶玻璃。

2.1.1 微晶玻璃的制备方法[1]

微晶玻璃的制备方法主要有整体析晶法、烧结法和溶胶-凝胶法。

（1）整体析晶法

该方法是微晶玻璃制备方法中使用最早也最广泛的一种方法，其工艺过程为：在原料中加入一定量的晶核剂（有时也可不加）并混合均匀，于1300～1550℃高温下熔制，澄清均化后将玻璃液成型，经退火去除应力后在一定温度下进行成核和晶化，以获得晶粒细小且结构均匀的微晶玻璃材料。

整体析晶法的特点：该法可使用任何一种玻璃的成型方法，如压制、吹制、拉制、浇注等，适合自动化操作和制备形状复杂、尺寸精确的制品。如上所述，热处理是制备微晶玻璃的技术关键。一般分两阶段进行，即将退火后的玻璃加热到晶核形成温度并保温一定时间，在玻璃中形成大量稳定的晶核后，再升温到晶体生长温度，使玻璃转变为具有亚微米甚至纳米晶粒尺寸的微晶玻璃。对于含有某些晶核剂（如氟化物），在玻璃退火冷却过程中容易发生分相的玻璃体系，可以不需要核化保温而直接进入晶体生长阶段，制得的微晶玻璃结晶度很高，剩下的玻璃相数量很少。

（2）烧结法

其工艺过程为：将一定组分的配合料在高温下（1300～1500℃）熔化、澄清、均化，形成合格的玻璃液，将玻璃液迅速倒入水中急冷水淬成一定颗粒大小的玻璃颗粒，再将玻璃颗粒球磨制成细小的玻璃粉体（也可不球磨直接使用）。采用不同的成型方法成型，再经过热处理后得到微晶玻璃制品。

烧结法的特点：玻璃的熔融温度比整体析晶法低，熔融时间短，能耗较低；微晶玻璃的晶粒尺寸容易控制，从而可以很好地控制玻璃的结构和性能；玻璃颗粒或玻璃粉体具有较高的比表面积，因此即使基础玻璃的整体析晶能力差，利用玻璃的表面析晶，同样也可以制得晶相含量较高的微晶玻璃材料。

（3）溶胶-凝胶法

这是低温合成材料的一种新工艺，其原理是将金属有机或无机化合物作为前驱体，经过水解后形成胶体，然后研磨成粉进行烧结，即可获得微晶玻璃。

溶胶-凝胶法特点：与前两种方法相比，其优点为通过此法得到的微晶玻璃结构均匀，且晶粒可达到纳米甚至分子级水平；由于各反应物在溶液中进行的反应速度快，且该过程在常温下即可发生，制备温度较低；利用溶胶-凝胶法可以制备高温难熔的玻璃体系或高温存在分相区的玻璃体系。缺点是其制备成本较高、周期长，烧结后样品的收缩率较大，容易发生变形。

2.1.2 玻璃的析晶原理[3, 4]

(1) 玻璃的热力学及动力学条件

玻璃的形成与热力学、动力学等因素有关。从热力学角度来看，玻璃态物质比相应结晶态物质内能大，总是朝低能态方向转变，因此玻璃常被看作不稳定或亚稳定的、可通过一定方式转变成多晶体的物质。

高温熔体经过急冷可形成玻璃。当熔融温度足够高时，晶体中的质点排列规律被破坏，发生一系列无序化现象，如键角的断裂或扭曲等；液相点以下，体系往往通过析晶或分相的方式释放能量，以使其处于稳定状态。通常，组成相同的晶态与玻璃态内能差别越大，越容易促进析晶，即越难形成玻璃。整个物理变化为吸热反应，因此内能增大。通常高温条件下，$\Delta G=\Delta H-T\Delta S$ 中的 $-T\Delta S$ 项起主导作用，而焓效应 ΔH 项居于次要地位，即熵 ΔS 对自由能的负贡献要比热焓 ΔH 的正贡献影响更大，所以体系自由能组态最低，此时熔体属于稳定相。而当其从高温状态开始降温时产生相应变化，由于温度降低，熵 ΔS 对自由能的负贡献逐渐转居次要地位，而焓 ΔH 效应逐渐转变为主导因素（如离子的场强、配位等作用）。继续降低温度，焓对自由能的正贡献将超过熵的负贡献，此时自由能增大，系统处于不稳定状态。

虽然形成玻璃的条件能够较好地反映在热力学中，但并不期望它可以单独解释玻璃的形成。其原因是：时间是重要因素之一，但却被热力学忽略了，它仅仅讨论反应的可能性和平衡态的问题，实际上，玻璃的形成属于非平衡过程，即动力学过程。

从动力学角度看，形成玻璃的关键取决于熔体的冷却速率。熔体的数量大而冷却速率小，数量小而冷却速率大。因此在研究玻璃形成能力时，必须指明熔体的冷却速率与熔体数量之间的关系。

而从热力学角度看，虽然玻璃处于亚稳态，但从动力学角度分析可知它是稳定的。一般情况下，玻璃转变成晶体的概率很小，往往需要经过很长的时间才能观察到玻璃析晶的迹象。因此，玻璃的析晶过程要克服一定的势垒（析晶活化能

E)，包括界面能和晶体长大所需要的质点扩散能等。假如析晶活化能 E 较大，尤其是当熔体冷却速率过快时，黏度显著增加，质点来不及做规则排列，导致晶核的形成和长大难以实现，有利于玻璃态的形成。

通常利用3T图来确定物质形成玻璃的能力大小。在制备玻璃时，必须考虑该熔体究竟需要多快的冷却速率才可防止析晶。据报道，玻璃中可测出的最小晶体体积与熔体之比约为 10^{-6}。晶体的体积分数与动力学参数密切相关，故提出了相变动力学理论。作为均匀成核过程，在时间 t 内单位体积的结晶分数 V_L/V 描述为

$$\frac{V_L}{V} \approx \frac{\pi}{3} I_V u^3 t^4 \tag{2-1}$$

式中　I_V——晶核生成速率；

u——晶体生长速率。

$$u = \frac{f_s KT}{3\pi a_0^2 \eta}\left[1 - \exp\left(-\frac{\Delta H_f \Delta T_r}{RT}\right)\right] \tag{2-2}$$

$$I_V = \frac{10^{30}}{\eta}\exp\left(-\frac{B}{T_r \Delta T_r^2}\right) \tag{2-3}$$

式中，ΔH_f 为摩尔熔化热；K 为玻尔兹曼常数；a_0 为分子直径；η 为黏度；f_s 为液相界面上原子易于析晶或溶解部分与整个晶面之比；B 为常数；R 为气体常数；T 为实际温度。

$$T_r = \frac{T}{T_m}, \Delta T_r = \frac{\Delta T}{T_m}, \Delta T = T_m - T$$

式中，ΔT 为过冷度；T_m 为熔点。

当 $\Delta H_f / T_m < 2R$ 时，$f_s \approx 1$；当 $\Delta H_f / T_m > 4R$ 时，$f_s = 0.2\Delta T_r$。在作3T图时，必须选择一定的结晶体积分数。利用动力学数据，并通过式(2-1)～式(2-3)，可确定某物质在某一温度下结晶体积分数所需的时间，并可得到一系列温度所对应的时间，从而绘出3T图。

(2) 微晶玻璃的成核过程

可控析晶是制造玻璃陶瓷的基础，而成核过程是实现可控析晶的关键之一，对成核过程的控制，是玻璃形成具有一定数量和大小的晶相的前提。均匀成核和非均匀成核是微晶玻璃成核的两种不同方式。均匀成核指的是在一个玻璃体系内，各处的成核概率相等，同时进入亚稳态形成新相且该过程自发产生，与外界条件无关，又称为本征成核。而非均匀成核主要通过界面、晶界或杂质等不均匀部位诱发成核，又称非本征成核。非均匀成核是制造微晶玻璃的主要成核方式，而均匀成核是理想状态，一般不易发生。

均匀成核：由于热运动，处于过冷状态的玻璃熔体容易引起组成和结构上的变化。根据高能态向低能态转变的特点，熔体在降温过程中，质点做规则的排列，降低了体系自由能而析出晶体。此时，析出晶体的新相和液相之间会形成新的界面，导致自由能的增加，形成新的势垒，对成核造成影响。可见，新相的形成必然造成两种相反的能量变化。过小的晶粒增大了界面对体积的比例，提高了整个体系的自由能；而临界值的晶粒减小了界面对体积的比例，使 ΔG 呈负值变化，此时新相（晶核）能够稳定生长。假设晶核为球形，其半径为 r，则上述讨论可表示为：

$$\Delta G=\frac{4}{3}\pi r^{3}\Delta G_{\mathrm{V}}+4\pi r^{2}\sigma \tag{2-4}$$

式中，ΔG_{V} 为体积自由能；σ 为界面自由能。

对于过冷态的体系，体积自由能为负值，因此当晶核半径很小的时候，总的自由能大于零，由式(2-4) 可知，此时界面自由能占主要优势；而当晶核半径较大时，相变过程中的体积自由能占主要优势。将自由能 ΔG 对晶核半径 r 求一阶导数，令 $\mathrm{d}(\Delta G)/\mathrm{d}r=0$，可知当 r 为某一晶核临界半径 r^{*} 时，ΔG 有极大值。此时晶核临界半径：

$$r^{*}=\frac{2\sigma}{\Delta G_{\mathrm{V}}} \tag{2-5}$$

非均匀成核：在实际微晶玻璃制造生产中，非均匀成核相比于均匀成核更为常见。非均匀成核技术被成功地应用于可控析晶微晶玻璃的制备中。研究发现，适宜的基础玻璃组成、晶核剂类型及热处理制度，均对非均匀成核起调控作用，从而制备出性能优良的新型功能微晶玻璃材料。对于非均匀成核，晶核剂的加入导致界面能降低，因此，式(2-6) 中的自由能 ΔG 会受到影响。另外，润湿角 θ 对熔体的成核晶化也产生重要影响：a. 当 $\theta<180°$时，非均匀成核自由能势垒小于均匀成核；b. 当 $\theta=60°$时，非均匀成核势垒最小。因此在大多数情况下玻璃的成核属于非均匀成核。

$$\Delta G=\frac{16\pi\sigma^{3}(2+\cos\theta)(1-\cos\theta)^{2}}{12(\Delta G_{\mathrm{V}})^{2}} \tag{2-6}$$

2.1.3 微晶玻璃的晶体生长

在适宜的热处理制度和晶核剂的作用下玻璃中产生晶核，通过升温达到晶体长大所需的温度，在该温度下保温一段时间便可形成一定尺寸大小的晶体。在适宜的过冷度和过饱和度的条件下，晶体的生长过程实际上是熔体中的原子向界面扩散的过程。其生长速率取决于两方面因素：a. 物质扩散到晶核表面的速度；

b. 物质加入晶体结构中的速度。晶体的形态和析晶行为往往会受到界面性质的影响。

当过程离开平衡态很小时，即当晶化温度（T）接近于熔点温度（T_m）时，$\Delta G \ll KT$，见式(2-7)。此晶体生长速率与过冷度（ΔT）呈线性关系，即在此条件下，生长速率随过冷度（ΔT）的增大而增大。

当过程离开平衡位置很大时，即 $T \ll T_m$，故 $\Delta G \gg KT$，式中的 $\left[1-\exp\left(-\frac{\Delta G}{KT}\right)\right]$ 项接近于 1，即 $u \to \upsilon a_0$。此时晶体生长速率受原子扩散速度的控制。

晶体的生长速度 u 由式(2-7) 表示：

$$u=\upsilon a_0\left[1-\exp\left(-\frac{\Delta G}{KT}\right)\right] \tag{2-7}$$

式中，u 为单位面积的生长速度；υ 为晶液界面质点迁移的频率因子；a_0 为界面层厚度；ΔG 为液体与固体自由能之差。

2.1.4　制造微晶玻璃常用的晶核剂及特点

基础玻璃整体析晶能力较差，因此在微晶玻璃的制备过程中，往往要选择加入合适的晶核剂。常用的晶核剂主要有以下三大类型。

(1) 金属盐类

当诸如 Au、Ag、Cu、Pt 和 Rh 等金属的盐类熔入玻璃中（低温时以原子态分布于基质中，高温时则以离子状态存在）时，经过热处理后这些贵金属形成高度分散的金属晶体是诱导析晶的主要影响因素。

(2) 氧化物

TiO_2、ZrO_2、P_2O_5 是目前最常用的晶核剂。其特点为：阳离子电荷高、场强大，对玻璃结构有较大的聚集作用。其中 P^{5+} 由于场强大于 Si^{4+}，有加速玻璃分相的作用。而 Ti^{4+}、Zr^{4+} 等由于场强小于 Si^{4+}（当加入量少时），又有减弱玻璃分相的作用。

二氧化钛[5,6] 作为晶核剂，它的成核机理比较复杂。一般认为，在玻璃结构中 Ti^{4+} 属于中间体阳离子，通常以六配位［TiO_6］或四配位［TiO_4］状态存在。高温下 Ti^{4+} 可能以四配位参加 Si-O 网络，形成稳定的混熔体。低温时［TiO_4］向八面体转变，结构差异导致二氧化钛从 Si-O 网络中分离出来形成晶核，促使玻璃析晶。另外，对于 P_2O_5 在玻璃中的核化机理，普遍认为来源于分相，分相能降低界面能，从而降低活化能，促进玻璃的析晶[7,8]。

(3) 氟化物[9,10]

常用的氟化物有氟化钙、氟化钡、氟化镁、氟化铝等。F^-半径(0.136nm)与O^{2-}离子半径(0.14nm)非常接近，因此当F^-取代O^{2-}时对玻璃结构中离子的排布影响不大，但氟和氧离子相互取代导致的电中性不平衡，使玻璃网络结构中硅氧键断裂，减弱玻璃的结构。所以，氟化物诱导析晶的主要原因在于氟减弱了玻璃的结构和降低了黏度。

晶核剂的选择与基础玻璃的化学组成有关，也与期望析出的晶相种类有关。在某些情况下复合晶核剂能起到比单一晶核剂更好的活化作用。因此晶核剂的选择要根据具体要求来确定。

2.2 介电储能微晶玻璃材料的研究进展

作为一种理想的电容器储能材料，微晶玻璃已经受到了广大国内研究人员的关注，部分学者已经对储能微晶玻璃材料开展了研究，并且取得了一些重要的研究成果。纵观以往研究涉及的微晶玻璃体系，大体分为钛酸盐体系微晶玻璃(BST)和铌酸盐体系微晶玻璃(SBN)。现分述如下。

2.2.1 钛酸盐体系储能微晶玻璃

钛酸盐储能微晶玻璃主要是指具有钙钛矿结构的钛酸盐结晶相，硅硼氧化物为玻璃相的复合介电材料。关于对该体系微晶玻璃的研究工作，早在20世纪六七十年代康宁公司的Herczog[11,12]就进行了报道，主要内容涉及$BaTiO_3$-Al_2O_3-SiO_2体系微晶玻璃制备工艺、添加氟化物对相组成及性能的影响。后来，美国海军实验室Gorzkowski和Pan[13~15]分别对添加剂对钛酸锶钡(BST)基微晶玻璃的微观组织、介电性能的影响以及析晶动力学进行了研究。结果发现，添加BaF_2和Al_2O_3等化合物有利于析晶，并能改善微晶玻璃的微观结构，从而提高了介电常数和击穿强度。通过析晶动力学分析可知，该体系析晶机理是整体析晶，同时以Maxwell-Wagner为模型研究了界面极化对该体系微晶玻璃储能密度的影响。我国学者Chen等[16]通过高温熔融-可控析晶的方法制备获得了BST微晶玻璃，并研究了复合添加对该体系结构及性能的影响。结果表明：添加4% AlF_3(摩尔分数)和1% MnO_2(摩尔分数)，可明显改善微晶玻璃微观结构和介电性能。Zhang和Huang等[17,18]分别利用烧结法和熔融法制备BaO-SrO-TiO_2-Al_2O_3-SiO_2体系微晶玻璃，并研究了烧结温度对微晶玻璃的结晶过程、微观结构和储能特性的影响。同时，利用电滞回线计算出不同烧结温度下微晶玻璃充放电过程的储能密度、可释放储能密度及能量效率。此外，运用交流阻抗谱对该体系样品界面极化与击穿强度的关系做了深入分析。研究发现，该体系击穿强度与样品内部界面弛豫激活能有密切联系。Wang 等[19] 向上述体系中添加 MnO_2，明显提高了该微晶玻璃的介电常数和介电损耗。同时，根据阻抗谱分析发现，微晶玻璃样品随 MnO_2 含量增加，其内部晶粒和晶界的活化能变化与介电性能变化趋势相一致。最近，Wang 等[20] 将 $Ba_{0.4}Sr_{0.6}TiO_3$ 陶瓷粉与 BST 微晶玻璃混合，利用烧结法制备出 BST 基微晶玻璃复合材料，并研究了陶瓷添加量对复合材料相演变、微观形貌及介电性能的影响。结果表明 $Ba_{0.4}Sr_{0.6}TiO_3$ 可以促进介电常数提高，同时明显改善了样品的微观结构和降低了晶界的活化能，显著地提高了样品击穿强度，最终得到储能密度为 2.81J/cm^3 的复合材料。

2.2.2　铌酸盐体系储能微晶玻璃

通过调研近些年国内外在高储能密度微晶玻璃材料研究所涉及范围可知，铌酸盐储能微晶玻璃是高储能微晶玻璃材料的另一大类[21]。铌酸盐微晶玻璃主要是由具有钨青铜型结构的铌酸盐晶体与玻璃相组成的复合材料。北京有色金属研究院的研究人员 Du 等[22] 研究了 Na_2O-PbO-Nb_2O_5-SiO_2 体系微晶玻璃的析晶行为，发现随着热处理温度从 750℃提高到 900℃，玻璃中逐渐析出 $Pb_2Nb_2O_7$、$NaNbO_3$ 和 $PbNb_2O_6$，850℃热处理 3h 的微晶玻璃样品拥有最高的相对介电常数（>600），这归因于玻璃内具有高介电常数铌酸盐晶体的形成。Luo 等[23] 以上述体系为基础从测试方式角度研究电极对介电性能的影响，发现通过对电极结构的改良，可以降低样品与电极之间的结构缺陷和气孔等影响，使测试的击穿强度增加，因此计算得到的储能密度更接近真实值。另外，在热处理温度为 850℃下制备出多层电容器，测得的储能密度高达 17 J/cm^3。随后他们课题组的 Liu 等[24] 报道了在上述体系中利用 SrO 替代部分有害的 PbO，研究了 SrO 含量对其析晶过程及介电性能的影响。SrO 摩尔分数为 6%的玻璃在 900℃热处理，制得的微晶玻璃样品具有最高的介电常数。Mao 等[25] 报道了无铅 Nb_2O_5-BaO-Na_2O-SiO_2 体系微晶玻璃，并研究了析晶温度、测试温度及频率对介电性能的影响，发现提高析晶温度有利于提高介电常数，且不同热处理温度制备的微晶玻璃样品的介电常数随测试温度和测试频率变化不大。800℃热处理获得的微晶玻璃样品的理论储能密度为 1.87J/cm^3。Zhou 等[26] 研究了 Gd_2O_3 对 BaO-Na_2O-Nb_2O_5-SiO_2 微晶玻璃的微观结构和介电性能的影响，发现添加 1%（摩尔分数）Gd_2O_3 不仅可以增大该体系介电常数而且也提高了击穿强度。Zhou 等[27] 还研究了添加稀土 La_2O_3 对上述体系微晶玻璃的晶体结构、微观组织和释放能量密度的影响。结果表明：添加适

量 La_2O_3 能改善微晶玻璃的微观结构，提高介电性能和储能性能。Shyu 等[28] 通过相图确定了 SBN 玻璃的最佳组成，并制备出铌酸锶（SBN）微晶玻璃。研究表明在不同的温度下只有 SBN 相存在，整个析晶过程包含表面析晶和整体析晶，计算得到晶相含量最高达 40%。介电常数随热处理温度增加而增大，最大为 180。Shyu 等[29] 利用烧结法制得铌酸锶钡微晶玻璃。研究表明在烧结温度小于 1000℃时，可以形成具有钨青铜结构的（Sr，Ba）Nb_2O_6 相，且烧结温度的增加可以提高样品介电常数，介电常数最大为 351，击穿强度可达 4.5kV/cm，剩余极化强度 0.15$\mu C/cm^2$。宾夕法尼亚州立大学 Cheng 等[30] 通过对 PbO-BaO-SrO-Nb_2O_5-B_2O_3-SiO_2 体系玻璃的结晶动力学和相组成变化的研究，发现该玻璃的成核活化能为 193kJ/mol，具有四方钨青铜结构的 SBN 晶体析晶机制是表面析晶。同时他们还报道了该体系微晶玻璃的析晶行为及其介电性能的关系。结果显示析晶体积分数增大，其介电性能也显著增加[31]。Wang 等[32,33] 研究热处理时间对 SrO-BaO-Nb_2O_5-SiO_2 微晶玻璃的微观结构和介电性能的影响，并利用交流阻抗谱探讨微观结构与宏观性能之间的内在关联。Zeng 等[34] 利用熔融法制备 SrO-BaO-Nb_2O_5-B_2O_3-BaF_2 体系微晶玻璃，研究 BaF_2 添加量对玻璃析晶动力学和介电性能的影响。结果表明适量的 BaF_2 可以降低该体系玻璃的析晶活化能，促进析晶。微晶玻璃的介电常数值随 BaF_2 量的增加呈先增后减的变化趋势，而击穿强度变化趋势则是随 BaF_2 含量增多而线性增加。当添加 5%（摩尔分数）BaF_2 时，得到综合性能最优的微晶玻璃，介电常数为 337，击穿强度达 527kV/cm。

近几年，笔者课题组对铌酸盐储能微晶玻璃电介质材料进行了较多的研究。张文俊等[35] 在 SrO-BaO-Nb_2O_5-SiO_2-B_2O_3 系微晶玻璃中加入 Na_2O，研究发现随着 Na_2O 含量的增加，主晶相由 $Ba_{0.5}Sr_{0.5}Nb_2O_6$ 转变为 $Ba_{0.25}Sr_{0.75}Nb_2O_6$，同时出现了次晶相 $Na_2Ba_2Si_2O_7$ 和 $NaSr_{1.2}Ba_{0.8}Nb_5O_{15}$，且随 Na_2O 含量的增加，介电常数呈先增后减的变化趋势，而击穿强度和体积电阻率随之降低。Chen 等[36] 对含 5%（摩尔分数）Na_2O 的体系微晶玻璃进行深入研究，在热处理制度为 800℃/3h+950℃/3h 时获得了性能最佳的微晶玻璃材料：介电常数 $\varepsilon_r=50$，击穿强度 $E_b=1400kV/cm$，理论储能密度 $J_c=4J/cm^3$。随后又在 SrO-BaO-Nb_2O_5-SiO_2-B_2O_3 玻璃体系中添加了 1%（质量分数）的 BaF_2，获得了 ε_r 为 55，E_b 为 1450kV/cm，J_c 达 5.1 /cm^3 的微晶玻璃材料[37]。Liu 等[38] 研究了 CeO_2 对 SrO-BaO-Nb_2O_5-B_2O_3-SiO_2 体系微晶玻璃介电和储能性能的影响。研究发现，随着 CeO_2 含量的增加，玻璃的析晶活化能降低，促进了晶体析出。同时 CeO_2 能够细化晶粒，提高击穿强度，获得了储能密度为 3.39 J/cm^3 的微晶玻璃材料。

目前大部分关于铌酸盐微晶玻璃的研究主要集中在硅酸盐玻璃体系。而制备硅酸盐微晶玻璃所需的熔化温度高，耗能，不利于节能环保，且有些体系组分中含有对人体有害的 Pb 元素，这限制了材料的广泛应用。因此，研究开发节能环保新型高储能微晶玻璃材料，是未来的重点方向。

2.3 影响微晶玻璃材料储能性能的因素

根据第 1 章电介质储能材料的储能公式可知：介电常数和击穿强度是提高介质材料储能密度的两大途径。对于线性电介质来说，介电常数与储能密度呈线性关系，而击穿强度则成平方关系。因此，增大介质的击穿强度更有利于提高材料的储能密度。一般而言，影响微晶玻璃的储能因素有以下几个方面。

2.3.1 微观结构

对于材料而言，内部结构的均匀性及致密性对材料的整体性能影响较大。研究发现材料内部的气孔率与晶粒的尺寸对材料的耐击穿强度影响明显。在介质材料极化的过程中容易在气孔的边界产生高场强，致使材料受到不均匀的电场强度作用，从而引起该区的杂质与空位分布发生变化，击穿性能降低。同样，晶粒尺寸也制约着材料击穿强度的改善。晶粒尺寸变大容易产生裂纹、气孔等缺陷，不利于改善击穿强度；晶粒尺寸变得细小时，内部紧密程度升高，使形成微气孔的概率减小，击穿强度增大。但颗粒过小容易产生团聚现象，使材料的致密度下降。近年来，不少研究者发现，在陶瓷体系中外加适量的玻璃相后，材料的性能明显地得到改善。玻璃相在高温下变成液相且具有一定的流变性，这些液相填充了颗粒间隙，降低了气孔率，也降低了烧结温度。同时液相在颗粒间的填充将陶瓷颗粒包裹起来形成类似“核-壳”的结构[39]，提高了致密度，使击穿强度增加。Young 等[40] 在 $BaTiO_3$ 陶瓷中引入 20%的玻璃后，降低了体系的烧结温度，并使击穿强度提高 2.8 倍。Zhang 等[41] 在 $Ba_{0.4}Sr_{0.6}TiO_3$ 中添加 5%（体积分数）的 BaO-B_2O_3-SiO_2 玻璃后，明显提高了击穿性能。Li 等[42] 将 ZnO-B_2O_3-SiO_2 玻璃加入 $Ba_{0.3}Sr_{0.7}TiO_3$ 陶瓷中降低了烧结温度，击穿强度提高。吴朝晖[43] 研究发现，将一定量的 BaO-Al_2O_3-B_2O_3-SiO_2 玻璃加入 $Ba_{0.3}Sr_{0.7}TiO_3$ 陶瓷中，提高了击穿强度并降低了介电损耗。张庆猛等[44] 通过添加 PbO-SiO_2 玻璃使 $Ba_{0.4}Sr_{0.6}TiO_3$ 陶瓷的击穿场强提高了 1.5 倍。Wang 等[45] 发现增加 BaO-SrO-TiO_2-Al_2O_3-SiO_2-BaF_2 玻璃含量，有利于提高 $BaTiO_3$ 陶瓷的击穿强度。

2.3.2 样品厚度

介质材料的击穿可分为热击穿和电击穿。电击穿从理论上又分为本征电击穿和“雪崩”电击穿。热击穿受温度影响，而本征电击穿与样品的形状与厚度无关，但是“雪崩”电击穿与样品的厚度关联较大。所谓“雪崩”击穿是指外力使内部的晶格遭到破坏，使碰撞电离后的自由电子倍增，从而引起雪崩现象。其中的“四十代理论”定性地解释了厚度越薄的介质具有越高击穿强度的原因。从阴极出发的电子在向阳极运动 1cm 的距离内电离的次数如果达到 40 次后介质则被击穿[46]。因此随着厚度的增加，样品的击穿强度降低。此外由于样品越厚，介质中存在的缺陷越多，这些缺陷容易使介质在外电场作用时因使电场分布不均匀而导致击穿场强降低的概率增加[47]。相关文献[48]报道，材料的厚度低于 100μm 时击穿强度明显上升。邓国平[49]在含 Ba-B-Al-Si 玻璃的 $Ba_{1-x}Si_xTiO_3$ 陶瓷体系中发现样品的厚度越薄，材料的击穿性能越好。Hideki Ogihara 等[50]在研究 0.7 $BaTiO_3$-0.3$BiScO_3$ 的陶瓷体系时发现样品的厚度从 0.9mm 降低到 0.05mm 时击穿强度提高了近 7 倍。

2.3.3 测试条件

影响介质击穿强度的测试结果除了来自介质本身的因素，如上面介绍的微观结构和样品厚度外，外部的测试条件也是影响击穿结果的重要因素，主要可分为样品的电极结构和测试所在的绝缘液体环境两方面。其中，电极结构的改变对电介质整体性能的提高影响很大。研究发现[51～53]通过选择合适的绝缘介质、有效地优化电容器的结构设计以及改善接触界面等方式，能提高电容器的性能和寿命。除了介质本身的耐击穿电压外，电容器的耐击穿强度与其结构、面积、连接部位的材料以及它们与介质材料的匹配性等因素有关。因而在高储能电容器的研究中，电极/介质层之间的界面扩散、界面反应以及界面微观形貌对器件整体性能都存在着潜在的影响[54,55]。

作为常用的金属电极材料，银的导电性及其传热性好，不易氧化，比较便宜，而且银浆料电极具有相对低的烧结温度（一般<900℃），在烧结过程中可以促进致密化过程，从而提高烧结体的密度。但是，由于银浆料中的有机成分在内电极的烧制过程中极易挥发，使电极/电介质界面处产生残留孔洞。在外电场作用下，这些残留的孔洞容易导致局部电场集中，造成器件的电击穿[56]。因此，合理地设计电极结构，减小电极边缘效应，能有效地提高击穿强度。罗君等[57]以 Au 膜作电极内层，通过磁控溅射的方式涂抹在介质材料表面，再在 Au 膜上涂抹银浆。此

电极结构的设计有效地避免了因为银挥发而形成的微孔，增大了电极的有效面积，使击穿场强提高到 960kV/cm，其储能密度达 8.2J/cm^3。朱君等[58] 通过比较不同的金属膜内电极层对微晶玻璃电容器性能的影响，发现 Pt、Au 金属膜电极层的引入，能有效抑制银的扩散，并改善电介质/电极界面附近的微观结构，使电容器的击穿强度明显增加。Luo 等[59] 设计了新的电极结构，并将其与多个电极结构进行了比较，发现类似碗状的电极结构能有效地减小电极的边缘效应，使击穿强度明显高于其他结构。测试击穿强度的绝缘液体对击穿强度的测量结果有一定的影响。Han 等[47] 将 $PbO-Na_2O-Nb_2O_5-SiO_2$ 体系的微晶玻璃样品放置于不同的测试液体中进行测试，发现在介电常数越高的测试液体中测得的样品的击穿强度也越高。例如，当测试液体为甘油时，测得的介质击穿强度最高为 105.6kV/mm，是在硅油中测试值的 2 倍。可见测试液体的不同对最终介质的储能性能影响很大。

2.3.4 界面极化

在现有的研究中发现，通过计算获得的储能密度往往要远大于实际得到的储能密度。造成这一现象的原因之一就是有界面极化因素的存在。界面极化又称为空间电荷极化，是指由于介质材料内部存在不同介质层面或者不均匀介质的界面，当外电场作用时，电荷容易在这些边界上累积而产生的极化现象[47]。在铁电微晶玻璃中由于铁电相和玻璃相的介电常数差异较大，两者在外电场作用下的极化程度也不同。为了平衡极化带来的差异，部分电荷和离子朝着两者之间的界面移动，于是大量电荷在界面处累积并在外电场的作用下发生极化而产生局部电场，致使整个宏观电场发生畸变，甚至会使电极短路。若相邻电极感应到异极电荷的存在将会增强介质-电极界面的电场，最终使介质被击穿。

Pan 等[60] 利用 Maxwell-Wagner 电容器模型，分析了在 $Ba_{1-x}Sr_xTiO_3$ 体系中的界面极化现象。发现该体系中玻璃相的导电性降低，或者玻璃相介电常数增大，都会使电滞回线变瘦；而 $Ba_{1-x}Sr_xTiO_3$ 相的传导性和介电常数的变化对电滞回线的影响很小，说明界面极化高度依赖于玻璃相的导电性，且体系中玻璃相的介电常数增大能有效降低界面极化。Zhang 等[61] 在 $BaO-SrO-TiO_2-Al_2O_3-SiO_2-BaF_2$ 微晶玻璃体系的研究中发现，该体系的能量利用率与界面极化存在一定的关联。界面极化作用的加强使界面在充电过程中捕获更多的电荷，这在一定程度上增加了充电能量密度；但弛豫现象的存在导致在放电过程中大量的电荷未被释放，降低了能量利用率。烧结温度的增加减少了界面数量和界面区域，使空间电荷数量下降，界面极化作用降低，放电量随之增加，能量利用率得到提高。Huang 等[62] 研究发现界面极化对 $BaO-SrO-TiO_2-Al_2O_3-SiO_2$ 体系的介质击穿强度有明显的影响。烧结温度的升高使晶体大量析出，并形成了玻璃相/晶相界面，两相的介电常数差使空间电荷在界面处累积，在电场作用下产生的界面极化导致介质的击穿强度急速下降。但随着烧结温度的继续升高，结晶晶粒尺寸的增加使界面数量减少，聚集在界面处的电荷数降低，从而使击穿强度提高。因此，界面极化在介电性能方面的影响不容忽视。

2.4 无铅储能陶瓷材料

2.4.1 无铅储能陶瓷材料简介

(1) $Bi_{0.5}Na_{0.5}TiO_3$ 基储能陶瓷

$Bi_{0.5}Na_{0.5}TiO_3$（BNT）是一种A位复合的ABO_3型铁电体，室温时属于三方晶系。BNT具有钙钛矿结构，居里温度约为320°C，具有较高的剩余极化（约38$\mu C/cm^2$）和矫顽场（约73 kV/cm），以及较强的饱和极化。BNT基陶瓷因优异的压电性能而受到广泛关注，近年来成为无铅储能陶瓷的研究热点体系之一。但是，BNT基储能陶瓷因其较高的剩余极化和低的击穿场强，其储能密度和储能效率较低。

与锆钛酸铅（PZT）基陶瓷类似，BNT陶瓷的改性主要集中在引入钙钛矿结构的组元，形成二元或三元固溶体，并在此基础上对其A位、B位或A/B位进行掺杂改性，我们对BNT引入第二组元形成固溶体，并且用单离子和复合离子进行掺杂改性，以及引入反铁电组元调控其结构和电学性能。

(2) $SrTiO_3$ 基储能陶瓷

$SrTiO_3$（ST）具有立方钙钛矿型晶体结构，属于量子顺电体（先兆性铁电体），具备介电常数高、损耗低、热稳定性好等特点，是一种用途广泛的电子功能材料。室温下的介电常数约为250，在居里温度处的介电常数约为2000。$SrTiO_3$由于具有良好的温度和频率稳定性，且介电损耗较低（约为10^{-3}）、击穿场强高（100～300kV/cm）等，适合用作电介质储能材料。但$SrTiO_3$陶瓷的缺陷浓度较高，导致其储能密度较低。

$SrTiO_3$陶瓷的改性可以通过等价离子掺杂的方式来实现，如A位的Ba^{2+}、Mn^{2+}、Mg^{2+}、Ca^{2+}等离子和B位的Zr^{4+}、Sn^{4+}等离子，其中Ba^{2+}掺杂是研究最多的。同时，还可以引入不等价离子对$SrTiO_3$进行掺杂改性，包括Bi^{3+}、La^{3+}、Nd^{3+}和其他稀土离子掺杂等。还可以采用化学包覆的方法，如采用SiO_2对$Ba_{0.5}Sr_{0.5}TiO_3$纳米颗粒进行包覆后再烧制成陶瓷，最终可以使其理论储能密度和储能效率获得数倍的提高[63]。

(3) $BaTiO_3$ 基储能陶瓷

$BaTiO_3$ (BT) 是一种典型的钙钛矿结构铁电体，居里温度约为120℃，室温下的介电常数约为2000，居里温度附近在8000以上。$BaTiO_3$ 基陶瓷是电子陶瓷中使用最广的材料之一，被誉为电子陶瓷工业的支柱，通过掺杂改性产生了大量的新材料。$BaTiO_3$ 陶瓷具有高的介电常数和极化强度，是重要的电介质储能材料。但是，$BaTiO_3$ 陶瓷的介电常数随温度变化较大，介电损耗高，而且介电常数对电场、频率、压力和温度的依赖性较强，而且击穿场强低，严重制约其在电介质电容器中的应用。

$BaTiO_3$ 陶瓷的改性与 $SrTiO_3$ 陶瓷类似，可以通过引入组元形成固溶体、离子掺杂、添加玻璃相、表面包覆等方式控制微观结构，提升其储能性能，改善介电温度稳定性，以满足电容器的应用要求。一系列 $BaTiO_3$-$BiMO_3$ 储能陶瓷（M：$Mg_{0.5}Zr_{0.5}$，$Mg_{2/3}Nb_{1/3}$，$Zn_{2/3}Nb_{1/3}$，$Zn_{1/2}Ti_{1/2}$，$Mg_{1/2}Ti_{1/2}$，$In_{0.8}Zr_{0.2}$，$Ni_{2/3}Nb_{1/3}$）的开发，提升了BT陶瓷的储能性能[64]，这是因为：a. 引入 $BiMO_3$ 能有效降低烧结温度，抑制晶粒生长，提高致密度和击穿场强；b. $BiMO_3$ 能将BT弛豫化，降低其剩余极化，提高可释放储能密度和效率；c. Bi的6p轨道与氧的2p轨道杂化，可提高材料的最大极化，进而提高极化差值（$P_{max}-P_r$）。

(4) $BiFeO_3$ 基储能陶瓷

$BiFeO_3$ (BF) 室温下为菱方相扭曲钙钛矿结构，空间群为 $R3c$，理论预测其能产生约为 $110\mu C/cm^2$ 的铁电极化，且居里温度高达830℃，因此被认为是制备耐高温储能电容器的理想材料。陶瓷烧结过程中易产生 $Bi_{25}FeO_4$ 和 $Bi_2Fe_4O_9$ 等杂相，高温下Bi容易挥发产生氧空位缺陷。因此，纯的BF陶瓷漏电流较大，导致材料的击穿场强较低，限制了在储能领域的应用。提高BF材料储能密度的设计思路有两个方面：一方面是通过A、B位掺杂来产生尺寸小、动力学性能好的极性纳米微区（PNRs），增强其弛豫特性，进而减小其剩余极化；另一方面是通过制备缺陷少的薄膜，或利用 MnO_2 等填补氧空位，来抑制漏电流，提高击穿场强。

BF基储能陶瓷主要有两类：$BiFeO_3$-$BaTiO_3$ (BF-BT) 和 $BiFeO_3$-$SrTiO_3$ (BF-ST)。BF-BT基陶瓷由于剩余极化较高和具有明显的迟滞效应，储能密度较低。BF-ST基陶瓷的主要特点是损耗小、温度稳定性好。$SrTiO_3$ 加入BF中，使铁电微畴转变为具有高度动态性的极性纳米微区，实现了铁电体到弛豫铁电体的转变，从而可提高储能密度和效率。另外，$SrTiO_3$ 的引入抑制了氧空位形成，极大地提高了电绝缘性和击穿强度[65]。在 $0.75(Bi_{1-x}Nd_x)FeO_3$-$0.25BaTiO_3$

(BN_xF-BT）陶瓷和多层膜中，当 x 增大时伪立方和 $R3c$ 的混合相向纯伪立方结构转变；增强的击穿场强（约 180kV/cm）和较大的饱和极化（约 40μC/cm²），使 $BN_{15}F$-BT 陶瓷的最高储能密度和可释放储能密度分别为约 4.1J/cm³ 和约 1.82 J/cm³；多层膜的可释放储能密度和效率分别为 6.74 J/cm³ 和 77%，并且在 125℃时保持性能稳定[66]。

（5）$K_{0.5}Na_{0.5}NbO_3$ 基储能陶瓷

$K_{0.5}Na_{0.5}NbO_3$（KNN）为钙钛矿结构的铁电体，是由 $NaNbO_3$ 和 $KNbO_3$ 在其准同型相界（MPB）范围内形成的固溶体，居里温度约为 420°C，介电常数约为 230。纯 KNN 陶瓷存在烧结困难、温度稳定性差的问题，导致其击穿场强低，储能密度较低。对 KNN 陶瓷的改性可以通过在 KNN 中引入第二组元的方法，使 KNN 陶瓷的晶粒尺寸从微米级减小至亚微米级，击穿场强提高。KNN 在引入第二组元的同时还可添加掺杂改性的离子，由于掺杂离子的离子价态和半径与 KNN 中的离子不同，促进 KNN 陶瓷中极性纳米微区的生长，弛豫特性增强，剩余极化和矫顽场降低。

KNN 通过引入 ABO_3 型钙钛矿结构组元，降低其结构对称性，可增加其对可见光及红外波段的透光性。这类透明的 KNN 基陶瓷具有较细小的晶粒结构，抗击穿能力强，使 KNN 基陶瓷不仅具有优异的储能性能，而且同时具有高的透光率和荧光等功能。

（6）$AgNbO_3$ 基储能陶瓷

$AgNbO_3$ 在室温时具有钙钛矿结构，是由氧八面体在相互垂直的三个面上以顶角相互连接的形式形成的结构，Ag^+ 占据十二配位的 A 位，Nb^{5+} 占据六配位的 B 位。2007 年，Fu 等成功制备出具有典型电滞回线的多晶 $AgNbO_3$ 陶瓷[67]。随着双电滞回线在 $AgNbO_3$ 陶瓷中被发现，$AgNbO_3$ 的反铁电性被证实。$AgNbO_3$ 陶瓷因在 150 kV/cm 以上高电场下展现出反铁电特征的双电滞回线现象，而具有优异的储能性能。

2016 年，清华大学和西安交通大学报道了具有高储能密度的 $AgNbO_3$ 陶瓷，其可释放储能密度为 1.6～2.1J/cm³[68,69]。在认识到 $AgNbO_3$ 具有潜在的优异储能性能后，较多的研究通过化学修饰来调控其反铁电行为，提升其储能性能。2019 年，Gao 等报道了 La 掺杂改性的 $AgNbO_3$ 基陶瓷的可释放储能密度为 4.4 J/cm³，储能效率约为 70%，实现了储能性能的较大提升[70]。

（7）$NaNbO_3$ 基储能陶瓷

$NaNbO_3$（NN）是一种典型的反铁电体，由于随温度变化氧八面体发生倾斜

和 Nb^{5+} 偏离氧八面体中心的位移，NN 随温度从高温至低温相变顺序一般认为是：PE 立方 U（913K）（$Pm3m$）→PE 四方 T2（848K）（$P4/mbm$）→正交 T1（793K）（$Ccmm$）→正交 S（753K）（$Pnmm$）→正交 R（633K）（$Pmnm$）→正交 P（173K）（$Pbma$）→FE 菱方 N（$R3c$）。其中，N 为铁电相，P、R 为反铁电相，S、T1、T2、U 为顺电相。除此之外，在 410K 以下会存在另一种铁电正交 Q（$P21ma$）相。尽管如此，室温下 NN 一般被认为是 $Pbma$ 结构，称之为反铁电正交 P 相。

$NaNbO_3$ 的体积密度仅为 4.55g/cm^3，相比铁酸铋（8.37g/cm^3）、钛酸钡（6.02g/cm^3）、钛酸铋钠（5.98g/cm^3）等其他电介质材料，在电容器的轻量化方面具有明显的优势。以 NN 为基材，加入少量不同结构的化合物，如 $BaTiO_3$、$Bi_{0.5}K_{0.5}TiO_3$、$Bi_{0.5}Li_{0.5}TiO_3$、$LiTaO_3$、$KNbO_3$、$LiNbO_3$ 等，均能形成固溶体，而且还能形成弛豫铁电体，非常适合作为储能材料。通过 $Bi_{0.5}Na_{0.5}TiO_3$ 部分取代 NN，引入局域随机场来调控反铁电陶瓷的电畴尺寸，从而在室温下获得了具有纳米尺度电畴的弛豫反铁电陶瓷，使其能够在高达 360kV/cm 电场下，具有几乎无滞后的类线性极化响应，只在电场大于 360kV/cm 时才会表现出反铁电-铁电相变以及低滞后的电畴取向。该材料的储能密度（>7.4 J/cm^3）和储能效率（>73%）在 25～200℃范围内保持良好的稳定性[71]。

（8）钨青铜基储能陶瓷

钨青铜型电介质是仅次于钙钛矿型电介质的第二大类电介质材料。钨青铜的晶体结构是由共顶点的氧八面体连接成单个晶胞，并沿着其四重轴堆叠而成，一个晶胞由 10 个扭曲的氧八面体以共顶点的方式堆叠而成，其化学分子式可表示为 $(A_1)_4(A_2)_2C_4B_{10}O_{30}$ 和 $(A_1)_4(A_2)_2B_{10}O_{30}$。

由于钨青铜电介质独特的铁电、介电、非线性光学特性，其获得了广泛的研究。钨青铜结构陶瓷的介电常数适中，介电常数的温度、频率稳定性良好，且介电损耗极低，有利于获得较高的介电强度，符合储能电介质材料的基本要求，有望获得较好的储能特性。已经获得储能研究的钨青铜基储能陶瓷有 $Ba_{6-3x}Ln_{8+2x}Ti_{18}O_{54}$（Ln=La, Nd）、$Sr_xBa_{1-x}Nb_2O_6$、$Ba_5LaTi_3Ta_7O_{30}$、$(Ca_{0.28}Ba_{0.72})_{2.1}Na_{0.8}Nb_5O_{15}$ 等。

2.4.2 无铅储能陶瓷材料的制备

（1）常规烧结工艺

常规烧结工艺（conventional sintering）是在特定烧结温度下无液相出现的烧结，烧结时混合粉体在高温下物质相互扩散，使微观离散颗粒逐渐形成连续的固态结构，该过程中坯体的整体自由能降低，但强度提高，包含了表面扩散、晶界扩散、晶界迁移、颗粒重排等烧结机制。固相烧结过程一般分为三个阶段，即烧结初期、烧结中期、烧结后期。它采用硅碳棒或硅钼棒等辐射加热方式，按一定升温速率升到一个较高温度，随后在该温度下保温一段时间，亦可根据需要设定复杂的多段烧结程序。

制备过程涉及的关键工序有：原料均匀混合、混合物料预烧、粉料二次破碎、粉料造粒、造粒粉料成型、坯体烧结。常规烧结工艺是一种非常经典的氧化物陶瓷烧结方法，因在大气气氛中进行也属于无压烧结方式。高温、长时间的保温获得了较高的烧结密度，但也会导致晶粒长大，影响陶瓷的微结构和物理性能。降低烧结温度可以控制晶粒长大，降低温度细化晶粒的方法常有添加助烧剂、原料纳米化、两步烧结、压力烧结等。该方法具有烧结设备简单、工艺易于操作的优点，目前仍是氧化物储能陶瓷最常用的烧结方式。

(2) 两步烧结工艺

两步烧结工艺（tow-step sintering）是一种新兴的烧结方法，与常规烧结工艺的不同之处是它有一个快速降温的过程，即当温度缓慢上升至一定温度时快速降温至较低温度（低于最高烧结温度 100～200℃），并在较低温度下保温一定时间，在晶粒还没来得及长大时就急速降温到可抑制晶粒长大的较低烧结温度。在常规烧结工艺中，晶粒长大和烧结致密化是相互矛盾的。两步烧结工艺可以有效地控制晶粒异常长大，并提高其致密性，甚至可以获得纳米晶陶瓷。两步烧结工艺是对常规烧结工艺的创新，仍然可以发挥常规烧结工艺的技术优点，结合纳米粉体、助烧剂等可更进一步发挥其优势。

与常规烧结工艺相比，两步烧结工艺在控制陶瓷的晶粒尺寸和均匀分布方面具有优势。$0.89Bi_{0.5}Na_{0.5}TiO_3$-$0.06BaTiO_3$-$0.05K_{0.5}Na_{0.5}NbO_3$ 三元系陶瓷的烧结工艺对比研究表明，两步烧结的陶瓷具有较小的晶粒尺寸和更均匀的微观结构，平均晶粒尺寸为 1.0μm（单步烧结的陶瓷平均晶粒尺寸为 1.5～3.0μm），而且陶瓷的耐电压更高、电滞回线更细长，在 100kV/cm 时的储能密度为 $0.90J/cm^3$，是单步烧结制备的陶瓷的三倍[72]。

(3) 热压烧结工艺

热压烧结工艺（hot pressing sintering，HP）是在一定的高温下对样品施加一定的压力，使坯体粉粒中的质点在受高温作用的同时，还受到外加机械力的作用，促进坯体中不同粉粒间的接触与扩散，使得粉料重排，粒界发生滑移，大的堆集间隙被填充，气孔被排除，从而提高其反应速度和样品的致密性。采用热压烧结可缩短保温时间，降低烧结温度，提高致密度，并减少挥发性物质的挥发。热压烧结设备容易得到，操作较为简单，具有很高的实用性。热压烧结中的热压模具是难点，模具必须具有高的热稳定性和高温机械强度，以及足够的化学惰性和抗磨能力。模具会与材料黏结，因此通常会在模具与材料之间涂覆一层惰性垫粉（如 ZrO_2、MgO），但模具的黏模问题仍然无法完全解决。

热压烧结工艺容易获得接近理论密度、气孔率接近于零的烧结体，获得细晶粒的组织，实现晶体的取向效应，控制含有高蒸气压成分系统的组成变化，因而在高致密度陶瓷制备上获得了广泛应用。采用热压烧结工艺制备的 $Bi_{0.5}K_{0.5}TiO_3$-Ba（$Mg_{1/3}Nb_{2/3}$）O_3 陶瓷，其平均晶粒尺寸仅为 0.30μm，具有致密的微结构，可释放储能密度为 3.14J/cm^3，是常规烧结工艺制备的陶瓷的 2.49 倍[73]。

（4）微波烧结工艺

微波烧结工艺（microwave sintering）是利用微波具有的特殊波段与材料的基本细微结构耦合产生热量，材料在电磁场中的介质损耗使材料整体加热至烧结温度而实现致密化。由于材料可内外均匀地整体吸收微波能并被加热，使得处于微波场中的被烧结物内部的热梯度和热流方向与常规烧结完全不同。它可实现快速均匀的加热而不会引起样品开裂，或者在陶瓷内形成热应力，更重要的是快速烧结可使材料内部形成均匀的细晶结构和较高的致密性，从而改善陶瓷的微结构和物理性能。由于微波烧结需要材料具有一定的介电损耗，这与制备低损耗的材料相悖。该工艺具备加热速度极快（一般为几十分钟至几十秒钟）、热效率高、节能省时等优点。

微波烧结由于设备较为昂贵，对模具和冷却系统要求较高，目前普遍用于实验室科学研究。微波烧结工艺制备的 0.475BNT-0.525BCTZ-x%（质量分数）MgO 陶瓷，抑制了 0.475BNT-0.525BCTZ 基材与 MgO 之间的反应，MgO 倾向于聚集在晶界，且 XRD 可以观察到 MgO 第二相的存在，在 $x=5$ 的样品中获得了 179.1kV/cm 的高击穿场强和 1.37J/cm^3 的高储能密度，其储能效率为 61.43%[74]。

（5）放电等离子体烧结工艺

放电等离子体烧结工艺（spark plasma sintering，SPS）是利用外加脉冲强电流形成的电场，清洁粉体颗粒表面氧化物和吸附的气体，净化材料，活化粉体表面，提高粉体表面的扩散能力，再在较低的机械压力下利用强电流短时间加热粉体进行烧结致密。该方法的显著特点是快速低温制备材料，因此具有烧结温度低，烧结时间短（几分钟之内），烧结体纯度、密度高，晶粒细小等优点。缺点是缺乏横向压力，加热速度快导致坯体容易开裂，陶瓷体内容易渗入碳，设备昂贵，目前普遍用于实验室科学研究。

SPS因其烧结时间短能够抑制晶粒长大，有望获得致密和细晶粒的储能陶瓷。放电等离子体烧结的$Na_{0.7}Bi_{0.1}NbO_3$陶瓷，其平均晶粒尺寸为0.70μm，远低于常规烧结工艺制备的陶瓷的3.31μm，而且减少了Na^+和Bi^{3+}的挥发；击穿场强和储能效率显著提高，其击穿场强为406kV/cm，可释放储能密度为3.41J/cm³，储能效率为90.8%。以上均表明SPS烧结的$Na_{0.7}Bi_{0.1}NbO_3$陶瓷具有优异的综合储能性能[75]。

(6) 气氛烧结工艺

气氛烧结工艺（atmosphere sintering）是指对于在空气中很难烧结的制品（如透光体或非氧化物），可在炉膛内通入一定量的某种气体，在这种特定气氛下进行烧结致密化。气氛烧结有利于控制反应和抑制分解，促进扩散，提高烧结陶瓷产品的质量、性能与致密度。按气氛性质常分为真空气氛烧结、氧化气氛烧结、还原气氛烧结、中性气氛烧结，其中通氧有利于维持富氧气氛，通氢有利于维持还原气氛，通氮有利于维持中性气氛。针对不同的电介质材料，采用不同的气氛烧结有助于提高储能性能。如水热法合成的$Ba_{0.4}Sr_{0.6}TiO_3$粉体分别在N_2、空气和O_2中烧结成陶瓷，在N_2中烧结的平均晶粒尺寸为1.11μm，储能密度为0.617J/cm³，储能效率为78.75%；在空气中烧结的平均晶粒尺寸为1.09μm，储能密度为0.884J/cm³，储能效率为78.75%；在O_2中烧结的平均晶粒尺寸为0.44μm，击穿场强最高为167.2kV/cm，储能密度为1.081J/cm³，储能效率为73.78%。该结果表明氧气氛烧结有助于减小晶粒尺寸，增加击穿场强，提高储能性能[76]。

还有一种常用的气氛烧结法是控制挥发气氛烧结法，如氧化物陶瓷组分含有Pb、K、Na、Bi、Li等。它们的化合物（如PbO）具有较高的蒸气分压，因此这些化合物在较低温度下就会大量挥发。含有这类化合物的原料其挥发性较高，难以保证烧结体保持配料时的设计组分配比，也难以烧结致密化。但是，将含有这类化合物的坯体密闭起来，并辅以相同的物料作为气氛形成物，加热时气化物将在密闭空间内形成挥发气氛，当挥发物浓度达到平衡蒸气分压后便会停止挥发，且温度越高，平衡蒸气压就越大。这种方法可以有效抑制组分挥发，保证设计组分的化学计量比，进而改善或提升储能性能。

2.4.3 BNT基无铅储能陶瓷的研究进展

纯的BNT具有高的饱和极化和介电常数，通过固溶和掺杂改性等可以获得类似于反铁电体的束腰状双电滞回线，这些特性都是作为储能应用的潜在优势。但是，BNT作为电介质储能材料，存在高的剩余极化、大的漏电流、低的击穿场强等不足。因此，为了提高BNT基陶瓷的储能性能，人们做了多方面的探索工作。

(1) 固溶体改性BNT基陶瓷的储能性能

引入其他钙钛矿结构的铁电体进行二元或三元固溶，是提升BNT基陶瓷储能性能的一个重要方法，构建固溶体的其他组元可供选择较多，如$BaTiO_3$、$CaTiO_3$、$SrTiO_3$、$K_{0.5}Bi_{0.5}TiO_3$、$K_{0.5}Na_{0.5}NbO_3$、$NaTaO_3$、$KTaO_3$ 等。与纯BNT相比，BNT固溶体陶瓷极大地减小了剩余极化和矫顽场，陶瓷的绝缘性也获得显著提升。

BNT基陶瓷具有大的剩余极化和低的击穿场强，因此具有较低的储能密度和效率。通过组分设计，诱导出电场响应速度快的极性纳米微区，来降低剩余极化强度，并且将晶粒尺寸减小到亚微米级来提高击穿场强，利用两者之间的协同作用实现优异的储能性能。选用$Sr(Nb_{0.5}Al_{0.5})O_3$（SNA）对BNT陶瓷进行组成调控，利用$(Nb_{0.5}Al_{0.5})^{4+}$复合离子可以降低剩余极化和提高击穿场强，Sr^{2+}可以扰乱BNT的铁电长程有序，产生纳米极性微区，而且$SrTiO_3$可以降低$Na_{0.5}Bi_{0.5}TiO_3$-$SrTiO_3$陶瓷的晶粒尺寸。$(1-x)$BNT-xSNA陶瓷通过调整SNA的含量能够显著地减小BNT基陶瓷的畴尺寸，诱导出小尺寸的PNRs，使储能性能得到大幅度的提高，并且在不同电场强度下的P-E曲线始终保持细长的形状。电场强度可提升到520kV/cm，可释放的储能密度能够增加到6.64J/cm^3，并且储能效率始终维持在94%以上。在1～100Hz的测试频率范围和30～150℃的温度范围内，储能性能拥有优异的稳定性[77]。

(2) 掺杂改性BNT基陶瓷的储能性能

掺杂改性是在储能陶瓷中加入具有与原来阳离子晶格位置不同的新的阳离子，通过这些价态或离子半径不同的离子取代，在原来的体系中产生结构改变或缺陷，根据添加量的不同，可以改变主晶相的结构和性能。掺杂改性是调控铁电材料电子性质的一种重要方法，有丰富的阳离子可供选择。对BNT固溶体的A位和/或B位进行掺杂改性，是提升BNT基陶瓷储能性能的又一个重要方法，其掺杂离子可以是单离子、多离子或者复合离子。这些掺杂离子可以设计成具有不同的化学价态、离子半径等。

采用La、Sm、Zr、Hf单离子，以及La与Zr、Sm与Hf共同掺杂BNT-BT基陶瓷，有效降低了BNT-BT陶瓷的剩余极化和矫顽场，电滞回线变得细长，增强了抗击穿能力，提升了储能密度和效率。采用$(Al_{0.5}Nb_{0.5})^{4+}$、$(Mg_{1/3}Nb_{2/3})^{4+}$复合离子掺杂对0.94BNT-0.06BT和0.82BNT-0.18BKT基陶瓷进行掺杂，在保持较高饱和极化的同时，有效降低了剩余极化和矫顽场，电滞回线向反铁电体的双电滞回线形状转变，而且增强了抗击穿能力。复合离子掺杂不仅有效提升了储能密度和效率，而且提高了高场下的电致应变性能[78~80]。$(Fe_{1/4}Sc_{1/4}Nb_{1/2})^{4+}$三元复合离子掺杂$Bi_{0.5}(Na_{0.82}K_{0.18})_{0.5}Ti_{(1-x)}(Fe_{1/4}Sc_{1/4}Nb_{1/2})_xO_3$弛豫铁电体陶瓷，掺杂使剩余极化和矫顽场急剧减小，储能密度随电场的升高而逐渐增大，同时也使场致应变和电致伸缩系数显著增加[81]。

(3) 缺陷工程改善 BNT 基陶瓷的储能性能

众所周知，Bi 和 Na 是高温过程中易挥发的元素。Bi 在挥发组分中起主要作用，因为在 BNT 基陶瓷的烧结过程中，Bi_2O_3 的挥发温度约 825℃，远低于 Na_2O 的约 1132℃。因此，为了保持电中性，高温烧结过程中 Bi^{3+}不可避免地挥发在 BNT 基陶瓷内产生氧空位，它可以用 Kröge-Vink 表示：

$$Bi_{Bi}^{\times}+O_{O}^{\times}\rightarrow 2V'''_{Bi}+2V^{\cdot\cdot}_{Bi}+3V^{\cdot\cdot}_{O}+Bi_2O_3 \tag{2-8}$$

研究发现氧空位将提高 BNT 基陶瓷的离子电导率，并促进晶粒长大，这些都不利于获得高的击穿场强。因此，为了优化 BNT 基陶瓷的储能性能，采用过量的 Bi 和不足的 Na 构建 A 位缺陷工程。以 $Bi_{0.5}Na_{0.5}TiO_3$-$SrTiO_3$ 陶瓷为研究对象，$0.75Bi_{(0.5+x)}Na_{(0.5-x)}TiO_3$-$0.25SrTiO_3$（$0\leqslant x\leqslant 0.10$）利用 A 位缺陷工程减少了 BNT 基陶瓷的氧空位，并抑制其晶粒生长。该方法不仅能够改善 $Bi_{0.5}Na_{0.5}TiO_3$-$SrTiO_3$ 陶瓷的介电常数的温度稳定性，还能显著地提高击穿场强、储能密度和储能效率，在最大电场强度为 535kV/cm 时，可释放的储能密度可以达到 5.63J/cm³，相应的储能效率可以维持在约 94%[82]。

在某些受主掺杂（低价态离子取代高价态离子）的陶瓷中，经过老化过程后会获得典型的细瘦型电滞回线，这有利于储能密度的提高。例如 X^{3+} 取代 ABO_3 中的 B^{4+}后，由于受主掺杂离子 B^{4+}与取代离子 X^{3+}的价态不同，在陶瓷中会产生氧空位 $V^{\cdot\cdot}_{O}$ 以实现电荷平衡。在老化过程中氧空位与受主掺杂剂离子形成缺陷偶极矩，以减小弹性场和静电场。缺陷偶极矩的取向平行于瞬时极化方向，在外加电场的作用下，瞬时极化会立即转变到沿电场方向，由于氧空位迁移的响应时间较长，缺陷偶极矩的取向会滞后于瞬时极化转向。当电场减小时，保持其初始方向的缺陷偶极矩将提供一个恢复力，使瞬时极化的取向回到其初始方向。随着电场强度的降低，陶瓷的极化强度明显下降。因此，经老化后的掺杂受主陶瓷，其电滞回线呈现细瘦形状，剩余极化很小，有利于储能密度的提高[83,84]。

(4) 烧结工艺改善 BNT 基陶瓷的储能性能

烧结工艺直接影响陶瓷的微观结构，进而影响其电学性能。陶瓷的电学性能很大程度上取决于晶粒尺寸和分布的均匀性，对储能陶瓷来说其气孔影响了击穿场强。晶粒细小、结构均匀的陶瓷比晶粒粗大、组织不均匀的陶瓷具有更好的耐高压性能。高致密陶瓷气孔尺寸小、数量少，同时气孔的分布相对均匀，有助于提升击穿场强。氧化物储能陶瓷常采用传统的一步烧结工艺。与一步烧结工艺相比，两步烧结工艺、微波烧结工艺、热压烧结工艺、放电等离子体烧结工艺等在控制陶瓷的晶粒尺寸和均匀分布方面显示出许多优势，为制备细晶粒、结构均匀的陶瓷提供了有效途径。要发挥这些工艺的技术优势，还需要有具有高烧结活性的超细粉体与之配合，合成这些氧化物超细粉体的常用方法有溶胶-凝胶法、水热法、共沉淀法、高能球磨法等。

除了烧结工艺和粉体细化外，采用 Al_2O_3 和 SiO_2 对 $BaTiO_3$ 陶瓷粉体原料进行包覆，可以使 $BaTiO_3$ 陶瓷的晶粒细化，微结构均匀，致密度提高，损耗减小，储能性能提高[85]。Al_2O_3 和 SiO_2 能有效减小结构中气孔的尺寸，使其获得缺陷较少的结构，最终提高击穿场强。还可以在陶瓷中加入玻璃相粉体，如 BaO-SiO_2-B_2O_3，玻璃相添加物促进烧结致密化，气孔率下降，气孔、晶粒尺寸减小，使 $Ba_{0.4}Sr_{0.6}TiO_3$ 陶瓷的击穿场强明显上升[86]。

(5) 复合材料改善 BNT 基陶瓷的储能性能

研究表明界面效应对有机-无机弛豫铁电体复合材料的储能性能有显著影响。同理，无机铁电复合材料为了获得积极的界面效应，需要对其组成进行设计。人们普遍认为块体的陶瓷更容易通过晶界产生。绝缘金属氧化物，如 ZnO、MgO 和 Al_2O_3，加入陶瓷中会在晶界处析出，从而提高陶瓷的击穿场强。在 $(Bi_{0.32}Sr_{0.42}Na_{0.20})TiO_3$ 陶瓷中添加 MgO，构建了 0-3 型 $(Bi_{0.32}Sr_{0.42}Na_{0.20})TiO_3$/MgO 复合材料，其储能性能获得了显著提高。在相对较低的电场 200kV/cm 时，具有较高的可释放储能密度 2.09J/cm^3 和约 84%的储能效率，能量释放速度极快，仅在 0.15μs 内。数值模拟（COMSOL）表明其高击穿场强的内在机制是，复合材料的击穿场强与第二相掺入引起的材料局部电场（LEF）不均匀分布密切相关。LEF 的分布由第二相含量和复合材料的微观结构决定。有限元 COMSOL 对其电位分布和 LEF 的数值模拟结果表明，MgO/$MgTiO_3$ 第二相引入 $(Bi_{0.32}Sr_{0.42}Na_{0.20})TiO_3$ 基材后，电位和 LEF 均发生畸变，而且随着第二相浓度的增加，电位畸变程度增大，更多的等电位线集中到一个较低的值。由于 MgO/$MgTiO_3$ 和 $(Bi_{0.32}Sr_{0.42}Na_{0.20})TiO_3$ 基材之间的介电常数存在明显差异，更多的外加电压将集中在介电常数较低的 MgO/$MgTiO_3$ 相上，从而削弱 $(Bi_{0.32}Sr_{0.42}Na_{0.20})TiO_3$ 基材中的 LEF。因此，MgO/$MgTiO_3$ 第二相诱导的 LEF 重分布可以很好地解释不同 MgO 浓度的

$(Bi_{0.32}Sr_{0.42}Na_{0.20})TiO_3/MgO$ 复合材料的不同击穿性能[87]。

对 BNT 基储能陶瓷来说，采用复合材料的方式除了加入氧化物形成界面结构外，还可以通过“弛豫铁电体+反铁电体”，或者“铁电体+弛豫铁电体”等形式进行材料复合，从而优化电滞回线（极化行为），调控其储能性能[88]。

(6) 结构设计改善 BNT 基陶瓷的储能性能

近年来，具有层状结构的电介质材料被广泛研究，被认为是解决铁电极化与击穿场强矛盾的有效途径，具有三明治结构的聚合物基电容器的储能性能获得了显著的提升。然而，三明治结构的陶瓷因为共烧问题，导致其较难获得致密的结构。为了解决共烧匹配，满足环境保护和显著提高无铅陶瓷储能性能，BNT 基陶瓷采用了宏观结构设计策略，即三明治结构的陶瓷外层采用具有大的饱和极化的铁电体，内层采用具有高的击穿场强的线性电介质，利用层状复合材料的协同作用，实现多种材料集多种优异性能于一体的特点。通过宏观结构设计策略，制备出具有三明治结构的 BNT 基无铅陶瓷材料，解决了极化强度和击穿电场强度之间的矛盾关系，进而实现优异的能量存储性能。

通过三明治结构的设计，进一步将 BNT 基陶瓷的可释放储能密度提高到 $6.78J/cm^3$，并且能够维持 89.7%的储能效率。同时，得到的具有三明治结构的 BNT 基陶瓷，储能性能在较宽的频率和温度范围内能够维持良好的稳定性。在 300kV/cm 电场强度下，可释放的储能密度在 1～100Hz 的测试频率范围和 30～120℃的温度范围内的变化率能够保持在±3%以内，相应的储能效率可以达到 86%以上[89]。

2.4.4 影响陶瓷储能性能的因素

对于非线性电介质的铁电体陶瓷，要提高其储能性能，第 1.5 节已经分析了陶瓷需要具有高介电常数、高击穿场强、高饱和极化、低剩余极化，以及特殊的极化行为（电滞回线）。但是，对于陶瓷材料来说，还有一些其他因素也会影响到储能性能，如晶粒、气孔、杂质缺陷等，这些会降低击穿强度。高电场下的巨应变会导致陶瓷产生裂纹，进而导致器件失效。高的介电损耗，或者高电场下产生的高场漏导，会使陶瓷产生热效应，导致陶瓷产生裂纹，或者难以维持电极上存储的电荷，从而极大地降低可释放的储能密度和效率。因此，仍然有多个方面的因素会显著影响到陶瓷的储能性能，非常值得开展这方面的研究。

(1) 陶瓷晶粒

陶瓷的晶粒尺寸较粗大时，容易产生气孔、裂纹等缺陷，降低击穿场强。在晶粒尺寸较细小时，晶界的数量显著增多，晶界电阻变大，可提高其击穿场强。

随着晶粒细化，不易产生微气孔，致密度较高，击穿场强增大，其储能密度也增加。但是，晶粒尺寸不能太小，避免晶粒过度细化降低介电性能，如钛酸钡陶瓷的介电常数随晶粒细化先变大后变小。陶瓷体内含有巨量的晶粒，要求这些晶粒的尺寸分布较窄，均匀分布。

(2) 气孔缺陷

当陶瓷体内部存在气孔时，陶瓷在极化过程中受到不均匀电场作用，导致在气孔边界产生高电场，此区域内电位的分布发生变化，使气孔在高电场作用下容易被击穿，从而使材料的击穿强度降低，进而影响储能密度。要获得达到理论密度的陶瓷是非常困难的，尤其是含有易挥发组分的陶瓷，如 $Bi_{0.5}Na_{0.5}TiO_3$、(K, Na)NbO_3 和 $BiFeO_3$，一方面需要尽可能提高陶瓷的致密度；另一方面需要尽可能使气孔的尺寸减小，依靠微小气孔的均匀分布来避免因少量大气孔的高电场分布导致局部区域优先失效。

(3) 陶瓷厚度

对块体陶瓷材料来说，理论上陶瓷体中各个空间位置处的材料结构与性能应该是一样的，但实际情况却与理论有差异。一般来说，击穿场强随陶瓷厚度的增大而降低（$E_b \propto 1/\sqrt{d}$），陶瓷厚度越大[90]，在介质中的裂纹、气孔等缺陷就会相应增多，这会造成电场分布不均匀，使击穿场强降低，进而降低其储能密度。当样品的厚度在 100μm 以下时，其击穿强度会显著增加。

(4) 高场漏导

按照能带理论，理想的宽禁带电介质中不存在自由载流子（电子或空穴）。然而，实际的电介质由于本征或杂质因素，例如从电极注入或杂质（施主或受主）的热电离，在其扩展态（导带或价带）内存在少量的自由载流子，具有一定的弱导电性。电介质高场电导公式多数是依据 Schottky 和 Poole-Frenkel (PF) 效应建立的[91]。Schottky 效应取决于电极-电介质界面接触时，电荷镜像力和外电场作用而产生势垒下降，使发射载流子数增加，显然它与电极材料有关。PF 效应是电场使电介质体内可电离中心的库仑势垒降低，因而热发射载流子数增加，它与电介质中杂质、缺陷，以及结晶区和非晶区界面所引起的陷阱有关。由于目前储能陶瓷的击穿场强偏低，难以施加到较高的电场状态，其高场下的漏电流难以被关注到。同时，高场下漏电流的形成机制，以及对电荷的保持能力的影响需要开展深入的研究。

(5) 高场应变

电致应变效应实际上是逆压电效应，给电介质施加电场，电介质就会产生形变，从而发生电能和机械能的转换，其大小与场强成比例，当外场反向时其应变方向也反向，它是压电效应的逆效应。在PZT基材料的电致应变研究中发现，高电致应变通常出现在室温下具有反铁电相的材料中，反铁电相在电场作用下会过渡到铁电相，从而产生巨大的电致应变效应。对于无铅储能的铁电陶瓷来说，反铁电体具有优异的储能性能，如果存在着铁电-反铁电相变，就意味着有可能产生巨大的电致应变，且外电场越高其应变越大，那么陶瓷反复高压充放电时因为巨应变就有可能使得陶瓷开裂，从而导致电容器失效[92]。

(6) 介电损耗

电介质在单位时间内所消耗的电能称为介电损耗（$\tan\delta$）。电介质材料在电导和极化的过程中，不可避免地会有一部分电能转变为热能从而损失掉。在电导和极化过程中，带电质点（弱束缚电子和弱联系离子，包括缺陷和空位）移动时，它在电场中吸收的能量部分传递给周围的“分子”，使电磁场能量转变为热振动能，会表现为外在的发热现象。因此，减小介电损耗，可从减小电导损耗和极化损耗的角度进行改进，其中材料的化学组成、相组成、微观结构等都对陶瓷的介电损耗有较大的影响。

(7) 测试条件

测试电极对击穿强度有很大的影响。电场易在电极边缘积累，导致电介质的击穿强度下降。因此，优化电极结构，尽可能减小电极边缘积累，能够有效地提高击穿强度。从第1.4节可知，储能性能的测试有动态和静态两种。动态测试施加的是瞬时高压，然后电容器存储的能量是与交流高压电源进行交换，因此动态测试的储能性能通常会优于静态测试。动态测试时，温度、电场、频率、机械应力等都会显著影响储能性能参数[71,93~95]。

(8) 金属电极

电容器的导电电极结构会在高电场时导致异常放电，使得电容器储能性能降低或者器件失效。电容器的金属电极与电介质材料之间应该形成良好的欧姆接触，具有较小的接触电阻，二者的接触界面结合紧密且没有气孔等缺陷存在[96]。采用真空磁控溅射镀膜工艺，通常可以制备兼顾附着力和导电性的单层（如Au）或多层金属电极层（如Pt/Ti）[97]，而且电极与电介质的结合及其电极本身的缺陷少，抗高电场击穿能力强。采用中高温烧结型银浆或低温固化型银浆，以及其他金属浆料，由于浆料中通常含有玻璃或树脂成分，电极与电介质的结合处或者电极内部可能存在气孔等缺陷，导致这些缺陷位置被电场优先击穿，使得电极的抗高电场击穿能力降低，从而影响到电介质材料的最大储能性能的评估。

参考文献

[1] 程金树，李宏，汤李缨，等．微晶玻璃 [M]．北京：化学工业出版社，2006.

[2] 陈国华，陈勇．新型磷酸盐玻璃和玻璃陶瓷发光材料 [M]．北京：电子工业出版社，2019.

[3] 金格瑞（美），鲍恩（美），乌尔曼（美）．陶瓷导论 [M]．清华大学新型陶艺与精细工艺国家重点实验室，译．北京：高等教育出版社，2010.

[4] Anthony West A R. Basic Solid State Chemistry (Second Edition) [M]. New York: John Wiley and Sons LTD, 1990.

[5] Rezvani M, Eftekhari-Yekta B, Solati-Hashjin M, et al. Effect of Cr_2O_3, Fe_2O_3 and TiO_2 nucleants on the crystallization behabiour of SiO_2-Al_2O_3-CaO-MgO (R_2O) glass-ceramics [J]. Ceramics International, 2004, 31 (1): 75-80.

[6] Devi A V G, Rajendran V, Rajendran N. Structure, solubility and bioacrivity in TiO_2-doped phosphate-based bioglasses and glass-ceramics [J]. Materials Chemistry and Physics, 2010, 124 (1): 312-318.

[7] Yekta B E, Nia S H, Alizadeh P. The effect of B_2O_3, PbO and P_2O_5 on the sintering and machinability of fluotmica glass-ceramics [J]. Journal of the European Ceramic Society, 2005, 25: 899-902.

[8] Tulyaganov D U, Agathopoulos S, Ventura J M, et al. Synthesis of glass-ceramics in the CaO-MgO-SiO_2 system with B_2O_3, P_2O_5, Na_2O and CaF_2 additives [J]. Journal of the European Ceramic Society, 2006, 26: 1463-1471.

[9] Chen D Q, Wang Y S, Yu Y L, et al. Microstructure and luminescence of transparent glass ceramic containing Er^{3+}: BaF_2 nano-crystals [J]. Journal of Solid State Chemistry, 2006, 179: 532-537.

[10] Bocker C, Avramov I, Rüssel C. Viscosity and diffusion of barium and fluoride in Na_2O-K_2O-Al_2O_3-SiO_2-BaF_2 glasses [J]. Chemical Physics, 2010, 369 (2-3): 96-100.

[11] Herczog A. Application of glass-ceramics for electronic componentsand circuits [J]. IEEE Transactions on Parts Hybrids and Packaging, 1974, 9 (4): 247-256.

[12] Herczog A. Microcrystalline $BaTiO_3$ by crystallization from glass [J]. Journal of the American Ceramic Society, 1964, 47 (3): 107-115.

[13] Gorzkowski E P, Pan M J, Bender B, et al. Glass-ceramics of barium strontium titanate for high energy density capacitors [J]. Journal of Electroceramics, 2007, 18 (3): 269-276.

[14] Gorzkowski E P, Pan M J, Bender B A, et al. Effect of additives on the crystallization kinetics of barium strontium titanate glass-ceramics [J]. Journal of the American Ceramic Society, 2008, 94 (4): 1065-1069.

[15] Pan M J, Gorzkowski E P, Bender B A, et al. The effect of interfacial polarization on the energy density of ferroelectric glass-ceramics [C]. 15th IEEE International Symposium on the Applications of Ferroelectrics, 2006: 25-28.

[16] Chen J C, Zhang Y, Deng C S, et al. Improvement in the microstructures and dielectric properties of barium titanate glass-ceramics by AlF_3/MnO_2 addition [J]. Journal of the American Ceramic Society, 2009, 92 (8): 1863-1866.

[17] Zhang Y, Huang J J, Mao T, et al. Sintering temperature dependence of energy-storage properties in

(Ba, Sr) TiO_3 glass-ceramics [J]. Journal of the American Ceramic Society, 2011, 94 (6): 1805-1810.

[18] Huang J J, Zhang Y, Mao T, et al. Correlation between dielectric breakdown strength and interface polarization in barium strontium titanate glass ceramics [J]. Applied Physics Letters, 2010, 96 (4): 042902.

[19] Wang X R, Zhang Y, Ma T, et al. Effects of MnO_2 concentration on dielectric properties of barium strontium titanate glass ceramics [J]. Ceramics International, 2011, 38: 57-60.

[20] Wang J W, Tang L J, Shen B, et al. Property optimization of BST-based composite glass ceramics for energy-storage applications [J]. Ceramics International, 2014, 40 (1): 2261-2266.

[21] 刘涛涌，陈国华. 高储能密度玻璃陶瓷材料的研究进展 [J]. 材料导报，2012，26 (13)：37-41.

[22] Du J, Jones B, Lanagan M. Preparation and characterization of dielectric glass-ceramics in Na_2O-PbO-Nb_2O_5-SiO_2 system [J]. Materials Letters, 2005, 59 (22): 2821-2826.

[23] Luo J, Du J, Tang Q, et al. Lead sodium niobate glass-ceramic dielectrics and internal electrode structure for high energy storage density capacitors [J]. IEEE Transactions on Electron Devices, 2008, 55 (12): 3549-3554.

[24] Liu W, Mao C H, Dong G X, et al. Effects of PbO and SrO contents on crystallization and dielectric properties of PbO-SrO-Na_2O-Nb_2O_5-SiO_2 glass-ceramics system [J]. Ceramics International, 2009, 35 (3): 1261-1265.

[25] Mao C H, Sun X D, Du J, et al. Preparation and dielectric properties of Nb_2O_5-BaO-Na_2O-SiO_2 glass-ceramic for energy storage capacitors [J]. Journal of Physics Conference Series, 2009, 152 (1): 012061.

[26] Zhou Y, Zhang Q M, Luo J, et al. Structural and dielectric characterization of Gd_2O_3-added BaO-Na_2O-Nb_2O_5-SiO_2 glass-ceramic composites [J]. Scripta Materialia, 2011, 65 (4): 296-299.

[27] Zhou Y, Zhang Q M, Luo J, et al. Structural optimization and improved discharged energy density for niobate glass-ceramics by La_2O_3 addition [J]. Journal of the American Ceramic Society, 2013, 96 (2): 372-375.

[28] Shyu J J, Wang J R. Crystallization and dielectric properties of SrO-BaO-Nb_2O_5-SiO_2 tungsten-bronze glass-ceramics [J]. Journal of the American Ceramic Society, 2000, 83 (12): 3135-3140.

[29] Shyu J J, Chen C H. Sinterable ferroelectric glass-ceramics containing (Sr, Ba) Nb_2O_6 crystals [J]. Ceramics International, 2003, 29 (4): 447-453.

[30] Cheng C T, Lanagan M, Jones B, et al. Crystallization kinetics and phase development of PbO-BaO-SrO-Nb_2O_5-B_2O_3-SiO_2-Based glass-ceramics [J]. Journal of the American Ceramic Society, 2005, 88 (11): 3037-3042.

[31] Cheng C T, Lanagana M, Lin J T, et al. Crystallization kinetics and dielectric properties of nanocryslalline lead strontium barium niobales [J]. Journal of Materials Research, 2005, 20 (2): 436-446.

[32] Wang M J, Zhang Y, Liu X L, et al. Crystallization mechanism and ac conductivity studies on strontium barium niobate glass-ceramics [J]. Ceramics International, 2013, 39: 2069-2076.

[33] Wang M J, Liu X L, Wang X R, et al. Influence of crystallization time on the microstructures and die-

lectric properties of tungsten bronze glass-ceramics [J]. Journal of Materials Science, 2012, 47 (6): 2535-2540.

[34] Zeng Y K, Qin X Y, Liang J X, et al. Effect of BaF_2 addition on crystallization kinetics and dielectric properties of B_2O_3-Nb_2O_5-SrO-BaO glass-ceramics [J]. Journal of the American Ceramic Society, 2011, 94 (2): 469-473.

[35] 张文俊，陈国华，周昌荣，等 . Na_2O 含量对 BaO-SrO-Nb_2O_5-B_2O_3-SiO_2 系玻璃陶瓷微结构和性能的影响 [J]. 中国有色金属报，2011，21 (6)：265-270.

[36] Chen G H, Zhang W J, Liu T Y, et al. Preparation and properties of strontium barium niobate based glass-ceramics for energy storage capacitors [J]. Journal of Electroceramics, 2011, 27 (2): 78-82.

[37] Chen G H, Liu T Y, Yang Y, et al. Effects of BaF_2 addition on properties of strontium barium niobate based glass-ceramics for energy storage capacitors [J]. Advanced Materials Research, 2012, 535-537: 1619-1622.

[38] Liu T Y, Chen G H, Song J, et al. Crystallization kinetics and dielectric characterization of CeO_2-added BaO-SrO-Nb_2O_5-B_2O_3-SiO_2 glass-ceramics [J]. Ceramics International, 2013, 39 (5): 5553-5559.

[39] 邓国平 . 玻璃添加 (Ba, Sr) TiO_3 基陶瓷的制备技术与介电性能研究 [D]. 武汉：武汉理工大学，2011.

[40] Young A, Hilmas G, Zhang S C, et al. Effect of liquid-phase sintering on the breakdown strength of barium titanate [J]. Journal of the American Ceramic Society, 2007, 90 (5): 1504-1510.

[41] Zhang Q M, Wang L, Luo J, et al. Improved energy storage density in barium strontium titanate by addition of BaO-SiO_2-B_2O_3 glass [J]. Journal of the American Ceramic Society, 2009, 92 (8): 1871-1873.

[42] Li Y Q, Liu H X, Yao Z H, et al. The effect of ZnO-B_2O_3-SiO_2 additive on sintering and dielectric properties of $Ba_{0.3}Sr_{0.7}TiO_3$ ceramics [J]. Ferroelectrics, 2010, 403 (1): 45-53.

[43] 吴朝晖 . $SrTiO_3$ 基储能介质陶瓷制备工艺及性能研究 [D]. 武汉：武汉理工大学，2005.

[44] 张庆猛，崔建东，王磊，等 . PbO-SiO_2 玻璃对 $Ba_{0.4}Sr_{0.6}TiO_3$ 陶瓷致密度和介电性能的影响 [J]. 硅酸盐学报，2009，37 (9)：1514-1519.

[45] Wang X R, Zhang Y, Song X Z, et al. Glass additive in barium titanate ceramics and its influence on electrical breakdown strength in relation with energy storage properties [J]. Journal of the European Ceramic Society, 2012, 32 (3): 559-567.

[46] 殷之文 . 电介质物理学 [M]. 第 2 版 . 北京：科学出版社，2003.

[47] Han D F, Zhang Q M, Tang Q, et al. Testing media influences on the dielectric properties of lead sodium niobate glass-ceramics [J]. Ceramics International, 2010, 36 (7): 2011-2016.

[48] Castro P, Buchenauer C J, Gaudet J, et al. Studies of dielectric breakdown under pulsed power conditions [C]. 31st IEEE International conference on plasma science, Monterey, CA, 2004, 452: 978-981.

[49] 邓国平 . 玻璃添加 (Ba, Sr) TiO_3 基陶瓷的制备技术与介电性能研究 [D]. 武汉：武汉理工大学，2011.

[50] Ogihara H, Randall C A, Trolier-McKinstry S. High-energy density capacitors utilizing 0. $7BaTiO_3$-

0. $3BiScO_3$ Ceramics [J]. Journal of the American Ceramic Society, 2009, 92 (8): 1719-1724.

[51] Nunnally W C. Critical component requirements for compact pulse power system architectures [J]. IEEE Transactions on Plasma Science, 2005, 33 (4): 1262-1267.

[52] Wisken H G, Weise T H G G. Critical components for high energy density capacitor modules [J]. IEEE Transactions on Magnetics, 2003, 39 (1): 446-450.

[53] Slenes K M, Bragg L E. Compact capacitor technology for future electromagnetic launch applications [J]. IEEE Transactions on Magnetics, 2005, 41 (1): 326-329.

[54] Yu B Y, Wei W C. Defect of base metal electrode layers in multilayer ceramic capacitor [J]. Journal of the American Ceramic Society, 2010, 88 (8): 2328-2331.

[55] Zuo R Z, Li L T, Gui Z L. Interfacial development and microstructural imperfection of multilayer ceramic chips with Ag/Pd electrodes [J]. Ceramisc International, 2001, 27 (8): 889-893.

[56] Luo J, Du J, Tang Q, et al. Lead sodium niobate glass-ceramic dielectrics and internal electrode structure for high energy storage density capacitors [J]. IEEE Trans Electron Devices, 2008, 55 (12): 3549-3554.

[57] 罗君，杜军，唐群，等．高储能密度玻璃-陶瓷电容器内电极的研究 [J]. 电子元件与材料，2008，27 (6)：72-74.

[58] 朱君，罗君，张庆猛，等．金属膜电极层对 Na_2O-PbO-Nb_2O_5-SiO_2 微晶玻璃电容器电性能的影响 [J]. 无机材料学报，2011，26 (6)：617-618.

[59] Luo J, Tang Q, Zhang Q M, et al. Improved discharge properties of bulk Na_2O-BaO-PbO-Nb_2O_5-SiO_2 glass-ceramic dielectrics through electrode structure design [J]. Materials Letters, 2011, 65 (12): 1976-1978.

[60] Pan M J, Gorzkowski E P, Bender B A, et al. The effect of interfacial polarization on the energy density of ferroelectric glass-ceramics [C]. Proceedings of the 15th IEEE international symposium on applications of ferroelectrics, 2006: 25-28.

[61] Zhang Y, Huang J J, Ma T, et al. Sintering temperature dependence of energy-storage properties in (Ba, Sr) TiO_3 glass-ceramics [J]. Journal of the American Ceramic Society, 2011, 94 (6): 1805-1810.

[62] Huang J J, Zhang Y, Ma T, et al. Correlation between dielectric breakdown strength and interface polarization in barium strontium titanate glass ceramics [J]. Applied Physics Letters, 2010, 96 (4): 042902.

[63] Zhang Y, Cao M, Yao Z, Wang Z, Song Z, Ullah A, Hao H, Liu H. Effects of silica coating on the microstructures and energy storage properties of $BaTiO_3$ ceramics [J]. Materials Research Bulletin, 2015, 67: 70-76.

[64] 杜红亮，杨泽田，高峰，等．无铅非线性介电储能陶瓷：现状与挑战 [J]. 无机材料学报，2018，33 (10)：1046-1058.

[65] Pan H, Ma J, Ji Ma, Zhang Q, Liu X, Guan B, Gu L, Zhang X, Zhang Y, Li L, Shen Y, Lin Y, Nan C. Giant energy density and high efficiency achieved in bismuth ferrite-based film capacitors via domain engineering [J]. Nature Communications, 2018, 9: 1813

[66] Wang D, Fan Z, Zhou D, Khesro A, Murakami S, Feteira A, Zhao Q, Tan X, Reaney I M. Bismuth ferrite-based lead-free ceramics and multilayers with high recoverable energy density [J]. Journal of Materials Chemistry A, 2018, 6 (9): 4133-4144.

[67] Fu D, Endo M, Taniguchi H, Taniyama T, Itoh M. $AgNbO_3$: A lead-free material with large polarization and electromechanical response [J]. Applied Physics Letters, 2007, 90 (25): 84-100.

[68] Zhao L, Liu Q, Zhang S, Li J. Lead-free $AgNbO_3$ anti-ferroelectric ceramics with an enhanced energy storage performance using MnO_2 modification [J]. Journal of Materials Chemistry C, 2016, 4: 8380-8384.

[69] Xu Y, Wang G, Ye T, Yan Y, Liu X, Feng Y. Crystal structure and electrical properties of $AgNbO_3$-based lead-free ceramics [J]. Ceramics International, 2016, 42 (16): 18791-18797.

[70] Gao J, Zhang Y C, Zhao L, Lee K, Liu Q, Studer A, Hinterstein M, Zhang S, Li J. Enhanced antiferroelectric phase stability in La-doped $AgNbO_3$: perspectives from the microstructure to energy storage properties [J]. Journal of Materials Chemistry A, 2019, 7: 2225-2232.

[71] Qia H, Zuo R. Linear-like lead-free relaxor antiferroelectric $(Bi_{0.5}Na_{0.5})TiO_3$-$NaNbO_3$ with giant energy-storage density/efficiency and super stability against temperature and frequency [J]. Journal of Materials Chemistry A, 2019, 7: 3971-3978.

[72] Ding J, Liu Y, Lu Y, Qian H, Gao H, Chen H, Ma C. Enhanced energy-storage properties of $0.89Bi_{0.5}Na_{0.5}TiO_3$-$0.06BaTiO_3$-$0.05K_{0.5}Na_{0.5}NbO_3$ lead-free anti-ferroelectric ceramics by two-step sintering method [J]. Materials Letters, 2014, 114: 107-110.

[73] Li F, Hou X, Li T, Si R, Wang C, Zhai J. Fine-grain induced outstanding energy storage performance in novel $Bi_{0.5}K_{0.5}TiO_3$-$Ba(Mg_{1/3}Nb_{2/3})O_3$ ceramics via a hot-pressing strategy [J]. Journal of Materials Chemistry C, 2019, 7: 12127-12138.

[74] Pu Y, Zhang L, Yao M, Ge W, Chen M. Improved energy storage properties of microwave sintered 0.475BNT-0.525BCTZ-x wt%MgO ceramics [J]. Materials Letters, 2017, 189, 15: 232-235.

[75] Zhou M, Liang R, Zhou Z, Dong X. Achieving ultrahigh energy storage density and energy efficiency simultaneously in sodium niobate-based lead-free dielectric capacitors via microstructure modulation [J]. Inorganic Chemistry Frontiers, 2019, 6: 2148-2157.

[76] Jin Q, Pu Y, Wang C, Gao Z, Zheng H. Enhanced energy storage performance of $Ba_{0.4}Sr_{0.6}TiO_3$ ceramics: Influence of sintering atmosphere [J]. Ceramics International, 2017, 43: S232-S238.

[77] Yan F, Zhou X, He X, Bai H, Wu S, Shen B, Zhai J. Superior energy storage properties and excellent stability achieved in environment-friendly ferroelectrics via composition design strategy [J]. Nano Energy, 2020, 75: 105012.

[78] Zhao Y, Xu J, Yang L, Zhou C, Lu X, Yuan C, Li Q, Chen G, Wang H. High energy storage property and breakdown strength of $Bi_{0.5}(Na_{0.82}K_{0.18})_{0.5}TiO_3$ ceramics modified by $(Al_{0.5}Nb_{0.5})^{4+}$ complex-ion [J]. Journal of Alloys and Compounds, 2016, 666: 209-216.

[79] Zhao Y, Xu J, Zhou C, Yuan C, Li Q, Chen G, Wang H, Yang L. High energy storage properties and dielectric behavior of $(Bi_{0.5}Na_{0.5})_{0.94}Ba_{0.06}Ti_{1-x}(Al_{0.5}Nb_{0.5})_xO_3$ lead-free ferroelectric ceramics [J]. Ceramics International, 2016, 42 (2): 2221-2226.

[80] Sun Y, Zhao Y, Xu J, Yang L, Zhou C, Rao G, Wang H. Phase transition, large strain and energy storage in ferroelectric ($Bi_{0.5}Na_{0.5}$) TiO_3-$BaTiO_3$ ceramics tailored by ($Mg_{1/3}Nb_{2/3}$)$^{4+}$ complex ions [J]. Journal of Electronic Materials, 2020, 49: 1131-1141.

[81] Huo Z, Xie H, Xu J, Yang L G, Qiu W, Zhang X, Zhou C, Wang H. Tailoring the structure, energy storage, strain and dielectric properties of $Bi_{0.5}(Na_{0.82}K_{0.18})_{0.5}TiO_3$ ceramics by ($Fe_{1/4}Sc_{1/4}Nb_{1/2}$)$^{4+}$ multiple complex ions [J]. Frontiers in Materials, 2020, 7: 1-10.

[82] Zhou M, Liang R, Zhou Z, Dong X. Significantly enhanced energy storage density and efficiency of BNT-based perovskite ceramics via A-site defect engineering [J]. Journal of Materials Chemistry A, 2018, 6: 17896-17904.

[83] Zhao Z, Dai Y, Huang F. The formation and effect of defect dipoles in lead-free piezoelectric ceramics: a review [J]. Sustainable Materials and Technologies, 2019, 20: 00092.

[84] Luo B, Dong H, Wang D, Jin K. Large recoverable energy density with excellent thermal stability in Mn modified $NaNbO_3$-$CaZrO_3$ lead-free thin films [J]. Journal of the American Ceramic Society, 2018, 101 (8): 3460-3467.

[85] Liu B, Wang X, Zhao Q, Li L. Improved energy storage properties of fine-crystalline $BaTiO_3$ ceramics by coating powders with Al_2O_3 and SiO_2 [J]. Journal of the American Ceramic Society, 2015, 98 (8): 2641-2646.

[86] Zhang Q, Wang L, Luo J, Tang Q, Du J. Improved energy storage density in barium strontium titanate by addition of BaO-SiO_2-B_2O_3 glass [J]. Journal of the American Ceramic Society, 2009, 92 (8): 1871-1873.

[87] Li F, Hou X, Wang J, Zeng H, Shen B, Zhai J. Structure-design strategy of 0-3 type ($Bi_{0.32}Sr_{0.42}Na_{0.20}$) TiO_3/MgO composite to boost energy storage density, efficiency and charge-discharge performance [J]. Journal of the European Ceramic Society, 2019, 39 (9): 2889-2898.

[88] Fan P, Zhang S, Xu J, Zang J, Samart C, Zhang T, Tan H, Salamon D, Zhang H, Liu G. Relaxor/antiferroelectric composites: a solution to achieve high energy storage performance in lead-free dielectric ceramics [J]. Journal of Materials Chemistry C, 2020, 8: 5681-5691.

[89] Yan F, Bai H, Zhou X, Ge G, Li G, Shen B, Zhai J. Realizing superior energy storage properties in lead-free ceramics via macro-structure design strategy [J]. Journal of Materials Chemistry A, 2020, 8: 11656-11664.

[90] Tunkasiri T, Rujijanagul G. Dielectric strength of fine grained barium titanate ceramics [J]. Journal of Materials Science Letters, 1996, 15: 767-1769.

[91] 雷清泉. 固体电介质的高场电导 [J]. 物理, 1982, 11 (5): 262-267.

[92] Li F, Zhai J, Shen B, Liu X, Zeng H. Simultaneously high-energy storage density and responsivity in quasi-hysteresis-free Mn-doped $Bi_{0.5}Na_{0.5}TiO_3$-$BaTiO_3$-($Sr_{0.7}Bi_{0.2}\square_{0.1}$) TiO_3 ergodic relaxor ceramics [J]. Materials Research Letters, 2018, 6 (7): 345-352.

[93] Chauhan A, Patel S, Vaish R. Mechanical confinement for improved energy storage density in BNT-BT-KNN lead-free ceramic capacitors [J]. AIP Advances, 2014, 4: 087106.

[94] Patel S, Chauhan A, Vaish R. Enhancing electrical energy storage density in anti-ferroelectric ceramics

using ferroelastic domain switching [J]. Materials Research Express，2014，1 (4)：045502.

[95] Jin L，Li F，Zhang S. Decoding the fingerprint of ferroelectric loops：comprehension of the material properties and structures [J]. Journal of the American Ceramic Society，2014，97 (1)：1-27.

[96] Luo J，Du J，Tang Q，Mao C. Lead sodium niobate glass-ceramic dielectrics and internal electrode structure for high energy storage density capacitors [J]. IEEE Transactions on Electron Devices，2008，55 (12)：3549-3554.

[97] Yang B，Guo M，Tang X，Wei R，Hu L，Yang J，Song W，Dai J，Lou X，Zhu X，Sun Y. Lead-free $A_2Bi_4Ti_5O_{18}$ thin film capacitors (A=Ba and Sr) with large energy storage density，high efficiency，and excellent thermal stability [J]. Journal of Materials Chemistry C，2019，7：1888-1895.

第3章 电介质储能材料结构与性能表征

3.1 电学性能

3.1.1 介电性能

采用精密阻抗分析仪（例如 Aglient 公司的 HP-4292A 型仪器）测试样品的介电性能。在室温固定测试频率（如 1kHz）条件下可测量样品介电常数和损耗；在不同测试频率（如 1～100kHz）时可得到介电常数与测试频率的变化即介电频谱；将样品放在连接有阻抗仪的变温电炉中测试，可得到介电温谱。以上直接测得的数据都是电容的变化，需要通过下面的公式计算得出介电常数，而损耗直接由仪器读取。

$$\varepsilon_r = \frac{Cd}{\varepsilon_0 S} \tag{3-1}$$

式中，ε_r 为样品的相对介电常数；ε_0 是真空介电常数，其值等于 8.854pF/m；C 是电容，pF；d 是样品的厚度，m；S 是样品的面积，m^2。

3.1.2 铁电性能

通过电滞回线（P-E 曲线）可以计算出储能材料的储能密度，因此准确测量电滞回线是电介质储能材料的表征方法之一。在实验中，首先将测试样品加工至很薄的厚度（如 0.2mm），薄片两面中央涂有一定面积的金属电极，然后置于装有硅油的测试装置里测试。测试仪器采用铁电测试仪（如美国 Radiant 公司的 P-PMF 型测试仪）。测试条件：室温，测试频率一般为 1Hz。

3.1.3 击穿强度与韦伯分布

击穿强度是电介质材料储能特性的一个重要参数。影响材料击穿强度的因素众多，且样品的不均匀性和在加工样品过程中样品厚度的不一样，可能导致同一批次制备得到的样品的击穿强度数值也不相同。因此，在处理击穿强度数据时，采用基于统计学的韦伯分布函数来表征[1]。具体公式如下：

$$X_i = \ln E_i \tag{3-2}$$

$$Y_i = \ln\{-\ln[1 - i/(n+1)]\} \tag{3-3}$$

式中，E_i 表示每个样品的击穿强度；n 表示样品的个数；i 表示每个组分中样品的编号。样品击穿场强有如下关系：

$$E_1 \leqslant E_2 \leqslant E_3 \leqslant \cdots \leqslant E_i \cdots \leqslant E_n \tag{3-4}$$

根据以上公式，将 X_i、Y_i 的数据在直角坐标系中绘制曲线，通过计算机软件拟合得到一条直线，其斜率值 β 表示为韦伯分布的形状参数，它决定了韦伯分布的有效性。当 β 值大于 1 时，说明所测得的样品击穿电压的分布是可靠和有效的，且 β 值越大数据越可靠。拟合直线与 X 轴的截距为 $\ln\alpha$，α 即是所求击穿强度的平均值。

实验中使用高压直流电源（如天津市东文高压电源厂生产的 DW-P153-8AC 电源，也可以是其他型号的电源）。将样品放在硅油中以防止电弧击穿。测试样品两面应涂金属电极。

3.1.4 体积电阻率

采用数字超高电阻表（如 EST121）或微电流测量仪测量样品的体积电阻率，其值可通过以下公式计算获得：

$$\rho_V = R_V \frac{S}{t} \tag{3-5}$$

式中，ρ_V 为体积电阻率，单位为 Ω · cm；R_V 为体积电阻 Ω；S 为试样的面积，cm^2；t 为试样的厚度，cm。

3.1.5 交流阻抗谱

交流阻抗谱是研究微晶玻璃或陶瓷内部结构导电机理的重要方法。采用精密阻抗分析仪，以及管式炉加热升温，在一定温度范围内测量不同样品的交流阻抗谱，测试频率一般为 $40 \sim 10^6$ Hz。采用分析软件 ZSimpWin 对复合阻抗（Z'-Z''）

进行拟合分析，可分析材料内部的导电机制。

3.1.6 充放电性能

目前常规的方法是通过电滞回线计算高压下储能电介质的能量密度。测试时，样品的电荷是放回到高压源上，而不是释放到负载上。通过电滞回线测得的储能密度一般会大于样品实际释放的能量密度，无法正确评估电介质材料的实际放电性能。因此，建议利用电介质充放电测试系统（例如 CFD-003 型仪器）来测试储能电介质材料的快速充放电性能。这种充放电测试系统适用于陶瓷、薄膜材料，并可进行变温下的欠、过阻尼充放电测试。

3.1.7 交直流电阻

作为储能介质材料，离子电导和电子电导被严格限制，采用交流和直流下的电阻来分别分析其交流电导率（σ_{ac}）和直流电导率（σ_{dc}），其计算公式分别如式(3-6) 和式(3-7) 所示：

$$\sigma_{ac}=d/(AR_{ac}) \tag{3-6}$$

$$\sigma_{dc}=dI/(AU) \tag{3-7}$$

式中，d 为样品厚度，cm；A 为电极面积，m^2；R_{ac} 为交流电阻，Ω；I 为直流下测得的电流，A；U 为直流下测得的电压，V。采用欧姆定律计算直流下的电阻。

3.2 差热分析（DTA）

采用差热分析或差示扫描量热分析仪（如德国耐驰公司的 STA-449-F3-Jupiter）测试，参比坩埚和实验坩埚一般是 α-Al_2O_3 坩埚或铂金坩埚。将在玛瑙研钵中研磨成粉末的样品置于坩埚中，每次称取 10mg，设定一定的测试温度范围，升温速率（℃/min）为 5、10、15、20。

差热分析法是一种在温度控制下，通过比较测量物质和参比物的温度差，而得到吸热或放热曲线的一种技术，已广泛用于玻璃化转变、结晶、熔融、氧化、分解及析晶动力学等方面的研究。具体分两种情况考虑：等温条件下的动力学研究通常采用 Johnson-Mehl-Avrami[2] 方程：

$$-(1-x)\ln\alpha=kt^n \tag{3-8}$$

式中，x 为反应物在 t 时刻的析晶体积分数；α 为升温速率；n 为反映析晶机理的晶化指数；k 为动力学反应速率常数；它与热力学温度 T 的关系可用 Arrhenius 方程表示：

$$k=AN\exp(-E/RT) \tag{3-9}$$

式中，A 为表观指前因子；N 为晶核数量；E 为析晶活化能；R 为普适气体常数；T 为热力学温度。

非等温条件下则采用 Bansal 等[3] 修正的 JMA 方程：

$$\ln\left(\frac{T_f^2}{\Phi}\right)=\frac{E}{RT_f}+\ln\frac{E}{R}-\ln\nu_0 \tag{3-10}$$

式中，T_f 是 DTA 曲线上的析晶峰值温度；Φ 是升温速率，℃/min；ν_0 是频率因数。基于 JMA 方程可用来研究玻璃的析晶动力学，不同的升温速率将对应不同的析晶峰值温度。

Kissinger[4] 方法是研究析晶动力学的常用方法，具体公式如下：

$$\ln(T_p^2/\Phi)=E/(RT_p)+\text{constant} \tag{3-11}$$

式中，T_p 是 DTA 曲线上最大放热峰对应的温度；Φ 是升温速率；R 是气体常数；E 是析晶活化能。通过 $\ln(T_p^2/\Phi)$ 对 $1/T_p$ 作图，经过线性拟合后得到直线的斜率为 E/R，由此可计算出析晶活化能 E。晶化指数 n 可以由 Ozawa[5] 方程得出：

$$\left\{\frac{\mathrm{d}\ln[-\ln(1-x)]}{\mathrm{d}\ln\Phi}\right\}=-n \tag{3-12}$$

x 表示析晶体积分数，其值由 $x=(A/A_0)$ 得出。A_0 表示整个放热区间的面积，具体值从析晶开始温度 T_i 到析晶结束温度 T_f。A 表示 T_i 到 T_t（$T_t<T_f$）之间的面积。晶化指数与生长维数有关，具体方程如下[6]：

$$n=a+mb \tag{3-13}$$

式中，a 表示成核率，$a=0$ 表示 0 成核率，$a=1$ 表示静态成核率，$a>1$ 表示升速成核率，$a<1$ 表示减速成核率；b 值与生长机制相关，$b=0.5$ 表示扩散控制，$b=1$ 表示界面控制；m 表示晶体的生长维数。表 3-1 列出了析晶机制的 a 的理论值。

表 3-1　不同析晶机制的 a 的理论值

维　　数	扩散控制		界面控制	
	$a=0$	$a>1$	$a=0$	$a>1$
三维($m=3$)	1.5	>2.5	3.0	>4.0
二维($m=2$)	1.0	>2.0	2.0	>3.0

3.3　物相分析（XRD）

采用 X 射线粉末衍射仪（如德国 Bruker 的 D8-ADVANCE 型 X 衍射仪）对所

制备的样品进行物相分析，从而获得样品的相结构和相组成的信息。测试参数一般为：Cu 靶 Kα 线，$\lambda_{K\alpha}=0.1541nm$，工作电压 35kV，工作电流 30mA，扫描速度 5℃/min，步长 0.02°，单步计数时间 1s，实验环境为室温。

对于带有变温装置的 X 射线衍射仪，也可以通过加热样品获得变温 XRD 衍射谱。

3.4 结构分析 (SEM)

采用扫描电子显微镜（如日本电子的 JSM-5610LV 型扫描电镜）对样品进行微观形貌分析。所有样品的形貌分析均是表面形貌分析。有的样品还需要先在氢氟酸溶液中腐蚀后再喷金，然后进行 SEM 测试。

参考文献

[1] Young L, Hilmas G E, Zhang S C, et al. Mechanical vs. electrical failure mechanisms in high voltage, high energy density multilayer ceramic capacitors [J]. Journal of Materials Science, 2007, 42 (14): 5613-5619.

[2] 胡荣祖，史启祯．热分析动力学 [M]．北京：科学出版社，2001.

[3] Bansal N P, Doremus R H. Determination of reaction kinetic parameters from variable temperature DSC or DTA [J]. Journal of Thermal Analysis, 1984, 29 (1): 115-119.

[4] Kissinger H E. Variation of peak temperatures with heating rate in differential thermal analysis [J]. Journal of Research of the National Bureau of standards, 1956, 57 (4): 217-221.

[5] Ozawa T. Kinetic analysis of derivative curves in thermal analysis [J]. Journal of Thermal Analysis and Calorimetry, 1970, 2 (3): 301-324.

[6] Sung Y M. Nonisothermal phase formation kinetics in sol-gel-derived strontium bismuth tantalite [J]. Journal of Materials Research, 2001, 16 (7): 2039-2044.

第4章 $SrO-BaO-Nb_2O_5-B_2O_3-SiO_2$ 微晶玻璃制备和性能

4.1 引言

近年来，研究发现在玻璃体系中添加晶核剂，能有效改善微晶玻璃的介电性能[1]。Zhou 等[2] 发现在 $BaO-Na_2O-Nb_2O_5-SiO_2$ 微晶玻璃中添加 1%（摩尔分数）Gd_2O_3，可有效改善体系的介电常数和击穿强度。作为稀土氧化物的一种，CeO_2 在玻璃工业中常用作澄清剂、着色剂和脱色剂，在某些微晶玻璃体系中添加 CeO_2 能促进玻璃析晶。Hu 等[3] 研究发现引入适量的 CeO_2 到 $Li_2O-Al_2O_3-SiO_2$ 微晶玻璃中，能在降低玻璃黏度的同时促进玻璃的晶化。Cheng 等[4] 报道了添加一定量的 CeO_2，能明显降低 $CaO-Al_2O_3-SiO_2$ 微晶玻璃的玻璃化转变温度和析晶峰值温度，并且促进了该体系玻璃粉体的烧结致密化。因此，弄清 CeO_2 对 $SrO-BaO-Nb_2O_5-B_2O_3-SiO_2$ 微晶玻璃的析晶动力学、显微结构、电性能和储能的影响很有必要。

4.2 添加 CeO_2 微晶玻璃的制备和性能

不同 CeO_2 含量的 $SrO-BaO-Nb_2O_5-SiO_2-B_2O_3$ 基础玻璃的组成见表 4-1。按照整体析晶法制备微晶玻璃。热处理条件为 800℃保温 2h。微晶玻璃样品经切割加工后进行各项性能测试。样品代号分别标记为 G0，G1，G2，G3，G4，G5。

表 4-1　不同 CeO_2 含量的玻璃样品的组成　　单位：摩尔分数，%

样品代号	BaO	SrO	Nb_2O_5	B_2O_3	SiO_2	CeO_2
G0	21.00	21.00	18.00	10.00	30.00	0
G1	20.81	20.81	17.84	9.92	29.72	0.90
G2	20.44	20.44	17.51	9.74	29.23	2.64
G3	20.07	20.07	17.21	9.56	28.70	4.39
G4	19.70	19.70	16.89	9.39	28.14	6.18
G5	19.15	19.15	16.41	9.12	27.44	8.73

4.2.1　CeO_2 对玻璃析晶动力学的影响

图 4-1 为不同 CeO_2 含量的玻璃样品的 DTA 曲线。由图 4-1 可知出现了两个放热峰，这与从玻璃基质中析出的晶体种类有关。随着 CeO_2 含量的增加，发现第一析晶放热峰首先向低温方向移动，然后有向高温移动的趋势。这说明一定量的 CeO_2 能促进玻璃样品的析晶。值得注意的是第二析晶放热峰则是随着 CeO_2 含量的增加而向高温移动，逐渐与第一析晶放热峰分离，这可能是由于过量的氧化铈抑制了玻璃的析晶。

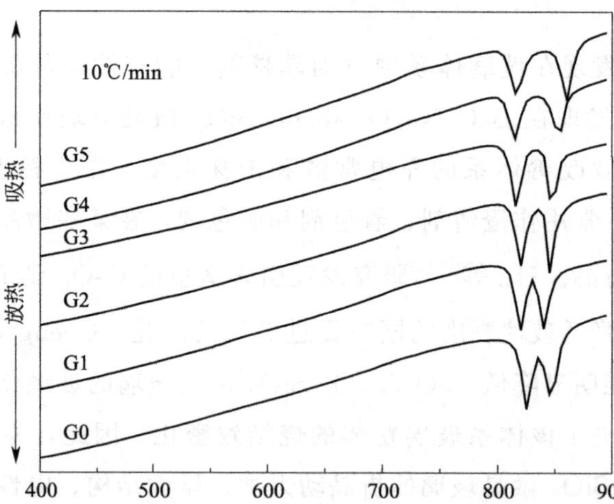

图 4-1　不同 CeO_2 含量的玻璃样品的 DTA 曲线

图 4-2 为不同 CeO_2 含量的玻璃样品在不同升温速率下的 DTA 曲线。随着升温速率的增加，析晶峰值温度向高温位置移动。表 4-2 列出了不同 CeO_2 含量的玻璃样品在不同升温速率下的第一析晶峰值温度。根据 Kissinger 公式并结合表 4-2 的数据可计算出各样品的析晶活化能。

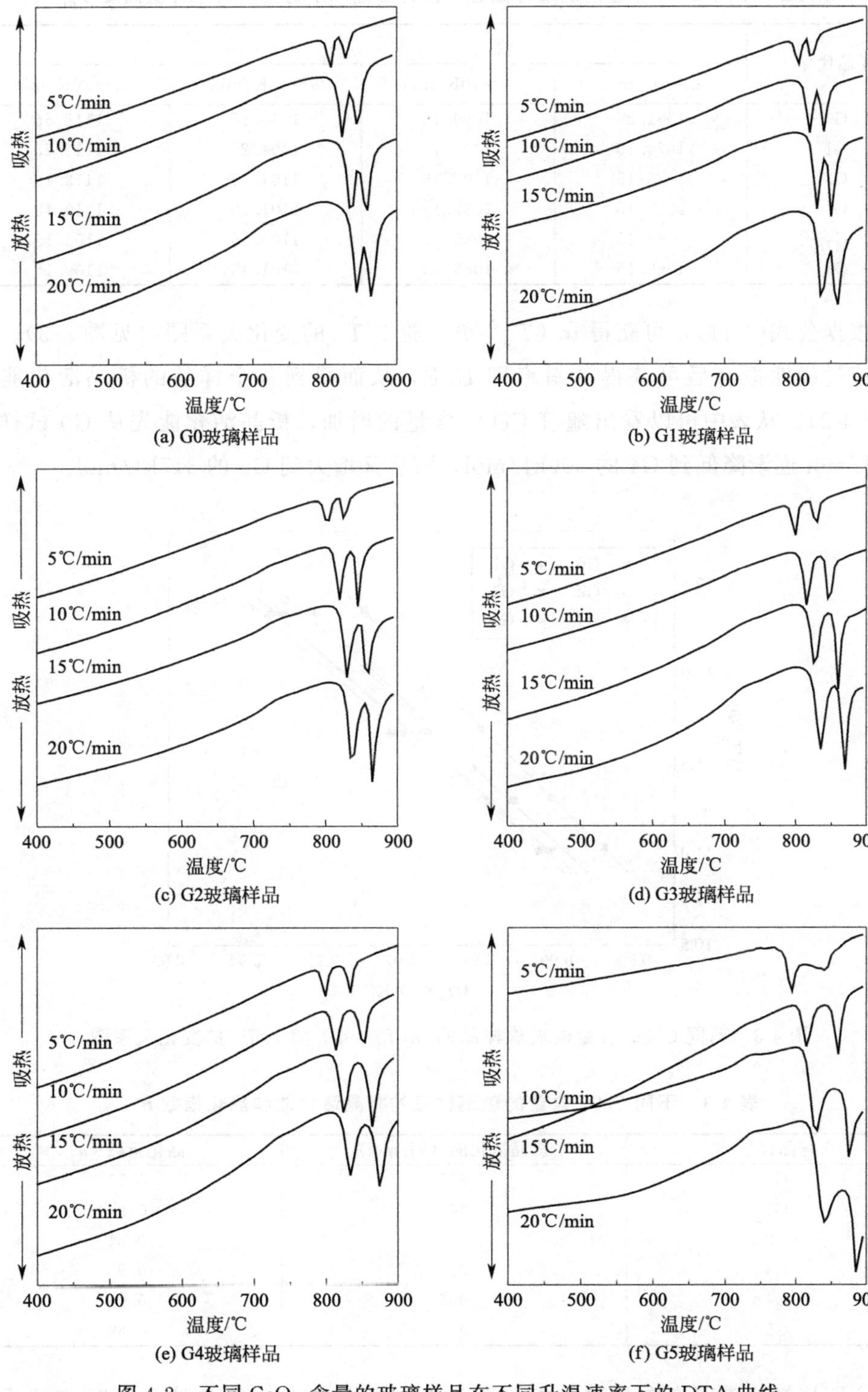

图 4-2　不同 CeO_2 含量的玻璃样品在不同升温速率下的 DTA 曲线

表 4-2　不同 CeO_2 含量的玻璃样品在不同升温速率下的第一析晶峰值温度 T_{p1}

样品代号	T_{p1}/K			
	α=5K/min	α=10K/min	α=15K/min	α=20K/min
G0	1081.25	1099.15	1110.15	1118.55
G1	1074.15	1091.15	1104.25	1112.25
G2	1073.15	1090.15	1104.15	1112.15
G3	1069.15	1087.15	1101.15	1110.15
G4	1067.15	1085.15	1100.15	1108.15
G5	1069.15	1086.15	1101.15	1109.15

根据公式(3-11)，可获得 $\ln(T_p^{\ 2}/\Phi)$ 随 $1/T_p$ 的变化关系图（见图 4-3）。各直线经过线性拟合后可获得其斜率即 E/R，从而得到各个样品的析晶活化能 E（见表 4-3）。从表中可以看出随着 CeO_2 含量的增加，析晶活化能先从 G0 试样的 357kJ/mol 逐渐降低到 G4 的 306kJ/mol，随后又增大到 G5 的 317kJ/mol。

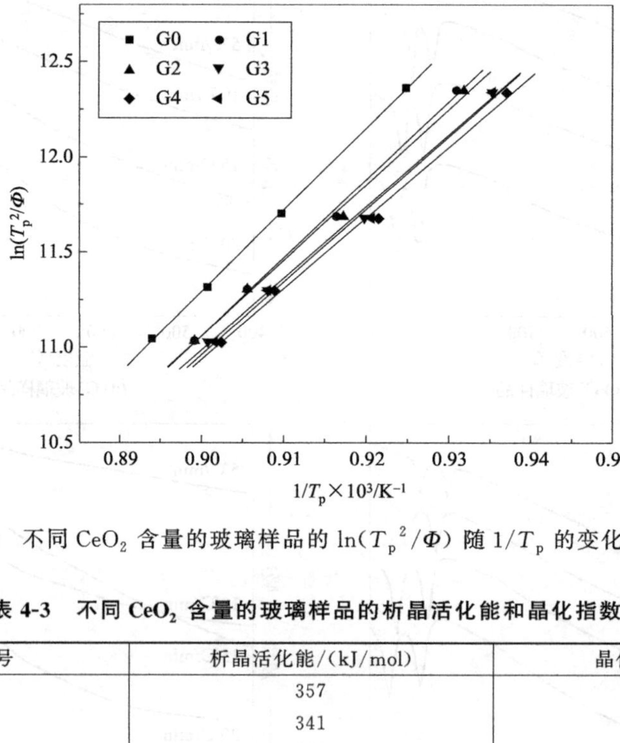

图 4-3　不同 CeO_2 含量的玻璃样品的 $\ln(T_p^{\ 2}/\Phi)$ 随 $1/T_p$ 的变化关系图

表 4-3　不同 CeO_2 含量的玻璃样品的析晶活化能和晶化指数 n

样品代号	析晶活化能/(kJ/mol)	晶化指数（n）
G0	357	0.71
G1	341	0.82
G2	329	0.81
G3	313	0.93
G4	306	0.99
G5	317	0.68

众所周知，玻璃态向晶态转变需要克服一定的势垒，势垒越高所对应的活化

能就越大，而 CeO_2 的加入降低了活化能，有利于玻璃的析晶。这与 CeO_2 在玻璃网络结构中所充当的角色有关。由于稀土氧化物较难作为网络生成体进入网络，CeO_2 只能处于玻璃网络空隙中起网络修饰离子的作用。随着 CeO_2 量的增多，其作为网络外体的断键作用加强，因此玻璃的网络结构被破坏，非桥氧的数目增加。而 Ce 的离子强度为 0.83[5]，离子半径较大，能够以高配位数（6 或 8）形成 [CeO_6] 或 [CeO_8] 结构。因此，玻璃样品的析晶与 CeO_2 的网络修饰离子作用相关。但是，由于 Ce^{4+} 的电荷高，过多的 CeO_2 加强了其积聚作用，从而提高了活化能，使晶化峰温度向高温移动。此外，G0 的活化能相对较大，这可能与玻璃中 SiO_2 和 B_2O_3 的含量较多有关。研究结果说明添加一定量的 CeO_2 能够降低析晶活化能，从而促进玻璃的析晶。

另外，晶化指数由 Ozawa 公式 [式(3-12)、式(3-13)] 计算得出。晶化指数 (avrami parameter) $n=1$ 表明晶化机制为表面晶化，$n=2$ 为二维晶化，$n=3$ 为体积晶化。各玻璃样品的晶化指数 n 如表 4-3 所示。

由表 4-3 可以看出，所有玻璃样品的晶化指数小于 1，因此它们的晶化机制均为表面晶化。所有玻璃样品析晶活化能的数值比较接近 Sr^{2+} 的扩散能（255kJ/mol）和 B^{3+} 的扩散能（280～350kJ/mol），析晶活化能趋于变小的这一变化意味着玻璃在低温时的黏度降低，而玻璃的析晶速度又是由扩散过程控制的，黏度降低则扩散速度增加。因此，扩散控制对于玻璃的析晶占有主导地位。

4.2.2　CeO_2 对微晶玻璃相组成和微观结构的影响

图 4-4 是不同 CeO_2 含量的玻璃样品在 800℃热处理的 XRD 图谱。通过与标准

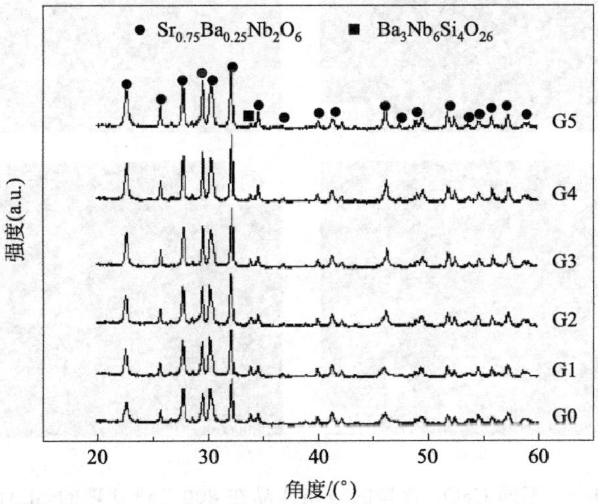

图 4-4　不同 CeO_2 含量的玻璃样品在 800℃热处理的 XRD 图谱

PDF 卡片对比后发现，所有样品均形成 $Sr_{0.75}Ba_{0.25}Nb_2O_6$ 主相，同时也都出现了第二相 $Ba_3Nb_6Si_4O_{26}$。随着 CeO_2 含量的增加，衍射峰的强度逐渐增强。这说明添加 CeO_2 确实促进了玻璃析晶。随着 CeO_2 含量的增加，第二相 $Ba_3Nb_6Si_4O_{26}$ 的衍射峰强度有减弱的趋势，说明 CeO_2 的加入抑制了第二相的析晶。当 CeO_2 含量超过一定值时，$Sr_{0.75}Ba_{0.25}Nb_2O_6$ 主晶相的强度减弱，说明过多的 CeO_2 不利于玻璃的析晶。

图 4-5 是不同 CeO_2 含量的玻璃样品在 800℃热处理的 SEM 图。从图中可以发现，不同 CeO_2 含量对微晶玻璃样品形貌的影响很大。在未加入 CeO_2 的 G0 试样中可以明显看出存在一定量的气孔且结构也很松散，但随着 CeO_2 含量逐渐增加，可清楚发现样品的显微结构趋于均匀和致密，气孔的尺寸逐渐减小。其原因可能是 CeO_2 的澄清作用和促进了玻璃析晶。由于玻璃熔化时的高温使 CeO_2 发生分解

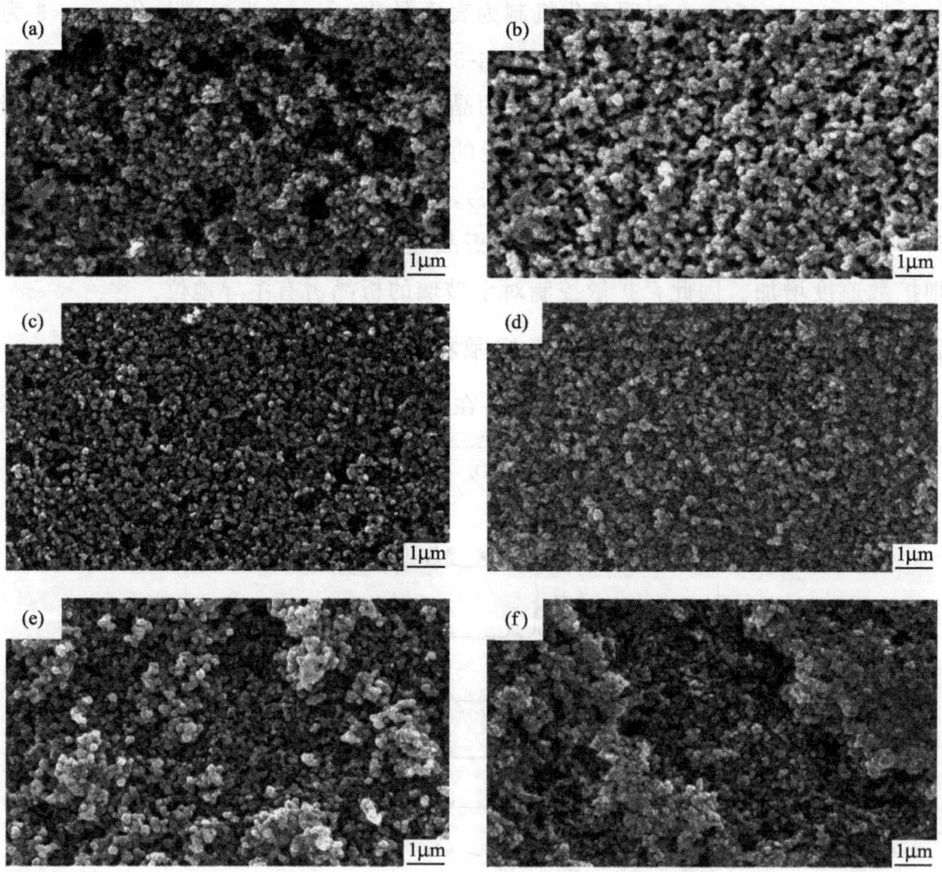

图 4-5 不同 CeO_2 含量的玻璃样品在 800℃热处理的 SEM 图

(a) G0；(b) G1；(c) G2；(d) G3；(e) G4；(f) G5

释放了氧气，并将玻璃中原有的小气泡扩大并最终使其逸出玻璃液面，降低了玻璃的气孔率；同时 CeO_2 的加入促进了玻璃析晶，使结构变得致密。特别是在试样 G3 中几乎看不到有气孔存在，且 G3 试样的晶粒尺寸细小均匀，结构均匀致密，这有利于击穿性能的提高。但是，随着 CeO_2 含量持续增加，这种均匀致密的结构被破坏，如图 4-5(e) 与图 4-5(f)。从图中可明显看出晶粒的平均尺寸发生了改变，出现了局部变大的现象。

4.2.3　CeO_2 对微晶玻璃介电性能的影响

图 4-6 是 800℃热处理 2h 的玻璃样品在 1kHz 下所测得的介电常数和介电损耗随 CeO_2 含量的变化。从图 4-6 中可以看出，未添加 CeO_2 的微晶玻璃样品的相对介电常数较小，只有 39 左右，而添加了 CeO_2 的所有微晶玻璃样品的介电常数均有不同程度的增加。这与添加 CeO_2 使得析晶活化能降低促进析晶的变化相一致。从曲线上还能明显看出，在 CeO_2 含量低于 6%时，随着 CeO_2 的增加，介电常数逐渐增大。当 CeO_2 含量过多时，微晶玻璃样品的介电常数降低。介电损耗值在 CeO_2 含量较低时比较小，但当含量达到 4.4%后，介电损耗明显地增加。

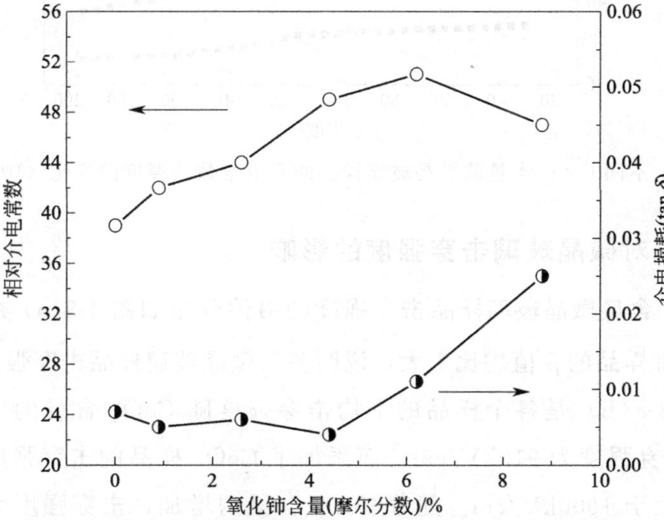

图 4-6　微晶玻璃样品的介电常数与介电损耗随 CeO_2 含量的变化（1kHz）

引起介电损耗增加的因素可能是随着 CeO_2 的增加，较多的铁电相从基础玻璃中析出，在一定频率下发生的极化增多，从而相应的损耗也就增大。同时损耗还和试样的内部结构有关，从 SEM（图 4-5）中可以发现，G4 和 G5 试样出现了不均匀的结构，这可能使介电损耗增加。

各个微晶玻璃试样的介电常数随温度的变化如图 4-7 所示。从图中可以知道，测试温度的增加使介电常数逐渐减小。这一变化可能是因为少量 $Ba_{0.25}Sr_{0.75}Nb_2O_6$ 相的居里温度在 60℃[6] 左右，且居里点峰值变化比较平缓，表现出一定的弛豫铁电特性。$Ba_{0.25}Sr_{0.75}Nb_2O_6$ 在较高温度时，其离子的自发极化会增强，从而使介电常数增加，温度超过居里点后，$Ba_{0.25}Sr_{0.75}Nb_2O_6$ 晶型因发生了相变其离子不再具有自发极化效应。但弛豫现象使自发极化现象不是马上消失而是逐渐消失，因此介电常数逐渐降低。此外，随着 CeO_2 含量的增多，介电常数越大的试样，这一变化趋势越明显。

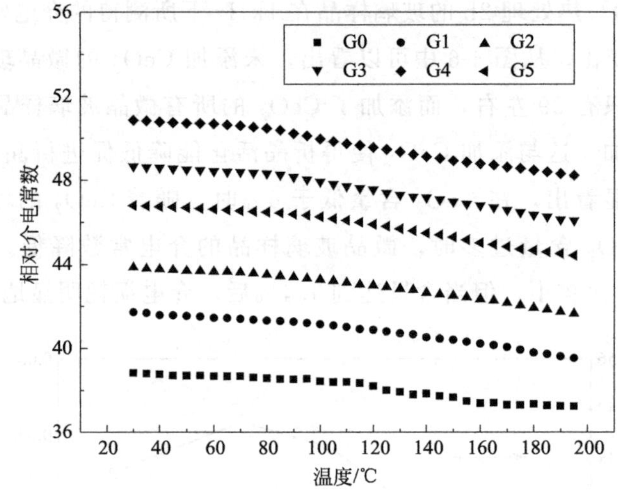

图 4-7　不同 CeO_2 含量的微晶玻璃样品的介电常数随温度的变化（10kHz）

4.2.4　CeO_2 对微晶玻璃击穿强度的影响

不同 CeO_2 含量微晶玻璃样品击穿强度的韦伯分布如图 4-8(a) 所示。由图中可以看出，所有样品的 β 值均比 1 大，说明各个微晶玻璃样品击穿强度的数据遵从韦伯分布。图 4-8(b) 是各个样品的平均击穿强度随 CeO_2 含量的变化。未添加 CeO_2 样品的击穿强度为 910kV/cm，而添加了 CeO_2 样品的击穿强度均有不同程度的提高，都大于 1000kV/cm。随着 CeO_2 含量的增加，击穿强度呈先增后减的变化趋势。其中 G3 样品的击穿强度最大，其值达到了 1250kV/cm，这可能与均匀细小的晶粒和致密结构有关。但是，随着 CeO_2 的进一步增加，击穿强度明显降低。影响介质材料击穿强度的因素来自多方面，包括气孔、晶粒尺寸以及样品的厚度、面积、测试环境和电极结构等。通过对这些影响因素的分析可以知道，击穿强度的改善主要是由于随着 CeO_2 的加入而形成细小晶粒和均匀致密结构。但是随着 CeO_2 的增加，晶粒尺寸不均匀性变大，造成内部显微结构的不均匀，致使击穿强度降低。

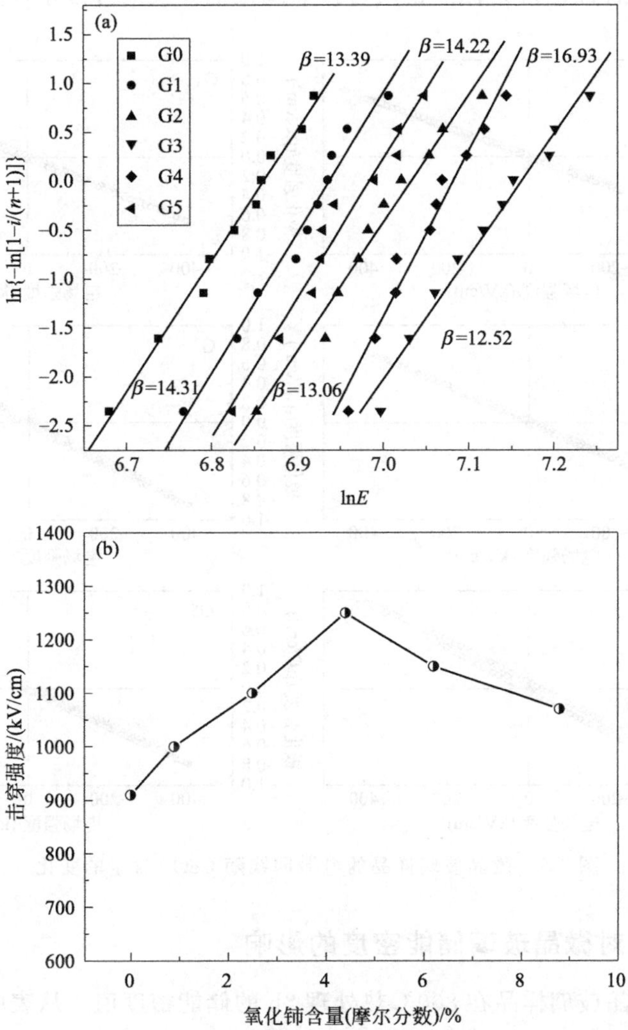

图 4-8　不同 CeO_2 含量的微晶玻璃样品击穿强度的韦伯分布（a）和平均击穿强度随 CeO_2 含量的变化（b）

4.2.5　CeO_2 对微晶玻璃电滞回线的影响

图 4-9 是不同微晶玻璃样品的电滞回线。从图中可以发现，随着 CeO_2 含量的增加，最大极化值呈先增后减的趋势，这与图 4-6 中介电常数的变化相一致。此外，各微晶玻璃样品均有较小的剩余极化值。G0 样品的剩余极化为 $0.019\mu C/cm^2$，而其他样品的剩余极化分别为 $0.037\mu C/cm^2$，$0.041\mu C/cm^2$，$0.047\mu C/cm^2$，$0.065\mu C/cm^2$ 和 $0.042\mu C/cm^2$。这与从玻璃中析出 $Sr_{0.75}Ba_{0.25}Nb_2O_6$ 铁电

相的数量有关。整体上来看，所有样品的电滞回线没有显示出明显的铁电特征。因此，微晶玻璃样品的理论储能密度可按照线性电介质的方法来计算。

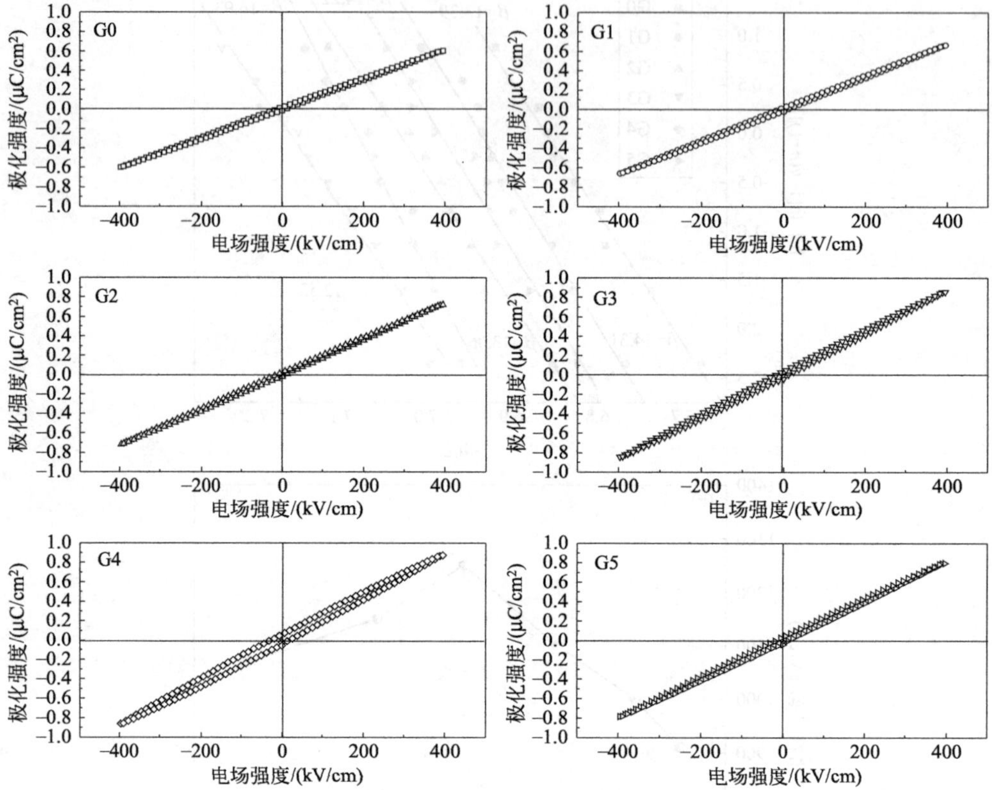

图 4-9 微晶玻璃样品的电滞回线随 CeO_2 含量的变化

4.2.6 CeO_2 对微晶玻璃储能密度的影响

表 4-4 为微晶玻璃样品在 800℃热处理 2h 的储能密度值。从表中可以看出储能密度随着 CeO_2 含量的增加呈先增大后减小的变化，其变化规律与击穿强度的变化相吻合。其中以 G3 样品的储能密度最大，达到 3.39J/cm^3。从储能密度的这一变化可再次印证，提高击穿强度增加储能密度的效果很明显，说明击穿强度是影响线性电介质储能密度大小的主要因素。

表 4-4 不同 CeO_2 含量的微晶玻璃样品的储能密度

样品代号	储能密度/(J/cm^3)	样品代号	储能密度/(J/cm^3)
G0	1.43	G3	3.39
G1	1.86	G4	2.83
G2	2.35	G5	2.43

4.3 添加 BaF_2 微晶玻璃的制备和性能

由上述研究结果可知，CeO_2 作为晶核剂加入 SrO-BaO-Nb_2O_5-B_2O_3-SiO_2 玻璃中，能够降低玻璃的析晶活化能，促进析晶，使介电常数提高，并改善微晶玻璃的微观结构，使击穿强度明显增加。氟化物也是一种常用的晶核剂，广泛用于其他微晶玻璃体系。周曦亚等[7] 研究了 CaF_2 对 CaO-SiO_2-R_2O-F 微晶玻璃析晶的影响，发现添加适量的 CaF_2 能有效地促进玻璃的析晶，且随 CaF_2 含量的增加晶体的尺寸减小。胡安民等[8] 研究发现向 Li_2O-Al_2O_3-SiO_2 体系中引入 CaF_2，能降低玻璃的析晶峰值温度和析晶活化能，促进离子的扩散。美国海军研究所 Gorzkowski 等[9] 的研究结果证实，添加 BaF_2 有利于纳米功能相 $BaTiO_3$ 从钛酸盐玻璃中析出，并有效地消除了微观组织中的枝状晶体，微晶玻璃的介电常数与击穿强度均明显提高。Zeng 等[10] 研究了不同含量的 BaF_2 对 SrO-BaO-Nb_2O_5-B_2O_3 的影响，发现 BaF_2 的加入能明显增大介电常数和改善击穿性能。

鉴于以上文献的报道，采用 BaF_2 作为晶核剂，以 21SrO-21BaO-18Nb_2O_5-30SiO_2-10B_2O_3 为基础玻璃，在该玻璃中分别外加 0，1%，3%，5%，7%（质量分数）的 BaF_2，参照第 2 章的制备工艺流程制备基础玻璃和微晶玻璃。样品代码分别为 F0、F1、F2、F3、F4。重点研究不同含量的 BaF_2 对该微晶玻璃体系在析晶动力学、显微结构、电性能和储能等方面的影响。

4.3.1 BaF_2 对玻璃析晶动力学的影响

图 4-10 为不同玻璃样品在升温速率为 10℃/min 下的 DTA 曲线。由图可知，

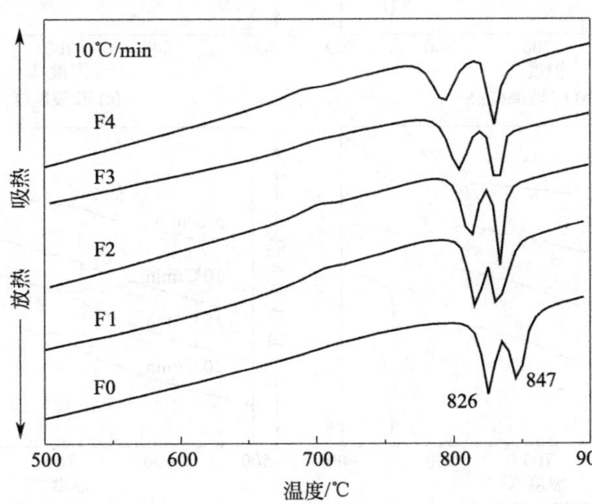

图 4-10　不同 BaF_2 含量的玻璃样品的 DTA 曲线

所有玻璃样品的 DTA 曲线上均出现两个析晶放热峰，且随着 BaF_2 含量的增加，样品的析晶放热峰温度逐渐降低，这说明 BaF_2 有降低玻璃晶化温度的作用，这有利于样品的析晶。

图 4-11 为不同 BaF_2 含量的玻璃样品在不同升温速率下的 DTA 曲线。通过曲线可以发现，所有玻璃样品的 DTA 曲线在不同的测试升温速率下，出现了析晶峰值温度随升温速度 Φ 的增加向高温位置移动。各样品在不同升温速率下的第一析晶峰值温度见表 4-5。

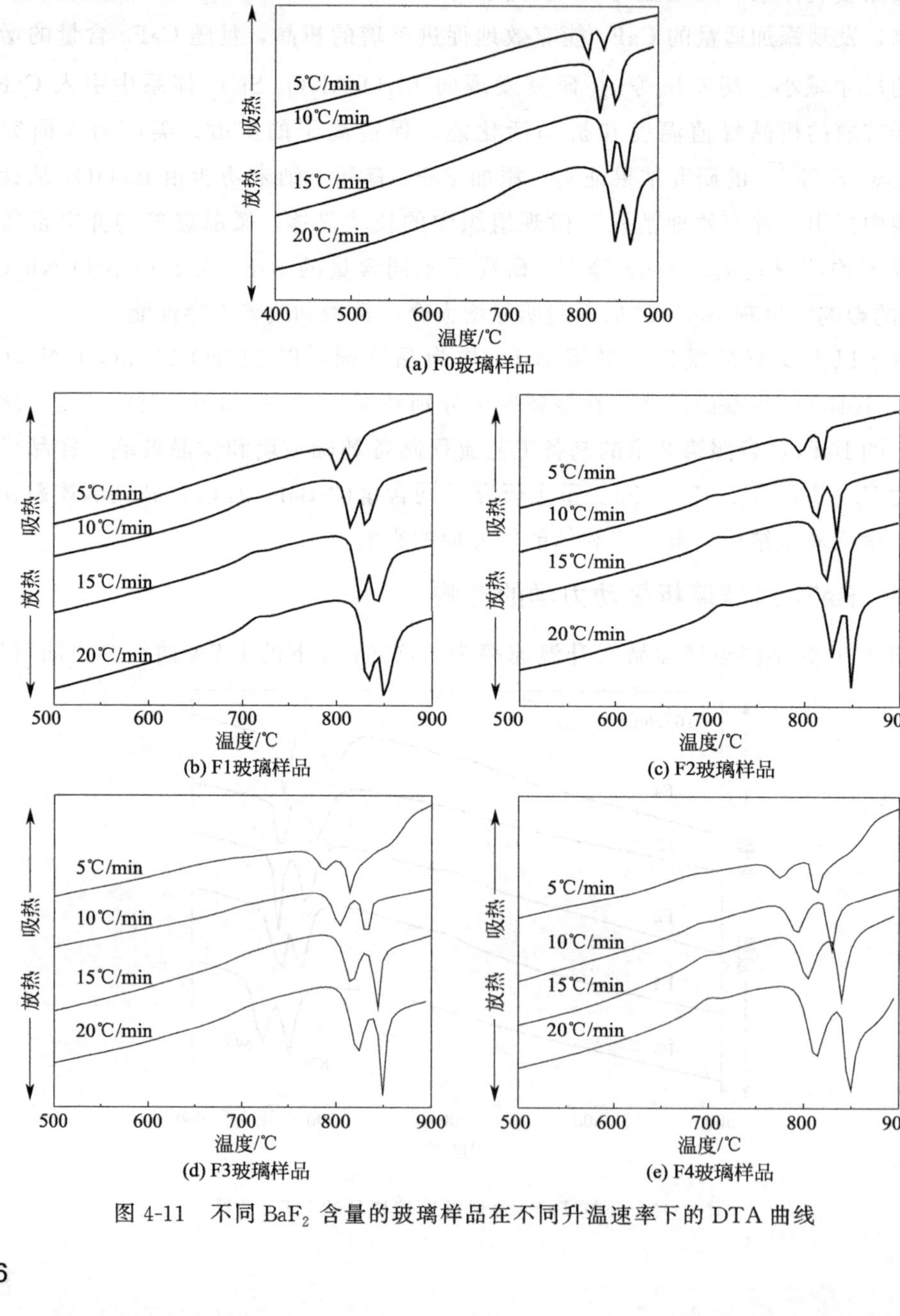

图 4-11　不同 BaF_2 含量的玻璃样品在不同升温速率下的 DTA 曲线

表 4-5　不同 BaF_2 含量的玻璃样品在不同升温速率下的第一析晶峰值温度

样品代号	T_{p1}/K			
	α=5K/min	α=10K/min	α=15K/min	α=20K/min
F0	1081.25	1099.15	1110.15	1118.55
F1	1070.15	1087.15	1098.15	1108.15
F2	1065.15	1084.15	1094.15	1105.15
F3	1058.15	1075.15	1089.15	1099.15
F4	1046.15	1064.15	1077.15	1088.15

从表 4-5 中看出，随着升温速率的增加，第一析晶峰值温度升高，根据前面的相关公式，经过计算可得到 $\ln(T_p^2/\Phi)$ 随 $1/T_p$ 变化关系的线性拟合图，如图 4-12 所示。通过各直线的斜率计算获得各样品的析晶活化能，晶化指数 n 则通过 Ozawa 公式获得，具体数值详见表 4-6。

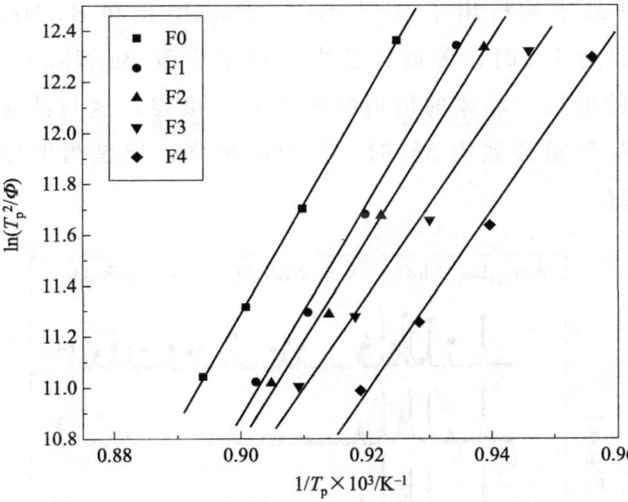

图 4-12　不同 BaF_2 含量的玻璃样品的 $\ln(T_p^2/\Phi)$ 随 $1/T_p$ 的变化

表 4-6　不同 BaF_2 含量的玻璃样品的析晶活化能和晶化指数 n

样品代号	析晶活化能/(kJ/mol)	晶化指数(n)
F0	357±12.1	1.08～0.71
F1	345±15.5	1.15～0.86
F2	328±15.4	1.22～0.82
F3	297±17.1	1.24～0.93
F4	305±9.8	1.09～0.77

从表 4-6 中看出，在未添加 BaF_2 时，玻璃的析晶活化能最大，其数值接近于 B^{3+} 的扩散能（280～350kJ/mol）和 Si-O 键的断裂能（360～430kJ/mol）。这说明断键和扩散影响着玻璃的析晶。随着 BaF_2 的增加，析晶活化能从 357kJ/mol 降低到 296kJ/mol。这说明 BaF_2 的加入明显降低了析晶活化能，其作用机理为：由于 F^- 半径（0.136nm）十分接近于 O^{2-} 离子半径（0.140nm），F^- 进入玻璃网络结构中取代了非桥氧离子，使玻璃网络结构中的 Si-O-Si 键被 Si-F 键取代，原有的玻璃网络结构被破坏，导致玻璃体系的黏度降低，有利于元素的扩散，从而提高了晶体的形核和生长速率。类似的现象在其他微晶玻璃体系中有过报道[11,12]。另外，从晶化指数 n 的数值变化情况来看，所有值都接近于 1，说明其析晶机制主要是表面析晶。

4.3.2 BaF_2 对微晶玻璃微观结构的影响

图 4-13 是不同 BaF_2 含量的玻璃在 800℃热处理的 XRD 图谱。从图中可以看出，所有的样品中均析出了 $Sr_{0.75}Ba_{0.25}Nb_2O_6$ 相和 $Ba_3Nb_6Si_4O_{26}$ 相。当 BaF_2 的质量分数为 7%时，玻璃样品中出现了少量 $Ba_3Nb_{10}O_{28}$ 杂相。同时，随着 BaF_2 含量的增加，晶体的衍射峰强度有所增强，这与活化能的变化趋势相一致。当 BaF_2 质量分数为 5%时，衍射峰最强，但是当继续增加 BaF_2 时，衍射强度明显降低。

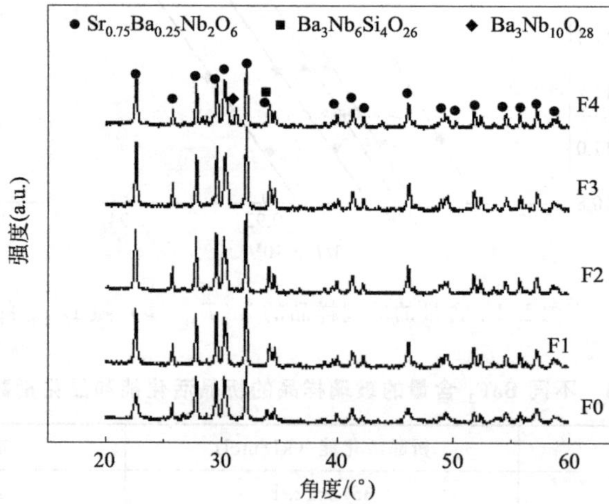

图 4-13 不同 BaF_2 含量的玻璃样品在 800℃热处理的 XRD 图谱

图 4-14 是 BaF_2 含量不同的微晶玻璃样品的 SEM 图。从图 4-14 可看出，不同微晶玻璃样品的微观结构差别较大。未添加 BaF_2 的 F0 样品中存在明显的气孔，随着 BaF_2 含量增加，从 F0 到 F4 微晶玻璃的可见气孔在逐渐减少。这可能是由于

BaF_2 的加入降低了玻璃的析晶活化能，促进了各元素的扩散，更多的晶体从基础玻璃中析出，使结构趋于致密，气孔率也随之降低。

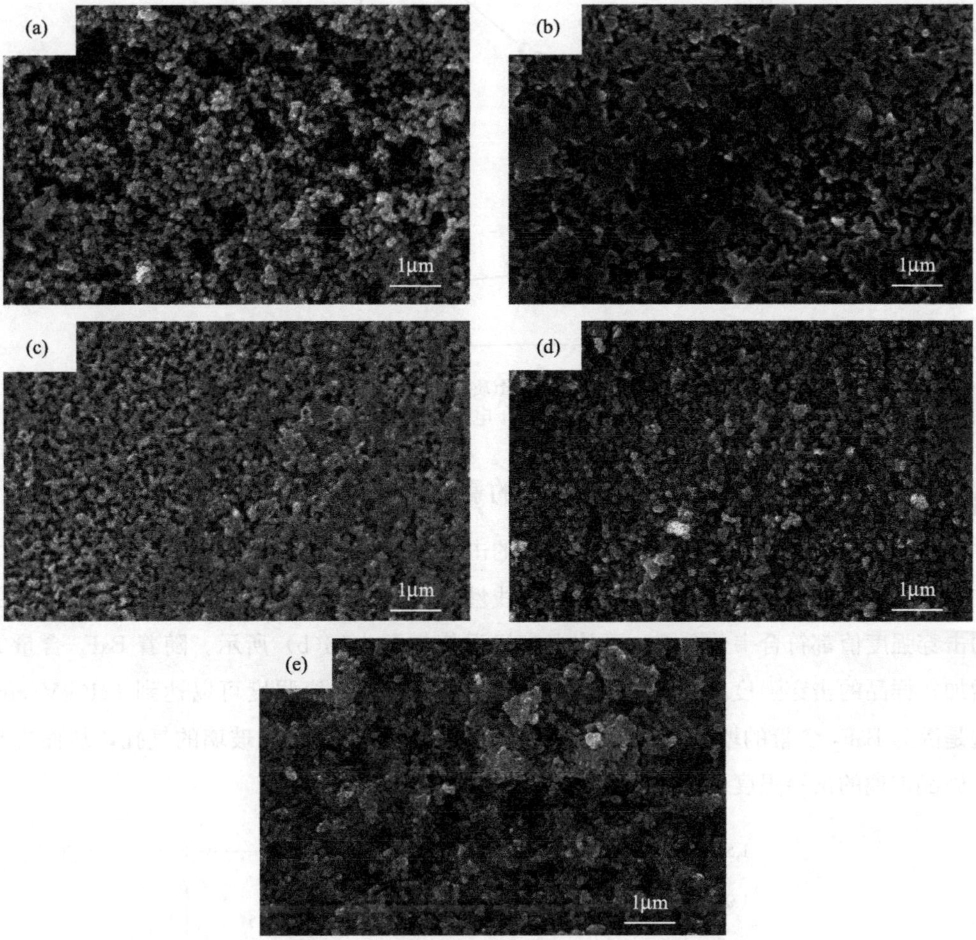

图 4-14　不同 BaF_2 含量的玻璃样品在 800℃热处理的 SEM 图

(a) F0；(b) F1；(c) F2；(d) F3；(e) F4

4.3.3　BaF_2 对微晶玻璃介电性能的影响

图 4-15 为 800℃热处理 2h 的玻璃样品在 1kHz 下所测得的介电常数，以及介电损耗随 BaF_2 含量的变化。从图中可以看出随着 BaF_2 的增加，介电常数逐渐增加，在 BaF_2 质量分数达到 5%时，介电常数最大为 63。继续增加 BaF_3 的含量则使介电常数降低，这可能是由于过多的 BaF_2 增加了 Ba^{2+} 的含量，生成了非铁电相 $Ba_3Nb_{10}O_{28}$。随着 BaF_2 含量的变化，各样品的介电损耗值在 0.003～0.007 之间变化。

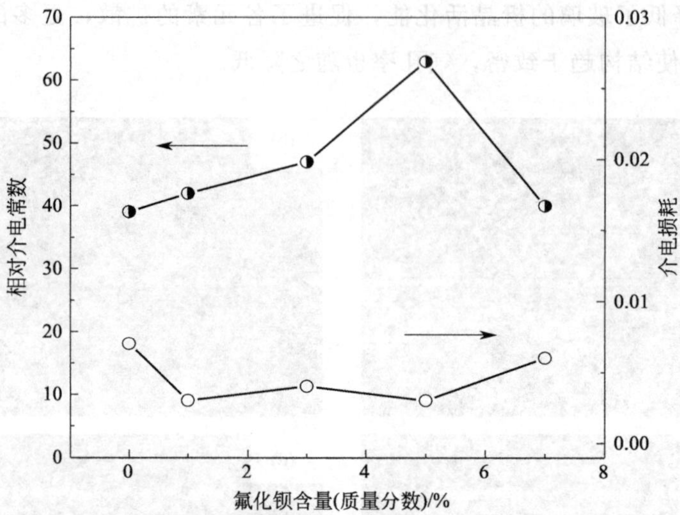

图 4-15　玻璃样品的介电常数与介电损耗随 BaF_2 含量的变化（1kHz）

4.3.4　BaF_2 对微晶玻璃击穿强度的影响

图 4-16(a) 为根据不同微晶玻璃样品的击穿强度的数据所得的韦伯分布图。由图可知，样品的击穿强度数值分布呈现良好的线性，这说明所有添加 BaF_2 的微晶玻璃样品的击穿强度值都符合韦伯分布。平均击穿场强值如图 4-16(b) 所示。随着 BaF_2 含量的增加，样品的击穿强度逐渐升高，其中 F4 微晶玻璃的击穿强度可以达到 1210kV/cm。这是因为 BaF_2 含量的增加引入了更多的玻璃基质，减少了微晶玻璃的气孔，从而提高了微晶玻璃的击穿强度。这一变化与图 4-14 的 SEM 图相一致。

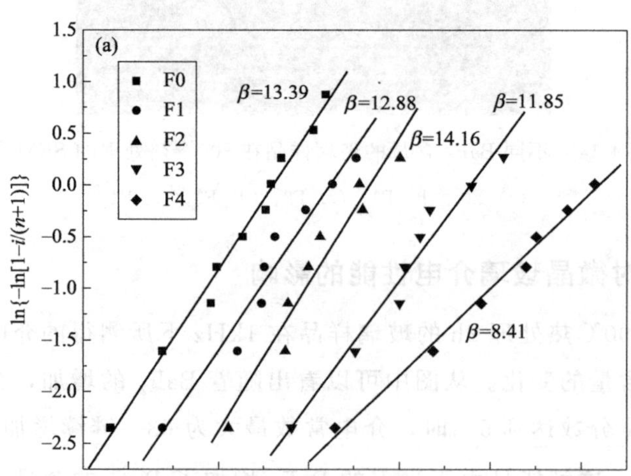

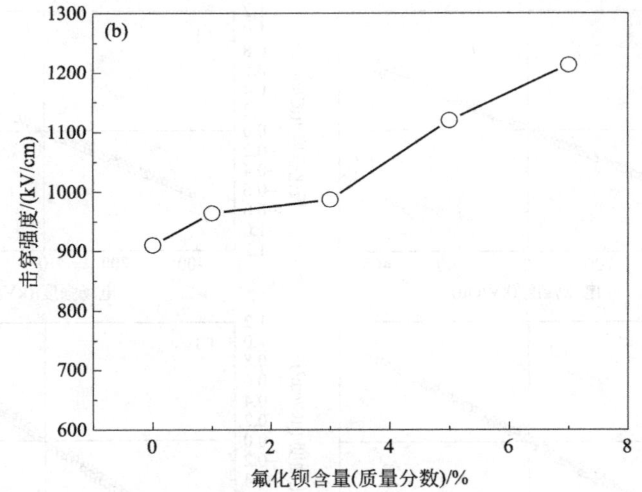

图 4-16　不同 BaF_2 含量的玻璃样品的击穿强度的韦伯分布（a）和平均击穿强度随 BaF_2 含量的变化（b）

4.3.5　BaF_2 对微晶玻璃电滞回线及储能密度的影响

图 4-17 为不同微晶玻璃样品的电滞回线。从电滞回线的形状来看，加入晶核剂 BaF_2 以后，微晶玻璃的最大极化强度增加，上述结果与样品介电常数随 BaF_2 的变化趋势是一致的。从图中可以看出，样品的剩余极化强度很低，因此微晶玻璃的 P-E 曲线可近似用线性表示。根据线性电介质储能公式，计算得出不同含量 BaF_2 的微晶玻璃样品的储能密度如表 4-7 所示，其中 F3 微晶玻璃的性能最好，其储能密度达 3.5J/cm^3。

表 4-7　不同 BaF_2 含量的微晶玻璃样品的储能密度

样品代号	F0	F1	F2	F3	F4
储能密度/(J/cm^3)	1.43	1.73	2.03	3.5	2.61

4.4　电极结构对微晶玻璃储能密度的影响

不同的电极结构对微晶玻璃样品储能密度的影响较大。银浆料中有机成分的挥发容易在电极/电介质界面处产生孔洞，这很容易在施加外电场时发生电极边缘效应，致使电介质的击穿强度降低。因此，探讨适用于微晶玻璃电容器的电极结构，并分析金属电极在微晶玻璃介质层内的扩散行为，是十分必要的。

4.4.1　电极结构的设计

以储能性能最好的含 5%（质量分数）BaF_2 的微晶玻璃样品作为电极结构的

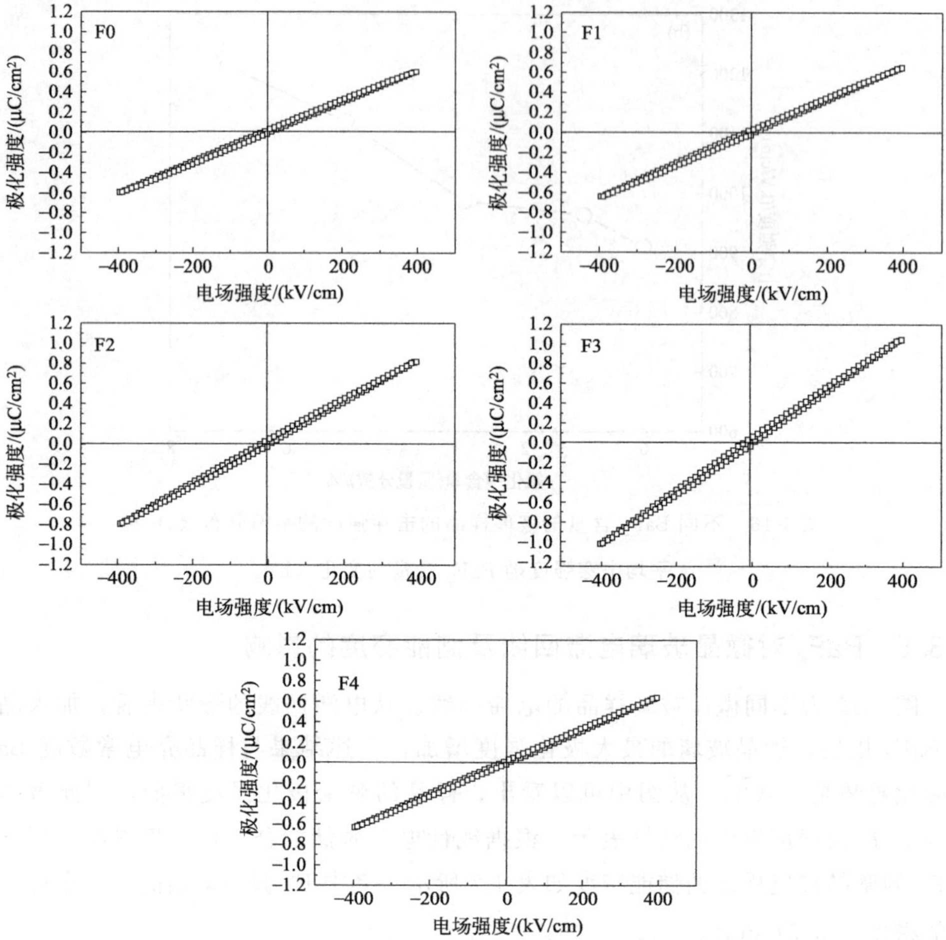

图 4-17　不同微晶玻璃样品的电滞回线随 BaF_2 含量的变化

研究对象。与原来测试的电极结构不同的是采用磁控溅射的方法，先在银浆料与微晶玻璃介质之间喷一层金属薄膜作为内电极层，此电极结构标记为 N-2；同时以刷单层银浆料的电极结构作为对比，标记为 N-1，两种内电极结构示意图如图 4-18 所示。将两种结构的样品烘干后放入箱式炉中于空气气氛下 600℃保温 30min。

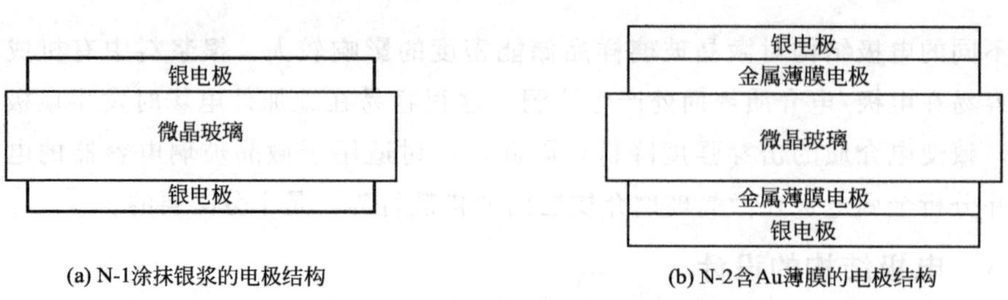

图 4-18　两种内电极的结构

4.4.2 电极/微晶玻璃界面显微结构分析

图 4-19 为不同电极结构的样品烧结后的断面微观形貌及能谱（EDS）分析。如图 4-19(a) 所示，N-1 样品在电极/电介质界面处存在大量的孔洞，这是银浆料中有机成分挥发在电极/电介质界面处产生的孔洞，且尺寸较大。而从图 4-19(b) 中可以看到，由于 Au 膜电极层的存在使与微晶玻璃之间的界面比较致密平滑，且在界面附近未发现明显的大尺寸的孔洞。这是由于 Au 膜的存在使微晶玻璃界面与电极结合紧密，致使原子的扩散通道受阻，有效地抑制了银向介质层中扩散。同时致密而连续的界面结合消除了单层浆料电极中因缺陷和孔隙带来的电场集中现象，这能有效地提高介质的击穿强度。这也可从 EDS 分析中得到证实。在 N-1 样品的电极结构中，从电极层到介质层，Ag 的扩散趋势很明显，特别是微晶玻璃介质中也发现了含量较高的 Ag；而对于含 Au 膜的电极结构，由于 Au 薄膜的存在，几乎没有 Ag 扩散到介质层中。这说明添加一层镀 Au 薄膜能够有效地抑制银向电介质层扩散。

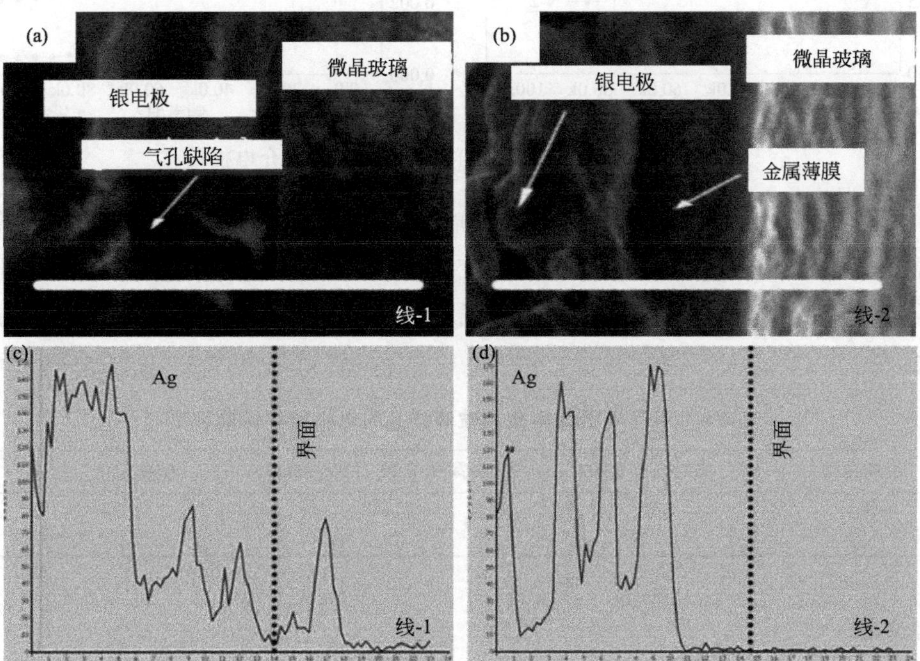

图 4-19 不同电极结构的样品烧结后的断面微观形貌及 EDS 分析

4.4.3 电性能分析

图 4-20 中的（a）和（b）分别为不同电极结构样品的介电常数及介电损耗随

频率变化的关系曲线。如图 4-20 所示，在测试频率范围内，N-2 样品的介电常数要比 N-1 大。而介电损耗值则是样品 N-1 明显大于 N-2。这是因为在烧结过程中由于有机成分的挥发使银向介质层扩散，而银的扩散导致电介质/电极界面附近形成了银渗透量较大的扩散层，因界面孔洞的存在使电极的有效面积减少。通过 $C=\varepsilon_r\varepsilon_0 S/d$ 公式可以知道，电容 C 的大小与有效电极面积 S 及电介质层厚度 d 有直接关系。当大量的孔洞形成时，与介质接触的有效面积减小，致使电容值也变小，从而导致介电常数值降低，同时这些孔洞的存在也不利介质损耗的降低。

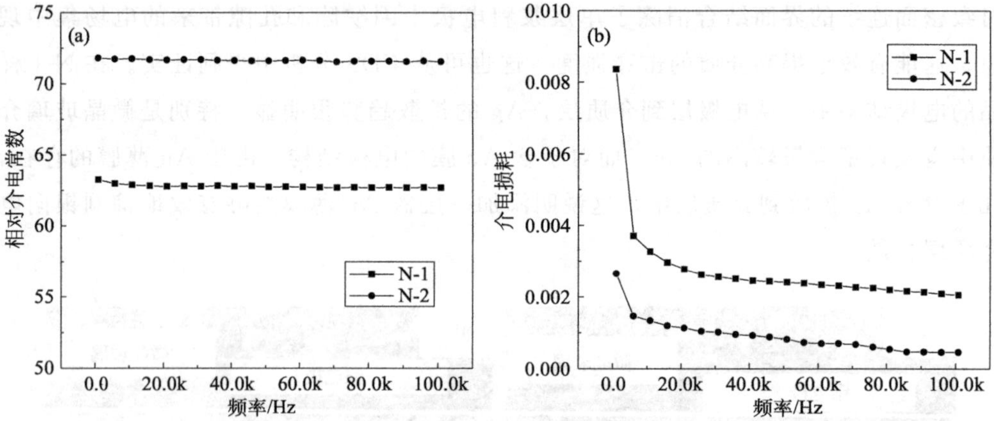

图 4-20　不同电极结构的样品的介电常数和介电损耗

表 4-8 中给出了不同电极结构微晶玻璃样品的击穿强度和储能密度。从表中可以看出，样品的击穿强度随电极结构的变化差别明显。相对于只涂单一银浆电极的样品，含 Au 膜内电极的样品的击穿强度和储能密度明显提高，这与界面结构有关。

表 4-8　不同电极结构微晶玻璃样品的电性能和储能密度

电极结构	相对介电常数	击穿强度 E_b/(kV/cm)	储能密度/(J/cm^3)
N-1	63	1120	3.50
N-2	72	1230	4.82

参考文献

[1]　王猛杰．钨青铜结构铌酸锶钡微晶玻璃的制备及其介电性能研究［D］．北京：北京化工大学，2012．

[2]　Zhou Y，Zhang Q M，Luo J，et al. Structural and dielectric characterization of Gd_2O_3-added BaO-Na_2O-Nb_2O_5-SiO_2 glass-ceramic composites［J］. Scripta Materialia，2011，65（4）：296-299.

[3]　Hu A，Liang K M，Zhou F，et al. Crystallization and properties of Li_2O-Al_2O_3-SiO_2 glass-ceramics doped with CeO_2［J］. Journal of the Chinese Ceramic Society，2004，32（6）：772-776.

[4] Cheng J, Chen G H, Liu X Y, et al. Effect of ceria on sintering and properties of CaO-Al_2O_3-SiO_2 system glass-ceramics [J]. Chinese Journal of Nonferrous Metals, 2010, 20 (3): 534-539.

[5] Kim B H, Lee K H. Crystallization and sinterability of cordierite-based glass powders containing CeO_2 [J]. Journal of Materials Science, 1994, 29 (24): 6592-6598.

[6] Qu Y Q, Li A D, Shao Q Y, et al. Structure and electrical properties of strontium barium niobate ceramics [J]. Materials Research Bulletin, 2002, 37 (3): 503-513.

[7] 周曦亚，胡俊，周斌扬，等．CaF_2 含量对 CaO-SiO_2-R_2O-F 系微晶玻璃晶化行为的影响 [J]. 硅酸盐通报，2009，28 (5)：1024-1028.

[8] 胡安民，梁开明，顾守仁．F^- 离子对 Li_2O-Al_2O_3-SiO_2 系微晶玻璃晶化的影响 [J]. 无机材料学报，2003，18 (6)：1163-1168.

[9] Gorzkowski E P, Pan M J, Bender B A, et al. Effect of additives on the crystallization kinetics of barium strontium titanate glass-ceramics [J]. Journal of the American Ceramic Society, 2008, 91 (4): 1065-1069.

[10] Zeng Y K, Qin X Y, Jiang S L, et al. Effect of BaF_2 addition on crystallization kinetics and dielectric properties of B_2O_3-Nb_2O_5-SrO-BaO glass-ceramics [J]. Journal of the American Ceramic Society, 2011, 94 (2): 469-473.

[11] Hu A M, Liang K M, Peng F, et al. Crystallization and microstructure changes in fluorine-containing Li_2O-Al_2O_3-SiO_2 glasses [J]. Thermochim Acta, 2004, 413: 53-55.

[12] Chen J, Zhang Y, Deng C, et al. Improvement in the microstructure and dielectric properties of barium strontium titanate glass ceramics by AlF_3/MnO_2 addition [J]. Journal of the American Ceramic Society, 2009, 92 (8): 1863-1866.

第 5 章 SrO-BaO-Nb_2O_5-B_2O_3 微晶玻璃制备和性能

5.1 引言

第 4 章已经对 SrO-BaO-Nb_2O_5-B_2O_3-SiO_2 微晶玻璃进行了研究，发现由于 SiO_2 含量较高，致使玻璃熔制温度很高，不利于节能环保。文献表明[1,2] 在 SrO-BaO-Nb_2O_5-SiO_2 体系中用 B_2O_3 全部替换 SiO_2 具有好的效果。同时，研究发现[3,4] 在钛酸锶钡（BST）硅酸盐微晶玻璃中，通过改变基础玻璃组分中 Ba/Sr 比和 Ba/Ti 比，能有效提高介电性能和击穿性能。同样，在（BaO，Na_2O)-Nb_2O_5-SiO_2 体系中改变 Ba/Na 比例，也获得了相同的效果[5]。因此，本章以 SrO-BaO-Nb_2O_5-B_2O_3 基础玻璃体系为研究对象，研究热处理制度和 Sr/Ba 比对该体系微晶玻璃的相组成、微观结构、介电性能和储能特性的影响。

5.2 微晶玻璃的制备

表 5-1 是玻璃的具体组成，所用原料均为分析纯化学试剂，采用整体析晶法制备微晶玻璃。

表 5-1 添加不同 Sr/Ba 比的基础玻璃组成 单位：摩尔分数/%

样品代号	SrO	BaO	Nb_2O_5	B_2O_3	Sr/Ba
G1	8.0	24.0	32.0	36.0	0.33

续表

样品代号	SrO	BaO	Nb_2O_5	B_2O_3	Sr/Ba
G2	11.2	20.8	32.0	36.0	0.54
G3	14.4	17.6	32.0	36.0	0.82
G4	17.6	14.4	32.0	36.0	1.22
G5	20.8	11.2	32.0	36.0	1.86
G6	24.0	8.0	32.0	36.0	3.00

5.3 热处理温度对微晶玻璃结构和性能的影响

5.3.1 玻璃的 DTA 分析

图 5-1 是部分不同 Sr/Ba 比的玻璃样品在升温速率为 10℃/min 下的 DTA 曲线。由于玻璃在很低的温度下没有放吸热峰出现，故图中只给出 300～900℃的曲线。由曲线可知，每组玻璃的 DTA 曲线在放热峰出现之前都有一个吸热峰，它对应的温度就是玻璃化转变温度 T_g，放热峰对应的温度即为析晶温度 T_p。每个样品 T_g 值都接近 620℃，意味着 Sr/Ba 比的变化没有对玻璃网络结构产生太大影响。当超过玻璃化转变温度时，G1、G3 玻璃在 670℃位置出现了一个放热峰，说明玻璃中有晶体析出，且析出晶体结构只有一种；而 G4、G6 的 DSC 曲线上有两个析晶峰，表明 Sr/Ba>1.22 时，玻璃在热处理过程中开始析出另一种晶体。因此，通过以上分析，微晶玻璃热处理的温度范围是 700～850℃，为了使玻璃析晶充分，热处理时间定为 3h。

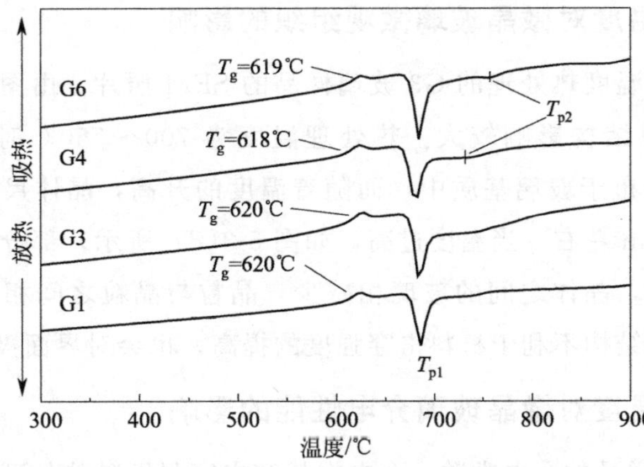

图 5-1 不同 Sr/Ba 比的玻璃样品的 DTA 曲线

5.3.2 热处理温度对微晶玻璃相组成的影响

实验选择 G3（Sr/Ba＝0.82）为代表。根据以上分析，本实验在 700～850℃温度范围对样品热处理 3h。图 5-2 是 G3 玻璃在不同热处理温度下的 XRD 图谱。由图可以看到，未经热处理的玻璃样品的 XRD 曲线，没有尖锐的衍射峰，说明此样品是典型的非晶态。样品在 700℃析晶温度下获得明显的衍射峰，经过与标准 PDF 卡片比对，确定玻璃中析出的是具有四方钨青铜结构的 $Sr_{0.5}Ba_{0.5}Nb_2O_6$ 相。随着温度提高到 800℃，样品 XRD 衍射峰峰形和位置未发生变化或偏移，只是峰的强度增加，表明升高温度促进了晶体的析出。当热处理温度提高到 850℃时，主晶相仍为 $Sr_{0.5}Ba_{0.5}Nb_2O_6$，但此时出现少量第二相 $SrNb_2O_6$。

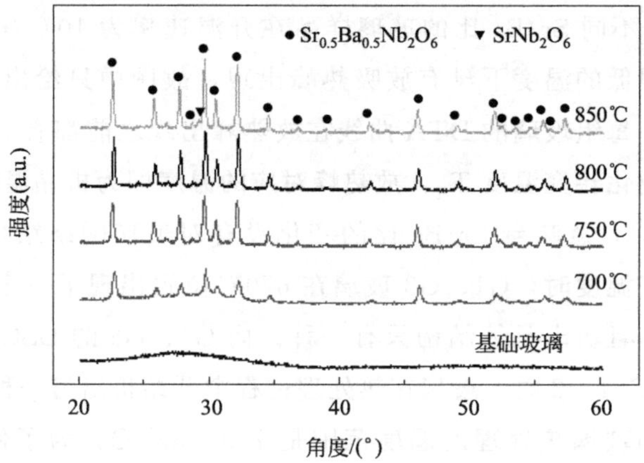

图 5-2 G3 样品在不同热处理温度下的 XRD 图谱

5.3.3 热处理温度对微晶玻璃微观组织的影响

图 5-3 为不同温度热处理的 G3 玻璃样品的 SEM 照片。由图可见，热处理温度对微晶玻璃微观结构影响较大。热处理温度为 700～750℃时［即图 5-3(a)，(b)］，晶体均匀分布于玻璃基质中，而随着温度的升高，晶体尺寸逐渐增大，从 50nm 增大到 200nm 左右。当温度过高，如图 5-3(d) 所示，部分晶体长大造成晶粒大小分布不均匀，晶体之间的玻璃相减少，晶粒与晶粒之间相互交错导致气孔出现，这样的微观结构不利于材料击穿强度的提高，也会对界面极化产生影响。

5.3.4 热处理温度对微晶玻璃介电性能的影响

图 5-4 为 G3 样品的介电常数、介电损耗和击穿强度随热处理温度的变化。由图 5-4 可知，热处理温度从 700℃增加到 800℃，其相对介电常数由 45 提高到 117，这是由于温度升高样品中析出更多的铁电相。当温度达到 850℃时，样品相对介电

常数骤降到 91，原因是此温度下样品中析出介电常数较低的 $SrNb_2O_6$ 相。从图 5-4 还可看出，该体系的介电损耗值都低于 0.02，且随温度增加略微提高。对于样

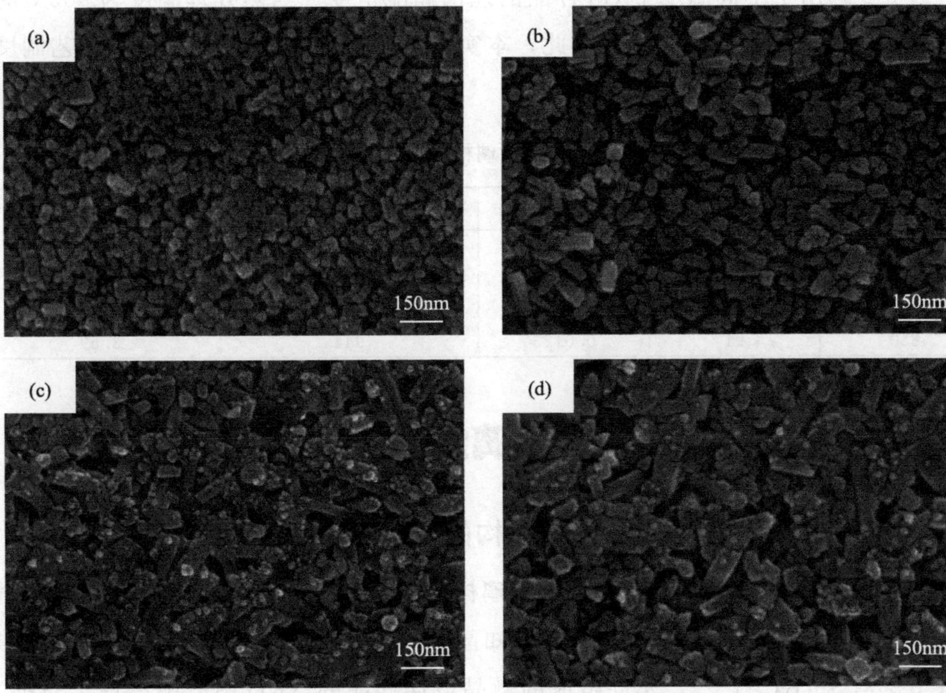

图 5-3　G3 样品在不同温度下的 SEM 图

(a) 700℃；(b) 750℃；(c) 800℃；(d) 850℃

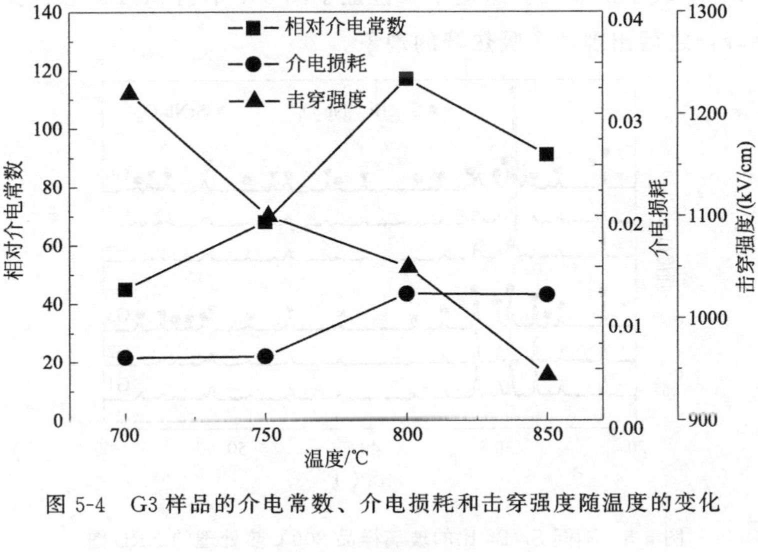

图 5-4　G3 样品的介电常数、介电损耗和击穿强度随温度的变化

品的击穿强度，随温度增加单调减小，原因在于热处理温度对微晶玻璃微观结构的影响。

表 5-2 列出了不同温度下 G3 样品的理论储能密度。当热处理温度为 800℃时，微晶玻璃样品的综合性能最优。因此，本实验选择在 800℃热处理 3h 的工艺制度，研究不同组分对微晶玻璃性能的影响。

表 5-2　不同温度下 G3 微晶玻璃样品的介电性能（室温，1kHz）

热处理温度/℃	相对介电常数 ε	介电损耗 tanδ	击穿强度 E/(kV/cm)	储能密度 J/(J/cm^3)
700	45	0.0062	1220	2.97
750	67	0.0063	1100	3.59
800	117	0.0124	1050	5.71
850	91	0.0123	944	3.59

5.4　Sr/Ba 比对微晶玻璃结构和性能的影响

5.4.1　Sr/Ba 比对微晶玻璃微观结构的影响

图 5-5 是 800℃热处理 3h 后微晶玻璃样品的 XRD 图谱。其中 G1、G2、G3 样品具有相似的衍射峰，比对标准卡片可知晶相均为 $Sr_{0.5}Ba_{0.5}Nb_2O_6$，没有其他杂质析出。当 Sr/Ba>1.22，不同组成的微晶玻璃样品的 XRD 图谱中出现了与前三者不同的峰，该峰强度逐渐增加并成为主峰，说明在微晶玻璃体系中随着 Sr/Ba 比的增加，玻璃中析出了新的晶体，经分析可知该新晶相是 $SrNb_2O_6$，而 $Sr_{0.5}Ba_{0.5}Nb_2O_6$ 成了次晶相。这些结果佐证了图 5-1 中当 Sr/Ba 比小于 0.82 时只有一个析晶峰，之后出现两个吸热峰的现象。

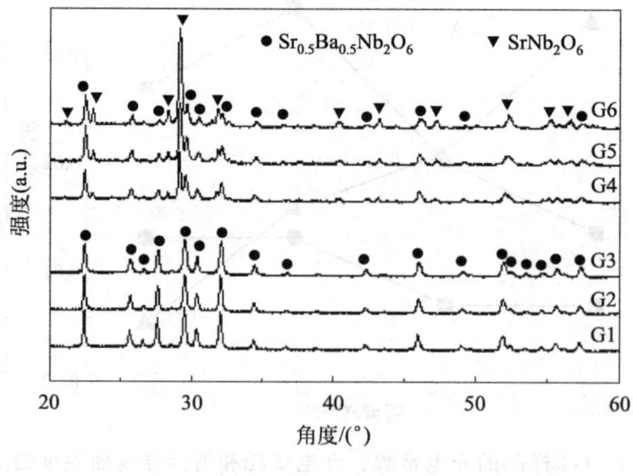

图 5-5　不同 Sr/Ba 比的玻璃样品 800℃热处理的 XRD 图

图 5-6 给出了 G1，G2，G3，G4，G5 和 G6 微晶玻璃样品的 SEM 图（微晶玻璃试样均在 800℃热处理 3h，且表面经过质量分数为 1%的 HF 溶液腐蚀）。从图中可以看出，随 Sr/Ba 比增加，微晶玻璃样品微观形貌发生明显的变化。从图 5-6（a）中可以看到大量的枝状晶体和气孔存在，随着 Sr/Ba 比的增加，枝状晶体逐渐长大变为柱状，这可能是由于 Sr 的加入促进了 $Sr_{0.5}Ba_{0.5}Nb_2O_6$ 晶体的长大。此外除 G1 和 G2 外，其他样品都呈均匀致密的微观结构，且随着 Sr/Ba 比的增加试样中的气孔逐渐消失，晶粒尺寸逐渐降低，这表明 Sr 含量的增加可改善微晶玻璃的微观结构，这对提高微晶玻璃样品的击穿强度有利。

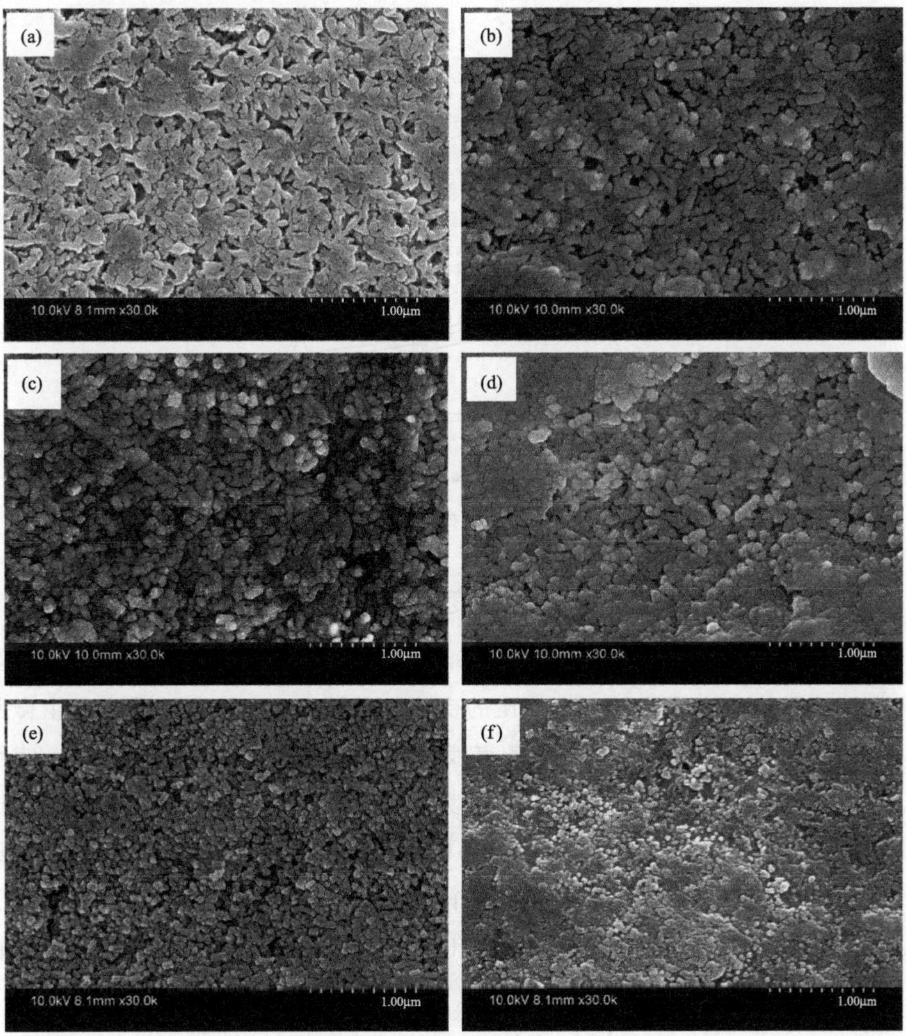

图 5-6　不同 Sr/Ba 比的玻璃样品 800℃热处理的 SEM 图

(a) G1；(b) G2；(c) G3；(d) G4；(e) G5；(f) G6

5.4.2 Sr/Ba 比对微晶玻璃介电性能的影响

图 5-7 为室温 1kHz 下微晶玻璃的介电常数与介电损耗随 Sr/Ba 比的变化曲线。从图中可以看出，所有试样的介电常数都随着热处理温度的升高而增大，这是由于温度增加促进了铁电晶体的析出。在同一温度下，样品的介电常数随 Sr/Ba 比的减小而明显变大。当 Sr/Ba 比由 1.22 降到 0.82（800℃），样品的相对介电常数由原来的 52 增加到 117，这是因为后者玻璃中析出了数量较多的高介电常数的 $Sr_{0.5}Ba_{0.5}Nb_2O_6$ 晶体。以上分析表明，增加玻璃体系中 Sr 的含量不利于介电常数的提高。由图可知，样品介电损耗与介电常数的变化趋势相似，且其值都低于 0.015。

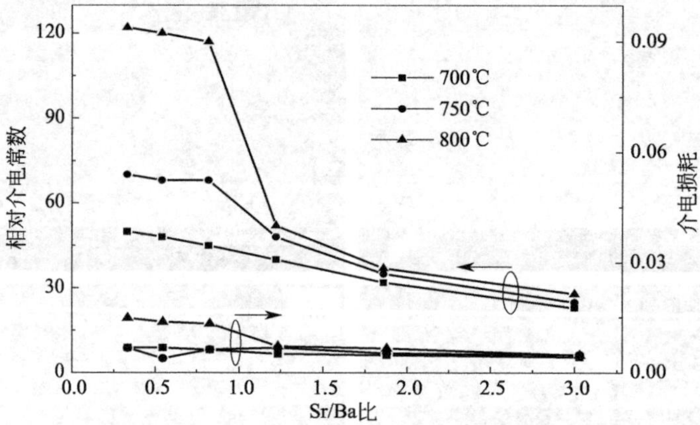

图 5-7　在不同热处理温度下玻璃样品的介电性能随 Sr/Ba 比的变化

5.4.3 Sr/Ba 比对微晶玻璃击穿强度的影响

图 5-8(a) 是不同微晶玻璃样品在室温下测量的击穿强度的韦伯分布图，图 5-8(b) 是其平均击穿强度随 Sr/Ba 比的变化。从图 5-8(a) 中可看出各组微晶玻璃中，击穿强度数据均可拟合成一条直线，且各直线斜率 β 值均大于 1，表明该击穿强度的数据符合韦伯分布，数据真实有效。由图 5-8(b) 可知，Sr/Ba 比增加后，样品平均击穿强度明显增大，由 951kV/cm 增至 1248kV/cm。这说明 Sr 含量的增加确实起到了提高击穿强度的作用，这是由于 Sr/Ba 比的增加改善了样品的微观结构，使晶粒分布更均匀，气孔更少。均匀致密的细晶结构有利于提高击穿强度。

5.4.4 Sr/Ba 比对微晶玻璃铁电性能的影响

图 5-9 为在室温 1Hz 测试条件下微晶玻璃试样的电滞回线（P-E 曲线）。从图

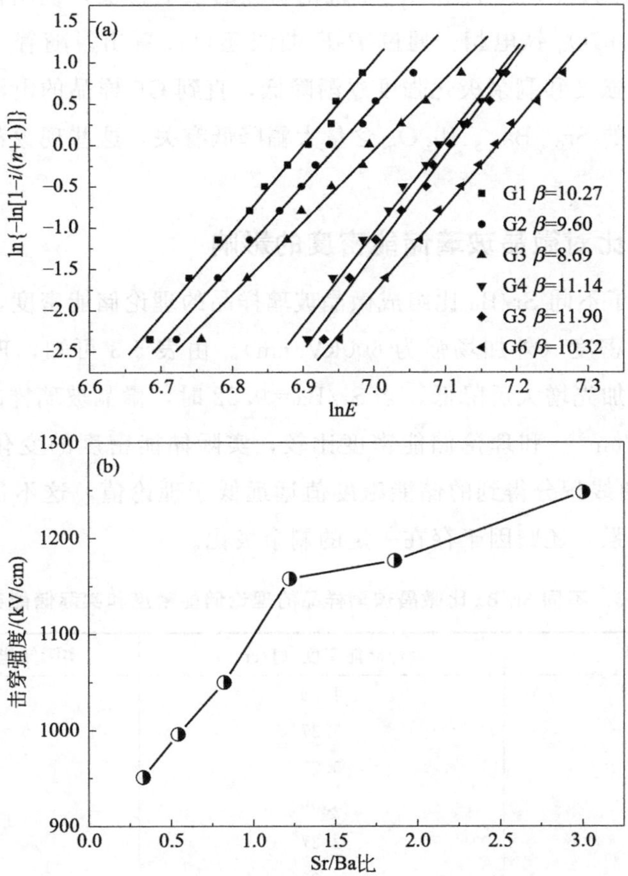

图 5-8　不同 Sr/Ba 比微晶玻璃样品击穿强度的韦伯分布（a）和击穿强度随 Sr/Ba 比的变化（b）

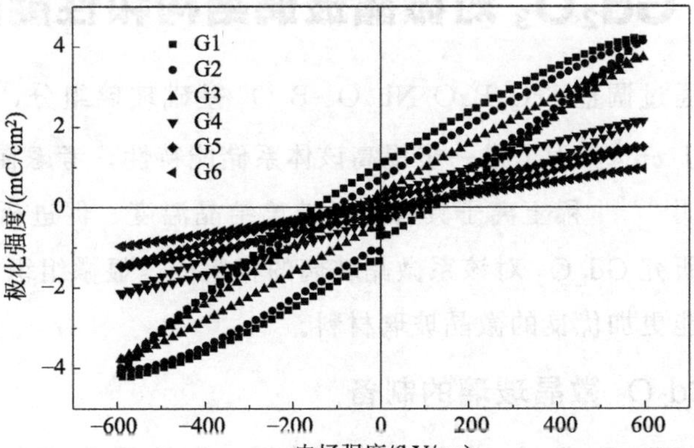

图 5-9　不同 Sr/Ba 比的玻璃样品的 P-E 电滞回线（1kHz）

可看出，除 G6 样品外，其他样品均呈现出明显的铁电特征，说明样品内部含有较多的 $Sr_{0.5}Ba_{0.5}Nb_2O_6$ 铁电相。通过 P-E 曲线还可以看出，随着 Sr 含量的增加，样品的最大极化强度和剩余极化强度逐渐降低，直到 G6 样品的电滞回线呈近似线性，这与铁电相的 $Sr_{0.5}Ba_{0.5}Nb_2O_6$ 含量大幅降低有关，这些现象都和介电常数的变化相吻合。

5.4.5 Sr/Ba 比对微晶玻璃储能密度的影响

表 5-3 列出了不同 Sr/Ba 比组成微晶玻璃样品的理论储能密度，以及依据电滞回线计算的储能密度（外加场强为 600kV/cm）。由表 5-3 可知，理论储能密度随着 Sr/Ba 比的增加先增大后降低，当 Sr/Ba＝0.82 时，微晶玻璃样品的储能密度达到最大值 5.71J/cm^3。和理论储能密度比较，实际储能密度的变化也有相似的规律。通过 P-E 曲线积分得到的储能密度值远远低于理论值，这不仅因为测量场强远远低于击穿场强，还归因于存在一定的剩余极化。

表 5-3　不同 Sr/Ba 比微晶玻璃样品的理论储能密度和实际储能密度

样品代号	理论储能密度/(J/cm^3)	实际储能密度/(J/cm^3)
G1	4.88	0.78
G2	5.27	0.92
G3	5.71	1.01
G4	3.09	0.51
G5	2.27	0.36
G6	1.93	0.29

5.5 添加 Gd_2O_3 对微晶玻璃结构和性能的影响

在 5.4 中，通过调整 SrO-BaO-Nb_2O_5-B_2O_3 基础玻璃组分，微晶玻璃储能密度已经达到 5.71J/cm^3。为了进一步提高该体系储能特性，考虑在玻璃中添加稀土氧化物。研究表明[6~9] 稀土离子具有降低玻璃结晶温度、促进析晶和改善微观结构等优点。本节研究 Gd_2O_3 对该系微晶玻璃的相组成、显微组织和电性能的影响，以期获得综合性能更加优良的微晶玻璃材料。

5.5.1 添加 Gd_2O_3 微晶玻璃的制备

以 SrO-BaO-Nb_2O_5-B_2O_3 为基础玻璃体系，向该系玻璃中添加不同含量的 Gd_2O_3，玻璃具体组成如表 5-4 所示。采用高温熔融法制备基础玻璃，然后利用可控析晶的方法在不同温度下获得微晶玻璃样品。

表 5-4　不同 Gd_2O_3 含量的玻璃样品的组成　单位：摩尔分数/%

样品代号	SrO	BaO	Nb_2O_5	B_2O_3	Gd_2O_3
G0	14.4	17.6	32.0	36.0	0
G1	14.4	17.6	32.0	36.0	0.5
G2	14.4	17.6	32.0	36.0	1
G3	14.4	17.6	32.0	36.0	1.5
G4	14.4	17.6	32.0	36.0	2

5.5.2　微晶玻璃的 DTA 分析

图 5-10 为五个不同 Gd_2O_3 含量玻璃样品的 DTA 曲线。由图可见，每个样品的 DTA 曲线均出现一个明显的吸热峰和放热峰，对应的温度分别是玻璃化转变温度（T_g）和析晶温度（T_p）。文献[10] 认为玻璃化转变温度 T_g 与开始析晶温度 T_1 差值（即 $\Delta T = T_1 - T_g$）是衡量玻璃稳定性的一个参数。由图 5-10 可知，玻璃化转变温度和开始析晶温度都随着 Gd_2O_3 含量的增加而增大，且 T_g 增加的趋势大于 T_1 的增加趋势，使玻璃的 ΔT 随 Gd_2O_3 含量增加而变大，即 Gd_2O_3 加入提高了玻璃的稳定性。另外，DTA 曲线都只有唯一的放热峰，且随着 Gd_2O_3 含量的增加，析晶峰值温度向高温偏移，说明玻璃中只析出一种晶体。玻璃的析晶温度范围在 695～725℃之间。因此，根据以上分析，实验中采用在 630℃保温 2h 晶核形成和 700～800℃保温 3h 晶核长大的两步热处理温度制度［630℃/2h+(700～800)℃/3h］，对玻璃样品进行热处理。

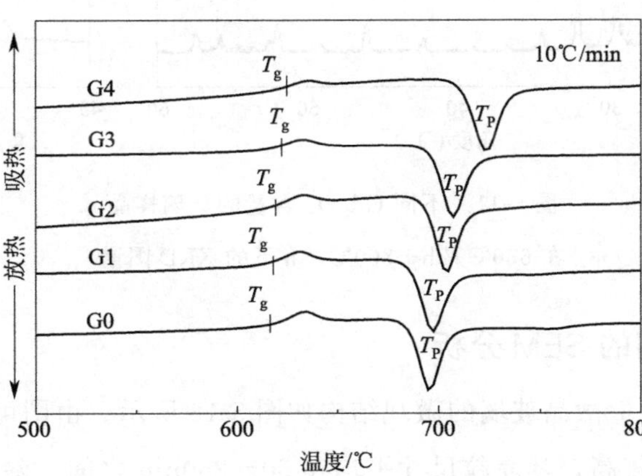

图 5-10　不同 Gd_2O_3 含量的玻璃样品的 DTA 曲线

5.5.3　微晶玻璃的物相分析

图 5-11(a) 是不同 Gd_2O_3 含量玻璃在 630℃/2h+800℃/3h 下的 XRD 图谱。

很明显，各组成样品的 XRD 曲线相似，这表明不同组成玻璃经热处理后能形成相同晶体结构的晶体。通过与标准 PDF 卡片对比后，可以确认析出的晶相是具有四方钨青铜（TTB）结构的 $Sr_{0.5}Ba_{0.5}Nb_2O_6$。和未添加 Gd_2O_3 的样品比较，添加 Gd_2O_3 的样品析出的 $Sr_{0.5}Ba_{0.5}Nb_2O_6$ 的衍射峰强度呈先升（G1，G2）后降（G3，G4）的变化规律。这说明尽管添加 Gd_2O_3 没有使微晶玻璃形成新的晶相，但改变了析晶量。图 5-11(b) 是 2θ 为 46°左右的局部放大 XRD 图谱，通过局部放大图可以观察到随着 Gd_2O_3 含量增加，衍射峰移向高角度。由布拉格方程（$2d\sin\theta=\lambda$）可知：若衍射角 θ 减小，则晶面间距 d 增大；反之，若 θ 增大，则 d 减小。所以添加 Gd_2O_3 减小了晶体的晶格参数和晶格体积，这是小半径离子 Gd^{3+}（$r=0.938$Å）替代了大半径离子 Sr^{2+}（$r=1.12$Å）和 Ba^{2+}（$r=1.34$Å），使晶胞体积减小的缘故[11~13]。

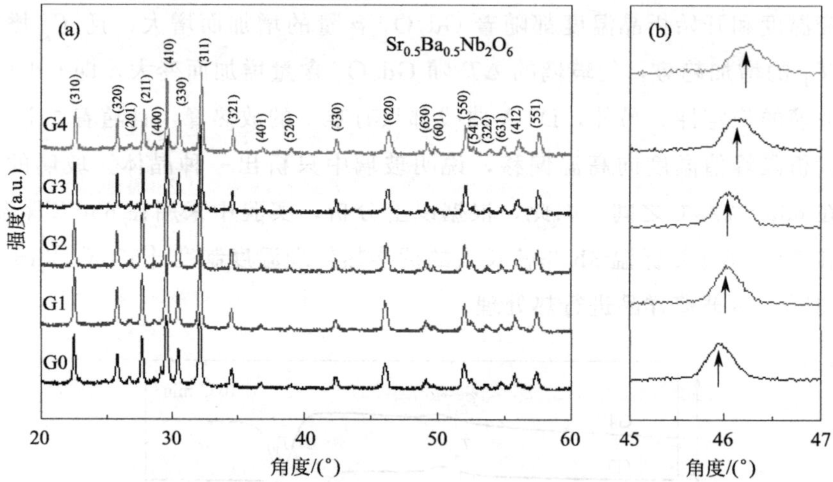

图 5-11 不同 Gd_2O_3 含量的玻璃样品

在 630℃/2h＋800℃/3h 下的 XRD 图谱

5.5.4 微晶玻璃的 SEM 分析

不同 Gd_2O_3 含量微晶玻璃的微观结构如图 5-12 所示。由图可见，添加 Gd_2O_3 的样品结晶度相对较高，其晶粒尺寸平均在 50～250nm 之间。除 G3 与 G4 外，所有样品的微观结构都较为致密，随着 Gd_2O_3 量不断增加，微晶玻璃气孔的数量和平均晶粒尺寸增加，如图 5-12 中(c)～(e) 所示。因此，在玻璃中增加适量的 Gd_2O_3 有利于改善微晶玻璃的微观结构，然而，过量添加 Gd_2O_3 会使均匀致密的微观结构恶化。

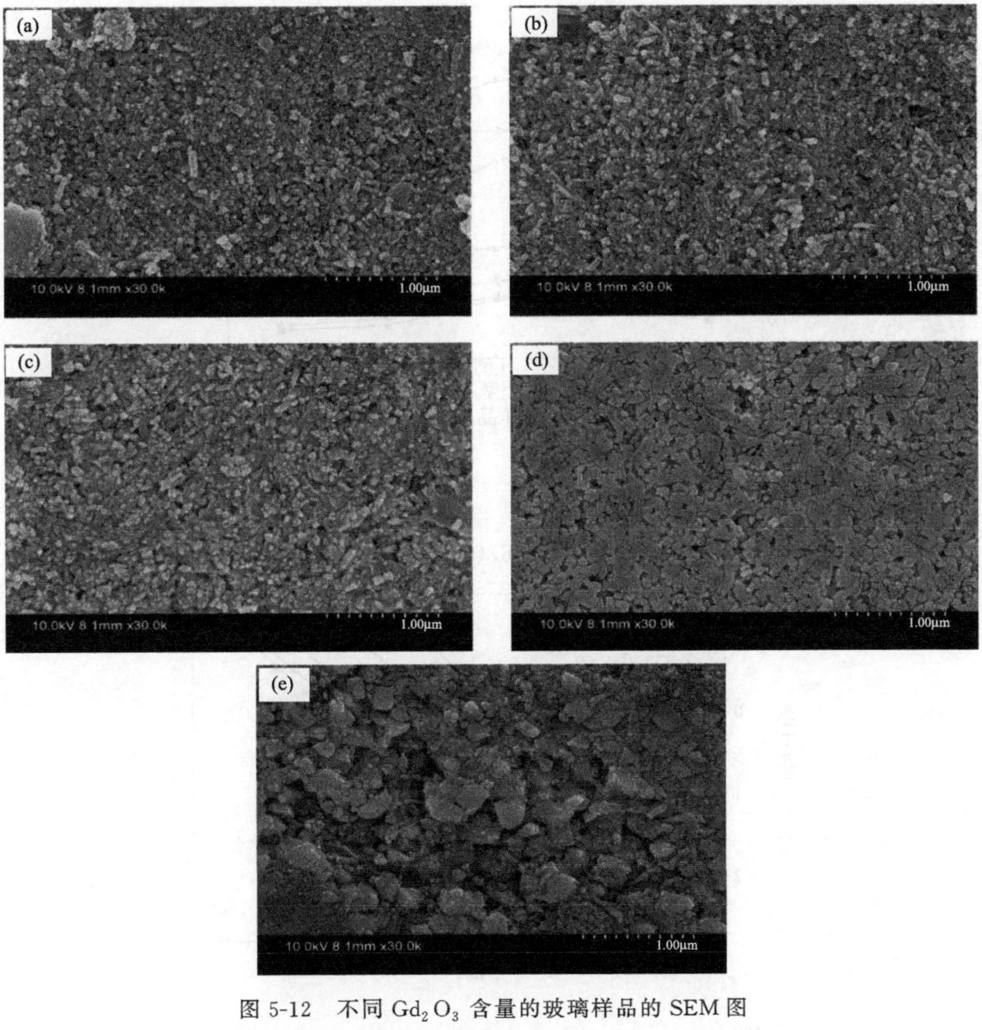

图 5-12　不同 Gd_2O_3 含量的玻璃样品的 SEM 图

(a) G0；(b) G1；(c) G2；(d) G3；(e) G4

5.5.5　介电性能分析

图 5-13 是不同玻璃样品在不同热处理制度下的介电常数和介电损耗。显然，随着热处理温度升高，样品的介电常数和介电损耗变大，这与热处理温度升高促进玻璃内析出具有高介电常数的 $Sr_{0.5}Ba_{0.5}Nb_2O_6$ 有关。同时，由图还可以看出，在同一热处理温度下，增加 Gd_2O_3 的含量，相应组成样品的介电常数呈先增后减的变化。当添加 0.5%（摩尔分数）Gd_2O_3 时，相对介电常数达到最大值 136（800℃），这一现象与前面的 XRD 和 SEM 图的结果相一致。所有微晶玻璃样品的介电损耗都低于 0.012。

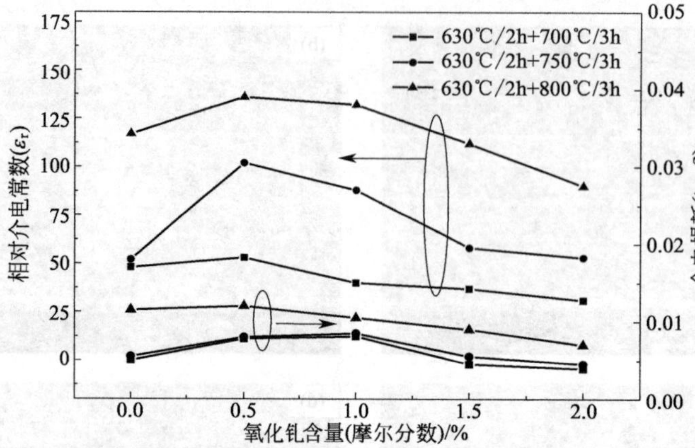

图 5-13　不同温度热处理下玻璃样品的介电性能随 Gd_2O_3 含量的变化

5.5.6　击穿强度分析

图 5-14(a) 为不同组成玻璃样品在 630℃/2h＋800℃/3h 下击穿强度的韦伯分

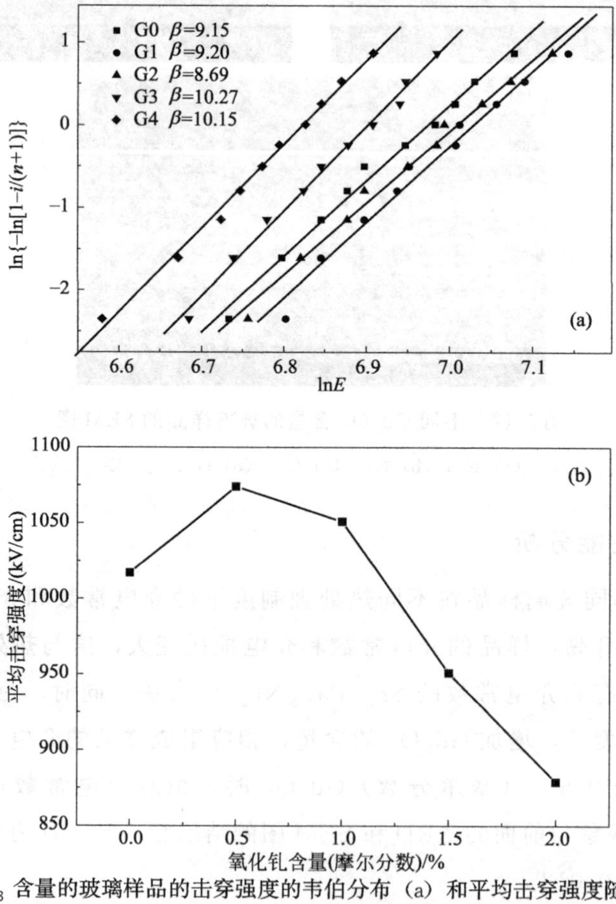

图 5-14　不同 Gd_2O_3 含量的玻璃样品的击穿强度的韦伯分布 (a) 和平均击穿强度随 Gd_2O_3 含量的变化

布图。由图可以看出，所有 β 值都高于 8.0，说明所有微晶玻璃样品的击穿强度（BDS）数据遵循韦伯分布。不同微晶玻璃的平均击穿强度结果如图 5-14(b) 所示。由图可知，未添加 Gd_2O_3 的微晶玻璃击穿强度为 1017kV/cm，而添加 0.5%～1%（摩尔分数）Gd_2O_3 能够使微晶玻璃样品的击穿强度提高到 1075kV/cm 和 1050kV/cm。结合图 5-12 中（b），（c）说明均匀致密的微观结构对击穿强度有贡献。当 Gd_2O_3 摩尔分数超过 1.0%时微晶玻璃的击穿强度有所降低，这是由于微观结构中存在的气孔较多和致密度差。可见，若要增大击穿强度，应该减少气孔数量和增加致密化程度。

5.5.7　铁电性能分析

图 5-15 是经过 630℃/2h+800℃/3h 热处理的微晶玻璃在 600kV/cm 的电场下测量的电滞回线。从图中可以发现，随着 Gd_2O_3 含量的增加，样品的最大极化值呈先增后减的趋势，这与图 5-13 中介电常数的变化一致。此外，各样品均有小的

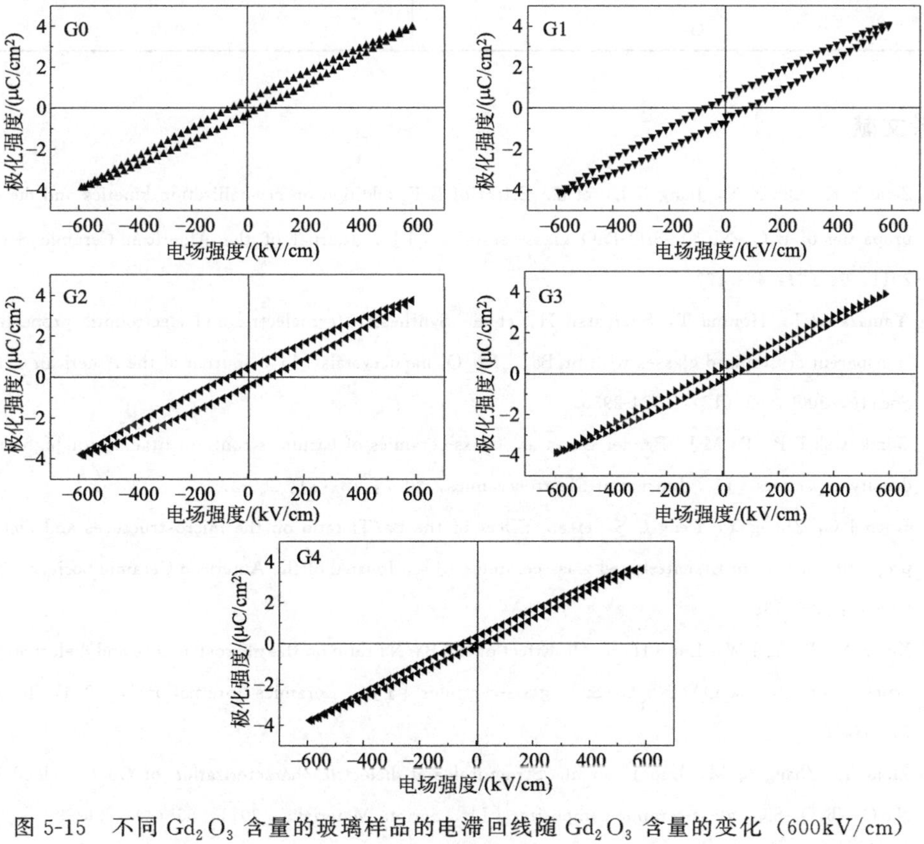

图 5-15　不同 Gd_2O_3 含量的玻璃样品的电滞回线随 Gd_2O_3 含量的变化（600kV/cm）

剩余极化值，其中未添加 Gd_2O_3 的 G0 样品的剩余极化为 0.37μC/cm²，而 G1，G2，G3，G4 样品的剩余极化分别为 0.52μC/cm²，0.45μC/cm²，0.28μC/cm² 和 0.24μC/cm²，说明剩余极化随着 Gd_2O_3 的增加而减小。总体上，不同组分微晶玻璃样品的电滞回线较瘦，呈现不明显的铁电特征。因此，微晶玻璃试样的储能密度可近似作为线性电介质来计算。不同 Gd_2O_3 含量的微晶玻璃的储能密度见表 5-5。从表可看出，当 Gd_2O_3 摩尔分数为 0.5% 时，得到的储能密度最高达 6.94J/cm³。

表 5-5　不同 Gd_2O_3 含量的微晶玻璃样品的储能密度

样品代号	储能密度/(J/cm³)
G0	5.41
G1	6.94
G2	6.45
G3	4.48
G4	3.09

参考文献

[1] Zeng Y K, Qin X Y, Jiang X L, et al. Effect of BaF_2 addition on crystallization kinetics and dielectric properties of B_2O_3-Nb_2O_5-SrO-BaO glass-ceramics [J]. Journal of the American Ceramic Society, 2011, 94 (2): 469-473.

[2] Yamazawa T, Honma T, Suematsu H, et al. Synthesis, ferroelectric and electrooptic properties of transparent crystallized glasses with $Sr_xBa_{1-x}Nb_2O_6$ nanocrystals [J]. Journal of the American Ceramic Society, 2009, 92 (12): 2924-2930.

[3] Gorzkowsk E P, Pa M J, Bender B, et al. Glass-ceramics of barium strontium titanate for high energy density capacitors [J]. Journal of Electroceramics, 2007, 18 (3): 269-276.

[4] Chen J C, Zhang Y, Deng C S, et al. Effect of the Ba/Ti ratio on the microstructures and dielectric properties of barium titanate-based glass-ceramics [J]. Journal of the American Ceramic Society, 2009, 92 (6): 1350-1352.

[5] Xue S X, Wang J W, Liu S H, et al. Effect of the Ba/Na ratio on the microstructure and dielectric properties of (BaO, Na_2O) -Nb_2O_5-SiO_2 glass-ceramics [J]. Ceramics International, 2014, 40 (5): 7495-7499.

[6] Zhou Y, Zhang Q M, Luo J, et al. Structural and dielectric characterization of Gd_2O_3-added BaO-Na_2O-Nb_2O_5-SiO_2 glass-ceramic composites [J]. Scripta Materialia, 2011, 65 (4): 296-299.

[7] Shyu J J, Wang J R. Crystallization and dielectric properties of SrO-BaO-Nb_2O_5-SiO_2 tungsten-bronze glass-ceramics [J]. Journal of the American Ceramic Society, 2000, 83 (12): 3135-3140.

[8] Pablick C, Ahrens B, Henke B, et al. Crystallization behavior of rare-earth doped fluorochlorozirconate glasses [J]. Journal of Non-Crystalline Solids, 2010, 357 (11-13): 2450-2452.

[9] Foulon G, Ferriol M, Brenier A, et al. Obtention of good quality $Ba_2NaNb_5O_{15}$; crystals: growth, characterization and structure of Nd^{3+} doped single-crystal fibres [J]. European Journal of Solid State and Inorganic Chemistry, 1996, 33 (7): 673-686.

[10] Rosenflanz A, Frey M, Endres B, et al. Bulk glass and ultrahard nanoceramics based on alumina and rare-earth oxides [J]. Nature, 2004, 430 (7001): 761-764.

[11] Zhou Y, Zhang Q M, Luo J, et al. Structural and dielectric characterization of Gd_2O_3-added BaO-Na_2O-Nb_2O_5-SiO_2 glass-ceramic composites [J]. Scripta Materialia, 2011, 65 (4): 296-299.

[12] Yoshikawa A, Itagaki H, Fukuda T, et al. Synthesis, crystal growth and second harmonic generation properties of trivalent rare-earth-doped non-linear tungsten-bronze-type structure $Ba_2Na_{1-3x}RE_xNb_5O_{15}$ (RE=Sc, Y, La, Gd, Yb and Lu) [J]. Journal of Crystal Growth, 2003, 247 (1/2): 148-156.

[13] Shannon R D, Prewit C T. Effective ionic radii in oxides and fluorides [J]. Acta Crystallographica, 1969, 25 (5): 925-946.

第 6 章　(La_2O_3,Sm_2O_3)-SrO-BaO-Nb_2O_5-B_2O_3-ZnO 微晶玻璃的制备和性能

6.1　引言

第 5 章已对 SrO-BaO-Nb_2O_5-B_2O_3 体系微晶玻璃进行了系统研究，通过调节 Sr/Ba 比使微晶玻璃的综合性能得到提高，当 Sr/Ba 比为 0.82 时，储能密度最高达 5.71J/cm^3。Shash 等[1] 研究发现在玻璃中加入 ZnO 有助于提高微晶玻璃的化学稳定性，并能降低玻璃化转变温度。Tang 等[2] 在微晶玻璃体系中加入少量 ZnO 促进了玻璃中铁电相的析出。Xue 等[3] 报道了添加稀土氧化物能够细化微晶玻璃的显微结构，极大地提高微晶玻璃的击穿强度，微晶玻璃材料的储能密度达到 8.4J/cm^3。Nakorn Chayapiwut 等[4] 将稀土元素 Sm 加入玻璃中，也使性能得到提高。笔者在 BaO-SrO-Nb_2O_5-B_2O_3 体系中加入 ZnO，结果发现 ZnO 的引入提高了微晶玻璃的介电常数，但击穿强度有所降低。本章在此基础上分别添加稀土（Re=La，Sm）氧化物，研究不同稀土含量对微晶玻璃的相组成、微观结构、介电性能、铁电性能以及储能性能的影响。

6.2　基础玻璃的制备

以 $SrCO_3$，$BaCO_3$，H_3BO_3，Nb_2O_5，ZnO，La_2O_3，Sm_2O_3 为原料，通过

高温熔融法制得玻璃样品。具体组成如表 6-1 和表 6-2 所示。将退火后的玻璃片切割成规格为 1cm×1cm 的方片备用。

表 6-1　不同 La_2O_3 含量的玻璃样品的组成　单位：摩尔分数/%

样品代号	SrO	BaO	Nb_2O_5	B_2O_3	ZnO	La_2O_3
A1	14.3	17.5	31.9	35.8	0.5	0.0
A2	14.3	17.5	31.9	35.8	0.5	0.5
A3	14.3	17.5	31.9	35.8	0.5	1.0
A4	14.3	17.5	31.9	35.8	0.5	1.5

表 6-2　不同 Sm_2O_3 含量的玻璃样品的组成　单位：摩尔分数/%

样品代号	SrO	BaO	Nb_2O_5	B_2O_3	ZnO	Sm_2O_3
B1	14.3	17.5	31.9	35.8	0.5	0.0
B2	14.3	17.5	31.9	35.8	0.5	0.5
B3	14.3	17.5	31.9	35.8	0.5	1.0
B4	14.3	17.5	31.9	35.8	0.5	1.5
B5	14.3	17.5	31.9	35.8	0.5	2.0

6.3　微晶玻璃的结构和性能表征

6.3.1　热处理温度的确定

热处理作为微晶玻璃制备的关键步骤，热处理温度是否合理，往往决定了所制备的微晶玻璃性能的好坏。图 6-1 为未添加稀土氧化物的基础玻璃的 DTA 曲线。

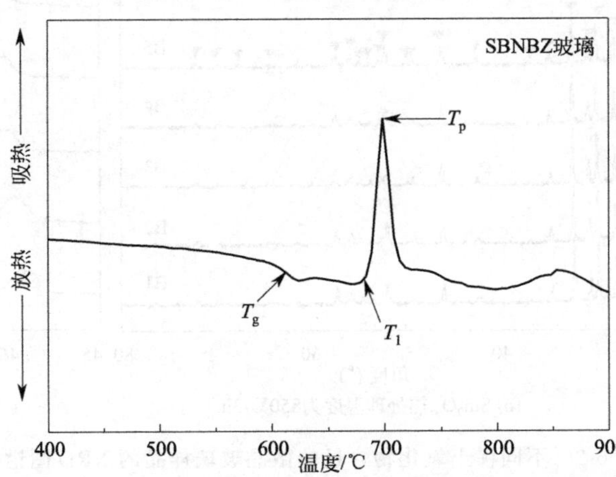

图 6-1　未添加稀土氧化物的基础玻璃的 DTA 曲线

曲线上分别有一个吸热峰和一个放热峰，所对应的温度为玻璃化转变温度 T_g 和析晶温度点 T_p，T_1 对应的温度点为玻璃开始析晶的温度。从图中可以看出，玻璃的析晶峰值温度 T_p 所对应的温度略高于 700℃，在 850℃左右有微弱的放热峰。所以，选择在 700～900℃的范围内对玻璃进行热处理是合适的。

6.3.2 物相分析

图 6-2 为不同含量的稀土氧化物（Re= La_2O_3，Sm_2O_3）微晶玻璃样品的 XRD 图谱。其中，添加 La_2O_3 和 Sm_2O_3 的玻璃样品分别在 800℃和 850℃下进行热处理保温 3h。图 6-2(a) 为添加 La_2O_3 的微晶玻璃的 XRD 图谱，图中 A1～A4

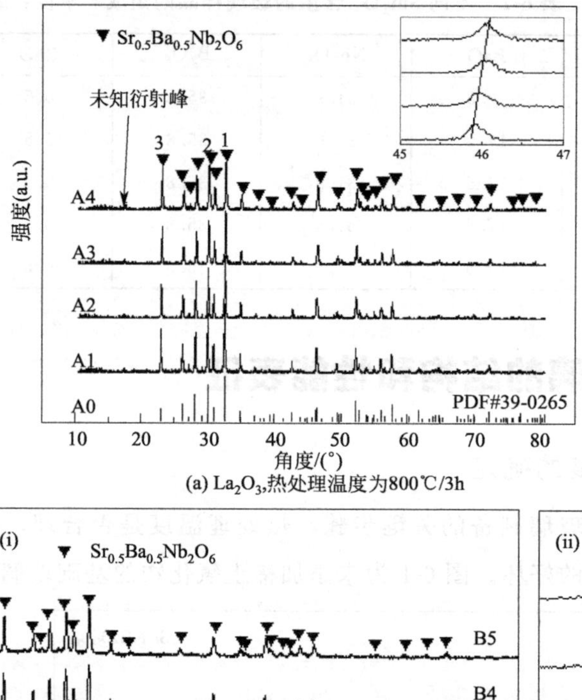

(a) La_2O_3,热处理温度为800℃/3h

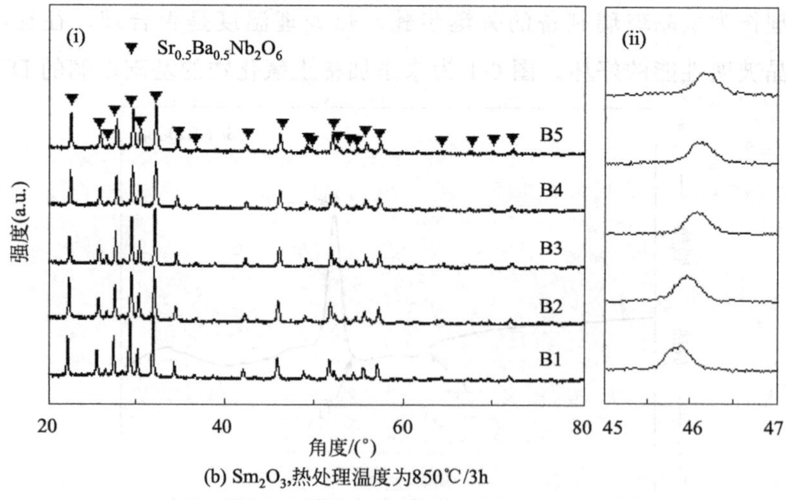

(b) Sm_2O_3,热处理温度为850℃/3h

图 6-2 不同稀土氧化物含量的微晶玻璃样品的 XRD 图谱

含量为 0～1.5%（摩尔分数）。由 XRD 图谱可知，不同 La_2O_3 含量的微晶玻璃表现出相同的规律，说明不同 La_2O_3 含量的微晶玻璃析出具有相同晶体结构的晶体。通过与标准谱 A0 对比，可以确定微晶玻璃样品中析出的晶体为 $Sr_{0.5}Ba_{0.5}Nb_2O_6$，具有四方钨青铜（TTB）结构。由图 6-2(a) 可知，当 La_2O_3 含量增多时，X 射线衍射峰向右偏移，即向高角度方向移动。由 Bragg 方程 $\lambda=2d\sin\theta$ 可知，当 θ 角增大时，对应的晶面间距 d 将减小，从而引起 $Sr_{0.5}Ba_{0.5}Nb_2O_6$ 晶体晶格参数的减小与晶胞体积的收缩。因为离子半径较小的 La^{3+}（1.03Å）占据了离子半径较大的 Ba^{2+}（1.34Å）和 Sr^{2+}（1.12Å）的位置，从而使晶胞参数减小和体积收缩[5~7]。从图 6-2(a) 的三个峰（1，2，3）可知，衍射峰强度随着 La_2O_3 含量的增加而逐渐减小，具体数值如表 6-3 所示。这意味着 La_2O_3 的引入对铁电相 $Sr_{0.5}Ba_{0.5}Nb_2O_6$ 的析出有一定的抑制作用。

表 6-3　不同 La_2O_3 含量微晶玻璃样品的主要衍射峰（1，2，3）所对应的强度

La_2O_3 摩尔分数/%	主要衍射峰强度(CPS)		
	1	2	3
0.0	1133	928	772
0.5	1115	920	713
1.0	1012	866	707
1.5	867	806	706

图 6-2(b) 为不同 Sm_2O_3 含量（摩尔分数为 0～2%）的微晶玻璃样品的 XRD 图谱，分别对应图中的 B1～B5。添加 Sm_2O_3 的微晶玻璃样品与添加 La_2O_3 一样，表现出相同的规律，析出的晶体也是 $Sr_{0.5}Ba_{0.5}Nb_2O_6$。与添加 La_2O_3 的微晶玻璃相似，稀土离子 Sm^{3+}(0.96Å)的离子半径小于 Ba^{2+}(1.34Å)和 Sr^{2+}(1.12Å)，替代后使得晶格收缩，从而导致衍射峰向高角度方向移动，如图 6-2(b) 中（ⅱ）所示。表 6-4 为不同 Sm_2O_3 含量微晶玻璃样品的晶体的晶胞参数。由表 6-4 看出，随着 Sm_2O_3 含量的增多，晶胞体积由 622.5Å^3 减小到 609.1Å^3。从图 6-2(b) 中可观察到随着 Sm_2O_3 的加入，衍射峰强度呈现先增大后减小的变化规律，当 Sm_2O_3 摩尔分数为 0.5%(B2 样品)时，衍射峰强度最大。说明添加少量 Sm_2O_3 可以促进 $Sr_{0.5}Ba_{0.5}Nb_2O_6$ 晶相的析出，当摩尔分数超过 1%后，对晶体析出起抑制作用，如图 6-2(b) 中的 B3～B5 所示。

表 6-4　不同 Sm_2O_3 含量微晶玻璃样品的晶体的晶胞参数（a，b，c）及晶胞体积（V）

样品代号	a/Å	b/Å	c/Å	V/Å^3
B1	12.5423	12.5423	3.9572	622.5
B2	12.5027	12.5027	3.9559	618.4

续表

样品代号	a/Å	b/Å	c/Å	V/Å^3
B3	12.4538	12.4538	3.9415	611.3
B4	12.4495	12.4495	3.9383	610.4
B5	12.4427	12.4427	3.9338	609.1

6.3.3 稀土氧化物含量对微晶玻璃显微组织的影响

图 6-3 为经过抛光和腐蚀处理后，不同 La_2O_3 含量（摩尔分数为 0～1.5%）微晶玻璃样品的表面显微组织形貌，热处理温度为 800℃。所有微晶玻璃样品都清晰地显示出致密的微观结构。未添加 La_2O_3 的微晶玻璃样品呈现出相对较粗的晶粒，如图 6-3(a) 所示。随着 La_2O_3 的增加，可观察到均匀且细小的晶粒微观组织，所析出晶粒平均尺寸为 200nm，如图 6-3(b) 所示。不过，当进一步增加 La_2O_3 含量时，均匀且细化的微观结构开始恶化，孔隙的数量和晶粒的平均晶粒尺寸都明显增加，且晶粒分布的均匀性也相对变差，如图 6-3 中 (c)、(d) 所示。从图 6-3 可以看出，在微晶玻璃中加入适量的 La_2O_3 可以细化晶粒，降低孔隙率，改善微晶玻璃的微观结构。

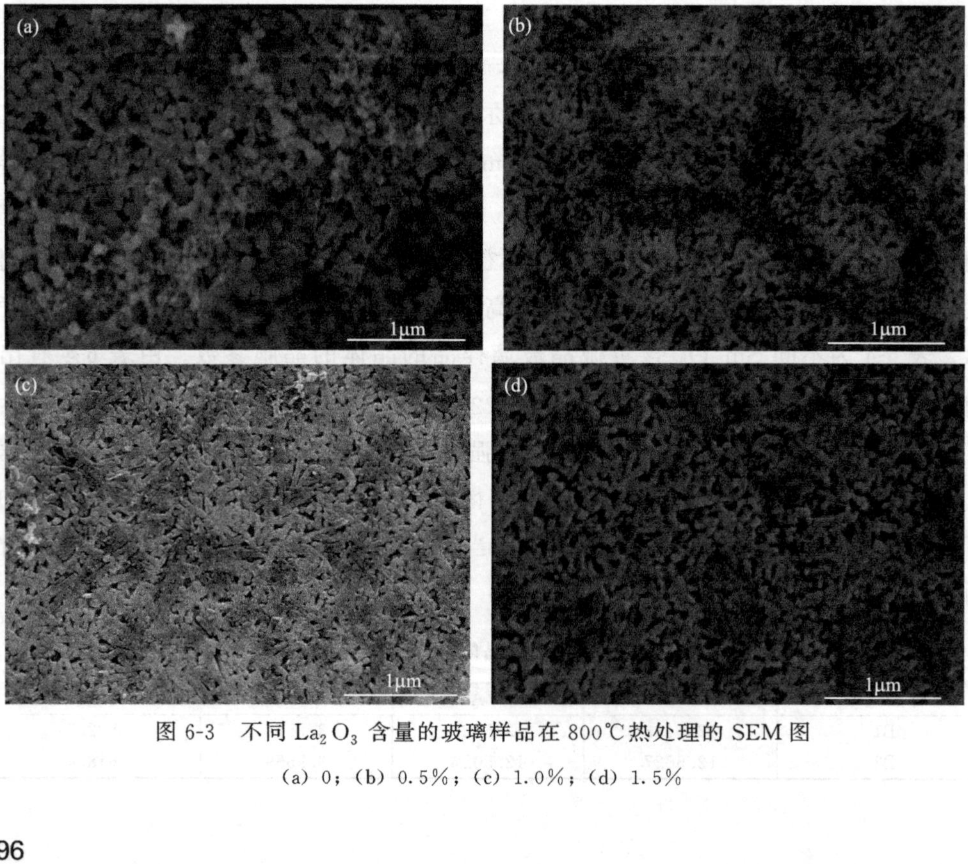

图 6-3 不同 La_2O_3 含量的玻璃样品在 800℃热处理的 SEM 图

(a) 0；(b) 0.5%；(c) 1.0%；(d) 1.5%

在 850℃热处理后，添加 Sm_2O_3 的微晶玻璃样品的微观形貌与添加 La_2O_3 的微晶玻璃表现出相似的规律，如图 6-4 所示。添加少量 Sm_2O_3 的微晶玻璃的微观组织趋于均匀化，且晶粒细化，如图 6-4 中（b）和（c）所示。当 Sm_2O_3 高于 1%（摩尔分数）时，晶粒迅速长大，如图 6-4 中（d）和（e）所示。但是，添加 Sm_2O_3 的微晶玻璃样品与未添加的微晶玻璃样品相比，致密度都得到了提高。由图 6-3 与图 6-4 可以看出，在微晶玻璃体系中添加稀土氧化物，可以提高微晶玻璃的致密度。同时，引入少量稀土离子可以达到细化晶粒的目的，但过量添加时会导致晶粒长大。

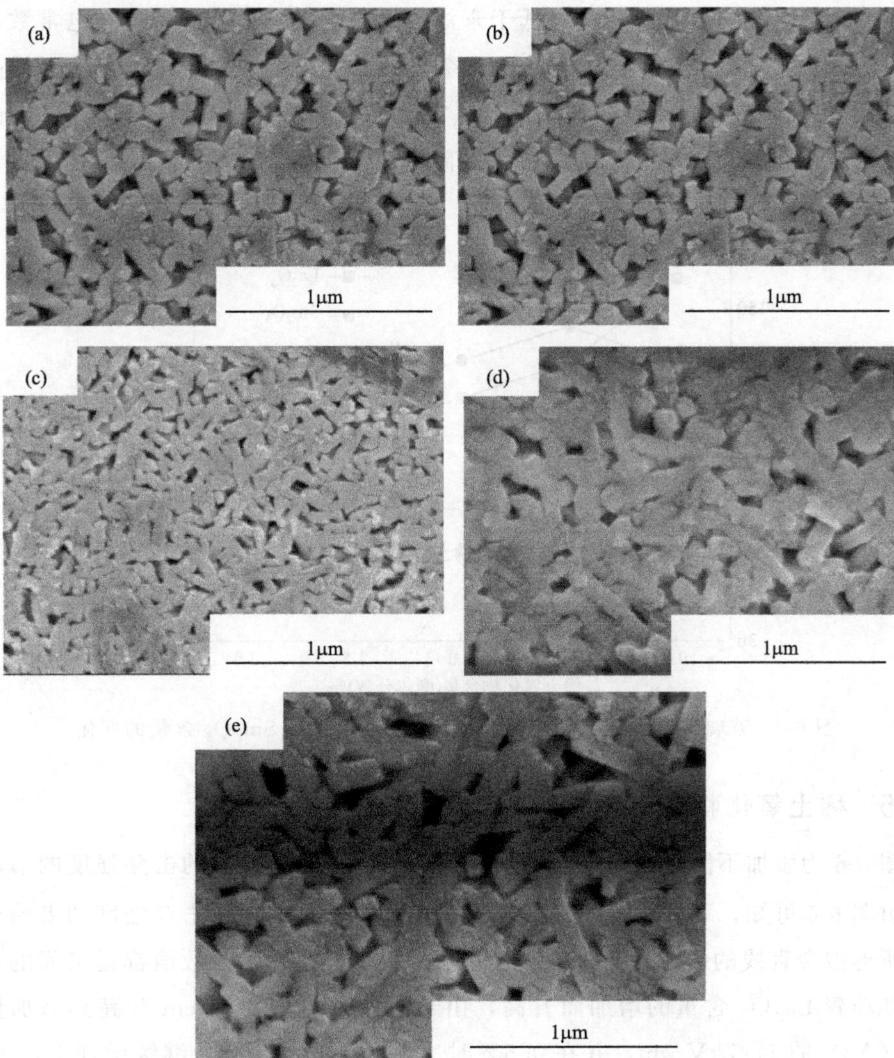

图 6-4　不同 Sm_2O_3 含量的玻璃样品在 850℃热处理的 SEM 图

(a) 0；(b) 0.5%；(c) 1.0%；(d) 1.5%；(e) 2.0%

6.3.4 稀土氧化物含量对微晶玻璃介电性能的影响

由图 6-5 可知，添加 La_2O_3 后微晶玻璃的介电常数随添加量的增加而逐渐降低，表明 La_2O_3 的引入抑制了玻璃中介电相 $Sr_{0.5}Ba_{0.5}Nb_2O_6$ 的析出，随着 La_2O_3 含量的增多抑制作用更加明显，介电常数进一步降低，这一规律与添加不同含量的 La_2O_3 时所测得的 XRD 图谱[图 6-2(a)所示]相吻合。添加 Sm_2O_3 时，介电常数随着 Sm_2O_3 含量的增多呈现先增加后降低的趋势，其中 Sm_2O_3 含量为 0.5%（摩尔分数）时，微晶玻璃获得最高的介电常数 144。当 Sm_2O_3 摩尔分数超过 1%时，介电常数不断降低，并低于未添加 Sm_2O_3 时微晶玻璃的介电常数。不同 Sm_2O_3 含量的微晶玻璃样品的介电常数变化，也与不同 Sm_2O_3 含量下样品的 XRD 图谱相一致。添加 La_2O_3 和 Sm_2O_3 的微晶玻璃样品都具有不高于 0.02 的介电损耗，且随添加量的增多介电损耗呈下降的趋势。

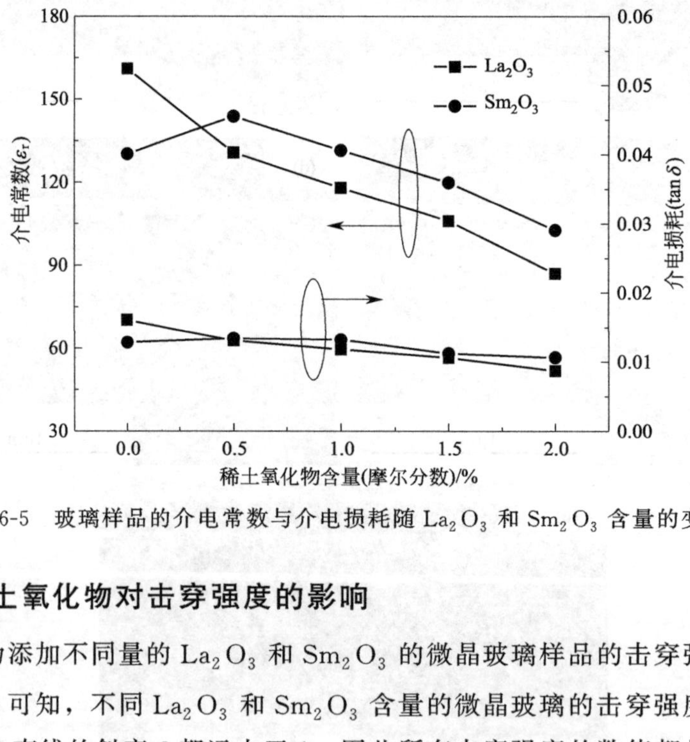

图 6-5 玻璃样品的介电常数与介电损耗随 La_2O_3 和 Sm_2O_3 含量的变化

6.3.5 稀土氧化物对击穿强度的影响

图 6-6 为添加不同量的 La_2O_3 和 Sm_2O_3 的微晶玻璃样品的击穿强度的韦伯分布。由图 6-6 可知，不同 La_2O_3 和 Sm_2O_3 含量的微晶玻璃的击穿强度的韦伯分布中，所得拟合直线的斜率 β 都远大于 1，因此所有击穿强度的数值都是可靠的，击穿强度随着 La_2O_3 含量的增加而升高，由未添加时的 608kV/cm 升高到添加量为 0.5%(A2) 的 1127kV/cm，并在 0.5%时达到最大击穿强度，继续增加 La_2O_3 的含量，击穿强度开始下降，当添加量为 1.5%(A4) 时击穿强度下降为 912kV/cm。

图 6-6(b) 为添加 Sm_2O_3 时样品击穿强度的韦伯分布情况。由图可知，少量

Sm_2O_3 的引入提高了微晶玻璃的击穿强度。添加量分别为 0.5%(B2) 和 1.0%(B3) 的微晶玻璃的击穿强度分别达到 1132kV/cm 和 1079kV/cm，当过量添加时，击穿强度恶化很快，当添加量为 2.0%(B5) 时下降至 826kV/cm。击穿强度随 La_2O_3 和 Sm_2O_3 的变化规律和其微观组织的变化规律相一致，如图 6-3 和图 6-4 所示。总之，具有细晶和均匀致密结构的微晶玻璃有高的击穿强度。

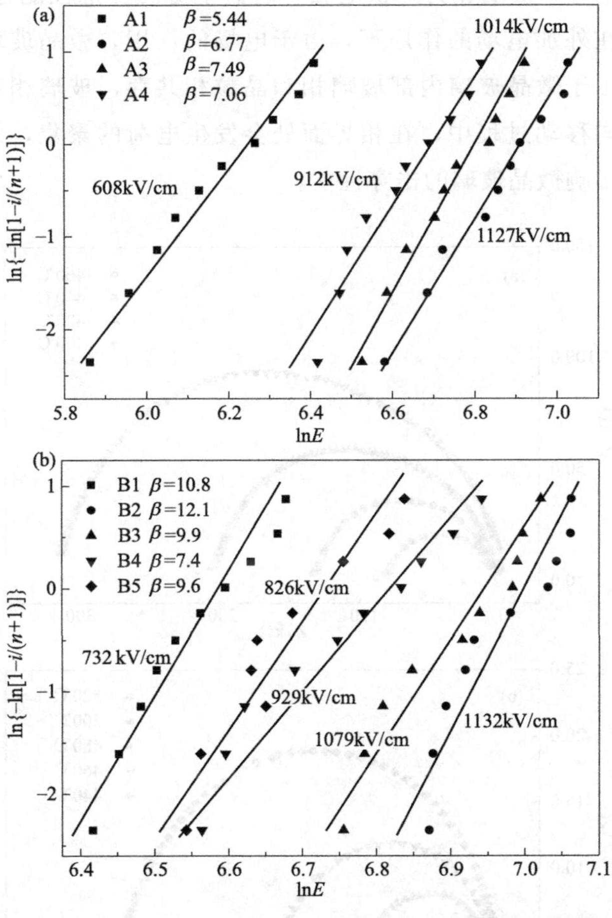

图 6-6 添加不同量的 La_2O_3 (a) 和 Sm_2O_3 (b) 的微晶玻璃样品击穿强度的韦伯分布

6.3.6 稀土氧化物微晶玻璃的阻抗谱分析

图 6-7 为添加 0.5%(摩尔分数) La_2O_3 和 Sm_2O_3 微晶玻璃样品的阻抗谱。测试温度分别为 400～460℃ 和 440～520℃ 的温度范围，测试频率均为 40Hz～1MHz。通过测试数据的实部和虚部，作图得 Cole-Cole 图。由图 6-7 可以看出，不同温度下的 Cole-Cole 曲线呈现出相同的半圆形状。随着温度的升高，半圆的直

径逐渐减小，说明随着温度上升微晶玻璃样品的阻抗随之减小。这是因为添加La_2O_3和Sm_2O_3的微晶玻璃呈现负温效应，当温度升高时，微晶玻璃内部离子的迁移能力增强，从而使得微晶玻璃导电性增强。不同温度下Cole-Cole曲线所呈现的形状一致，说明微晶玻璃样品表现出相同的介电弛豫现象。这种现象的产生和玻璃中析出的晶粒相与内部所剩余玻璃相的相界面的激活能相关。在微晶玻璃内部，晶粒相为铁电相，玻璃相为非铁电相，它们本身的介电性能存在较大的差异，当微晶玻璃样品在外加电场的作用下，由于电场的作用，微晶玻璃内部的离子发生定向移动，又由于微晶玻璃内部玻璃相和晶粒相共存，玻璃相和晶粒的界面效应使得离子在定向移动过程中，在相界面处会发生电荷的聚集，从而改变相界面的激活能，进而影响微晶玻璃的击穿性能。

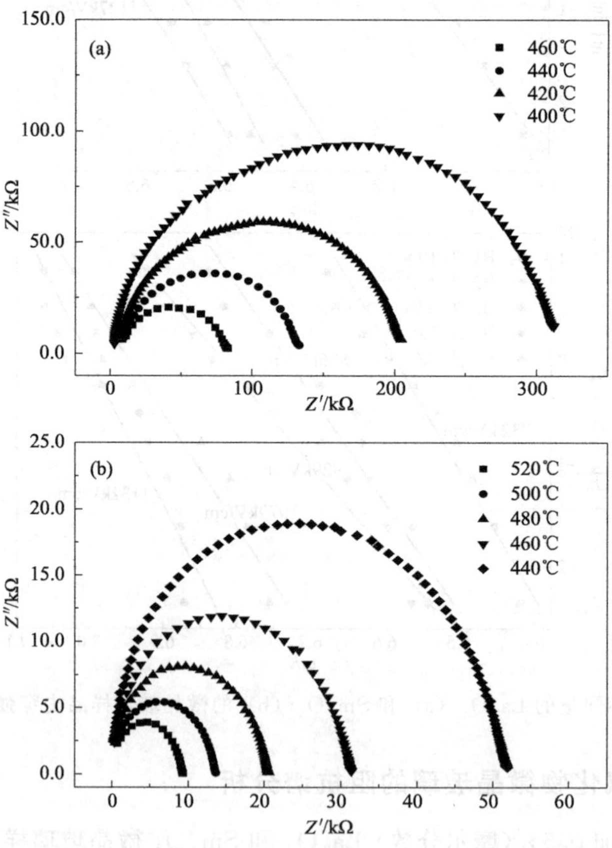

图 6-7　添加 0.5%的La_2O_3（a）和Sm_2O_3（b）的玻璃样品的阻抗谱

图 6-8 给出了不同La_2O_3和Sm_2O_3含量的微晶玻璃样品的击穿强度与微晶玻璃内部激活能的变化关系。由于Cole-Cole曲线反映了微晶玻璃样品的弛豫特征，

其中，曲线中最高点所对应的频率 f 指示出该微晶玻璃的弛豫时间 $\tau(\tau=1/f)$。对于不同的测试温度分别对应了一个弛豫时间 τ，且测试温度与弛豫时间服从阿伦尼乌斯方程[8,9]，如下式所示：

$$\ln\tau=\frac{E_a}{Kk_b}+\ln\tau_0 \tag{6-1}$$

式中，E_a 为激活能；k_b 为玻尔兹曼常数，取 1.38×10^{-23}J/K；K 为测试温度。

对于同一样品，在不同的温度下可由 Cole-Cole 图得到对应的 K 与 τ 的值，然后，将 $1/K$ 与 $\ln\tau$ 作图，经线性拟合得到直线，该拟合直线的斜率即为 E_a/k_b，从而得到激活能 E_a。如图 6-8 所示，激活能 E_a 与击穿强度随稀土氧化物的含量呈相反的变化规律。当激活能最小时，击穿强度最大。添加少量 La_2O_3 和 Sm_2O_3 的微晶玻璃，其晶粒得到细化且分布均匀，在外加电场作用下，晶粒相与玻璃相之间的界面效应降低，电荷在相界面处的堆积现象减弱。因此，添加少量（0.5～1.0%）La_2O_3 和 Sm_2O_3 的微晶玻璃样品表现出更高的击穿强度。当过量（>1.0%）添加时，微晶玻璃内部的均匀性遭到破坏，且晶粒长大，使得晶粒相与玻璃相的界面效应增强，在外加电场作用下，微晶玻璃内部的电荷移动，并在界面处大量堆积，当电荷堆积达到一定数量之后，微晶玻璃将发生击穿。

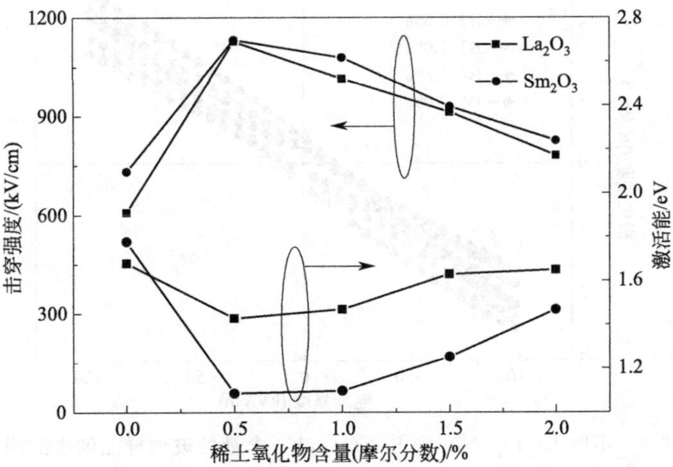

图 6-8 不同稀土氧化物含量的玻璃样品的击穿强度与激活能的关系

6.3.7 稀土氧化物含量对铁电性能的影响

从图 6-9(a) 中可以看出，未添加 La_2O_3 的玻璃样品，经过 800℃ 热处理后，其电滞回线（P-E 曲线）较添加 La_2O_3 的微晶玻璃样品更加饱满，最大极化强度也稍高一些，但都保持了较低的剩余极化强度，A1～A4 样品的剩余极化强度分别为 0.18μC/cm²，0.16μC/cm²，0.11μC/cm²，0.08μC/cm²。例如 A4 的极化曲线近似为线性。当添加 0.5%的 Sm_2O_3（B2）时，电滞回线最为饱满，其最大极化强度和剩余极化强度都最大，添加 1.0%的 Sm_2O_3 的微晶玻璃（B3）次之[图 6-9(b)]。与添加 La_2O_3 的微晶玻璃样品相似，添加 Sm_2O_3 的微晶玻璃样品也具有较低的剩余极化强度，极化曲线也可近似地看作线性关系。

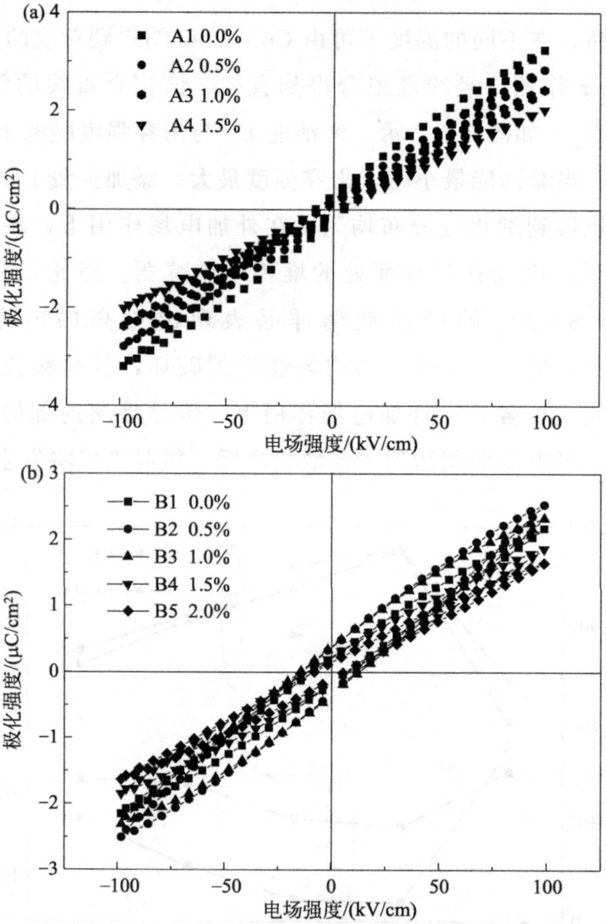

图 6-9　不同 La_2O_3（a）和 Sm_2O_3（b）含量的玻璃样品的电滞回线

通过将添加 La_2O_3 和 Sm_2O_3 的 *P-E* 曲线与其介电性能和 XRD 图谱对比发现：当添加 Sm_2O_3 量为 0.5%(B2) 时，微晶玻璃样品的介电常数达到最大值，对应的 *P-E* 曲线极化强度最大，与之相应的 XRD 图谱中也表现出最强的衍射峰，如图 6-2(b) 所示。由此可见，添加 Sm_2O_3 量为 0.5%的微晶玻璃样品中所析出的

$Sr_{0.5}Ba_{0.5}Nb_2O_6$ 晶体数量最多。同理，添加 La_2O_3 的微晶玻璃样品的介电常数、XRD与电滞回线也相互佐证。

6.3.8 稀土氧化物含量对微晶玻璃储能性能的影响

通过极化强度 P 对电场强度 E 积分，可得到在外加电场下微晶玻璃的实际储能密度，如图 6-10 所示。将充电曲线和放电曲线分别对极化强度 P 求积分，得到充电时的储能密度与放电时的储能密度。当外加电场强度越接近该微晶玻璃的击穿强度时，所得到的储能密度越接近微晶玻璃样品的最大储能密度。图 6-11 为不同 La_2O_3 和 Sm_2O_3 含量的微晶玻璃样品的充电能量密度。从图中可以看出，随着电场强度的增大，所有微晶玻璃样品的充电能量密度都随之增大，且电场强度越大时，样品的充电能量密度增大得越快。在 10～100kV/cm 的外加场强下，未添

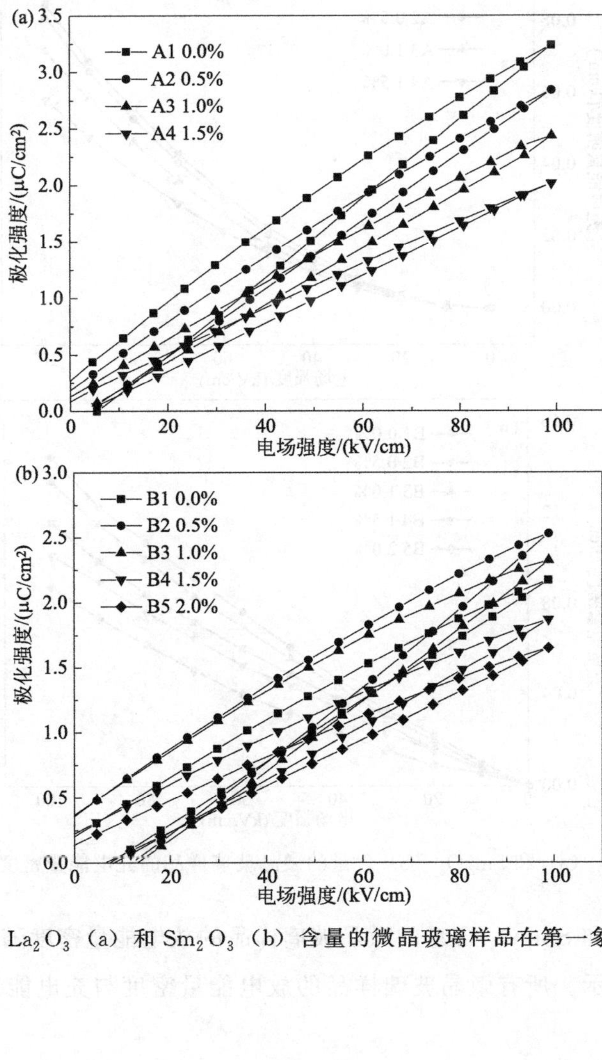

图 6-10 不同 La_2O_3（a）和 Sm_2O_3（b）含量的微晶玻璃样品在第一象限的电滞回线

加 La_2O_3 的微晶玻璃样品表现出较高的充电能量密度，100kV/cm 的电场强度下达到了 0.085J/cm³。随着 La_2O_3 含量的增多，微晶玻璃样品的充电能量密度降低。对比图 6-10(b) 与图 6-11(b) 可知，Sm_2O_3 摩尔分数为 0.5% 时，微晶玻璃在 10～100kV/cm 电场强度下的极化强度与充电能量密度最大，充电能量密度达到 0.145J/cm³。不同添加量的微晶玻璃的极化强度与充电能量密度随电场强度的变化趋势一致。同时，从图 6-11(b) 中可以看出样品 B2 和 B3 随着电场强度的增加，其充电能量密度的变化率也增大，从这个增大趋势可以推断，当外加电场强度接近其击穿强度时，样品 B2 和 B3 的充电能量密度将远大于样品 B1 的充电能量密度。同时，也说明添加 Sm_2O_3 后的微晶玻璃样品的充电能量密度得到了提高。

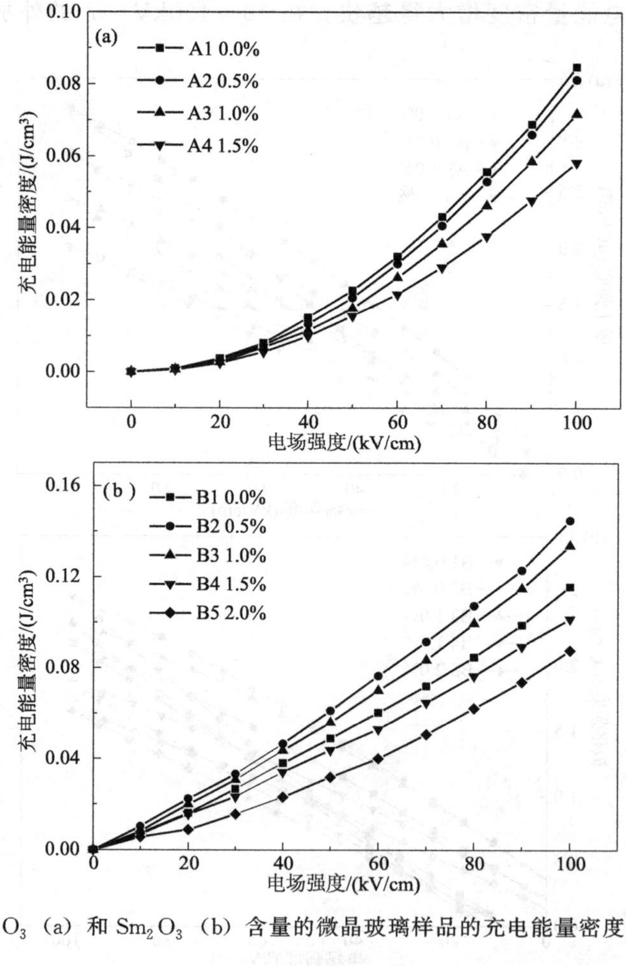

图 6-11 不同 La_2O_3 (a) 和 Sm_2O_3 (b) 含量的微晶玻璃样品的充电能量密度随外加电场的变化

不同 La_2O_3 和 Sm_2O_3 含量的微晶玻璃样品的放电能量密度随外加电场的变化情况如图 6-12 所示。所有微晶玻璃样品的放电能量密度与充电能量密度表现出类

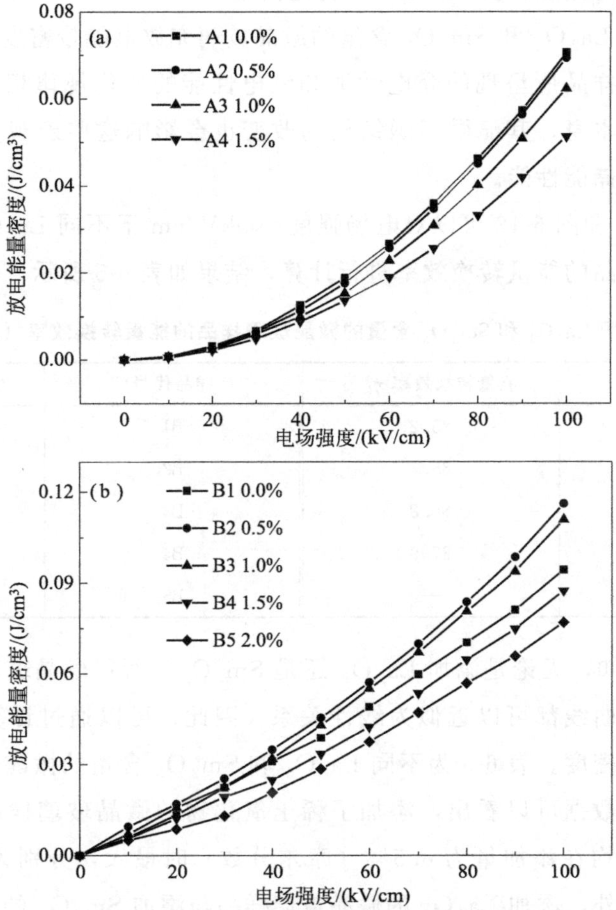

图 6-12 不同 La_2O_3 (a) 和 Sm_2O_3 (b) 含量的微晶玻璃样品的放电能量密度随外加电场的变化

似的变化规律，不同组成的微晶玻璃样品的充电能量密度均随着外加电场强度的升高而增大，且介电性能较高的微晶玻璃样品的放电能量密度较大，如样品 A1 和 B2，在 100kV/cm 电场强度下放电能量密度为 0.071J/cm^3 和 0.116J/cm^3。需要指出的是，在图 6-12(a) 中虽然未添加 La_2O_3 的微晶玻璃样品在 10～100kV/cm 的电场强度下所测得的放电能量密度高于添加 La_2O_3 的微晶玻璃样品，但是由不同 La_2O_3 含量的微晶玻璃随电场强度的变化趋势可以看出，如果电场强度进一步升高，添加 La_2O_3 的微晶玻璃样品 A2 的放电能量密度将超过 A1。这是因为随着电场强度的增加，微晶玻璃样品的介电损耗也发生了变化。添加 La_2O_3 的微晶玻璃样品的损耗降低，从而当外加电场强度达到击穿场强时，样品 A2 所表现出的实际储能密度将大于 A1。同时，通过对不同微晶玻璃样品击穿性能的分析，样品 A2 的击穿强度远高于样品 A1，因此，对样品 A1 和 A2 而言，它们同时在各自的击穿场强下所能达到的储能密度，样品 A2 将远高于 A1。

综上对不同 La_2O_3 和 Sm_2O_3 含量的微晶玻璃充放电能量密度的分析知道，其变化规律与各个样品所呈现的介电性能和铁电性能的变化规律相一致。同时，对于微晶玻璃样品本身，其显微组织结构的改变也会影响这些宏观参数，进而影响微晶玻璃材料的储能性能。

根据图 6-11 和图 6-12 可以对电场强度 100kV/cm 下不同 La_2O_3 和 Sm_2O_3 含量的微晶玻璃样品的能量转换效率进行计算，结果如表 6-5 所示。

表 6-5　不同 La_2O_3 和 Sm_2O_3 含量的微晶玻璃样品的能量转换效率（100kV/cm）

样品代号	能量转换效率 η/%	样品代号	能量转换效率 η/%
A1	83.2	B1	81.5
A2	85.3	B2	80.2
A3	86.8	B3	82.9
A4	87.9	B4	86.0
—	—	B5	87.7

由图 6-9 可知，无论是添加 La_2O_3 还是 Sm_2O_3，所得微晶玻璃的剩余极化强度都很低，极化曲线都可以近似为线性关系。因此，可以通过计算获得微晶玻璃样品的理论储能密度。表 6-6 为不同 La_2O_3 和 Sm_2O_3 含量的微晶玻璃的理论储能密度。根据表中数据可以看出，添加了稀土氧化物的微晶玻璃样品，储能密度有较大的提高，且均在添加量为 0.5%（摩尔分数）时最大，分别为 7.10 J/cm^3 和 8.15 J/cm^3，此外，添加 La_2O_3 的微晶玻璃样品与添加 Sm_2O_3 的微晶玻璃样品相比较，在添加量相同的情况下，后者储能密度更高一些，这与添加 Sm_2O_3 的微晶玻璃样品的击穿强度更高有关。根据储能密度的计算公式可知，储能密度与击穿强度成二次方的关系，所以提高击穿强度更能够增加微晶玻璃样品的储能密度。对于储能微晶玻璃而言，在保持介电常数稳定的前提下，如何提高其击穿强度成为目前研究的重点与热点，也是获得高储能密度微晶玻璃的关键。

表 6-6　不同 La_2O_3 和 Sm_2O_3 含量微晶玻璃样品的理论储能密度

样品代号	储能密度/(J/cm^3)	样品代号	储能密度/(J/cm^3)
A1	2.63	B1	3.09
A2	7.10	B2	8.15
A3	5.37	B3	6.78
A4	3.90	B4	4.58
		B5	3.10

参考文献

[1] Shash N M, Ahmed I S. Structure and electrical properties of ZnO doped barium metaphosphate glasses [J]. Materials Chemistry and Physics, 2013, 137 (3): 734-741.

[2] Tang L J, Wang W, Shen B, et al. Crystallization studies and properties of strontium barium niobate based glass-ceramics for energy storage material [J]. Journal of Electronic Materials, 2015, 44 (1): 227-234.

[3] Xue S X, Liu S H, Zhang W Q, et al. Improved discharged property for (BaO, Na_2O) -Nb_2O_5-SiO_2 glass-ceramics by La_2O_3 addition [J]. Ceramics International, 2015, 41: S441-S446.

[4] Chayapiwut N, Honma T, Benino Y, et al. Synthesis of Sm^{3+} doped strontium barium niobate crystals in glass by samarium atom heat processing [J]. Journal of Solid State Chemistry, 2005, 178 (11): 3507-3513.

[5] Yoshikawa A, Itagaki H, Fukuda T, et al. Synthesis, crystal growth and second harmonic generation properties of trivalent rare-earth-doped non-linear tungsten-bronze-type structure $Ba_2Na(1-3x)RE_xNb_5O_{15}$ (RE=Sc, Y, La, Gd, Yb and Lu) [J]. Journal of Crystal Growth, 2003, 247 (s1-2): 148-156.

[6] Shannon R D, Prewit C T. Effective ionic radii in oxides and fluorides [J]. Acta Crystallographica Section B, 1969, 25 (5): 925-946.

[7] Shannon R D. Dielectric polarizabilities of ions in oxides and fluorides [J]. Journal of Applied Physics, 1993, 73 (1): 348-366.

[8] Irvine J T S, Sinclair D C, West A R. Electroceramics: characterization by impedance spectroscopy [J]. Advanced Materials, 1990, 2 (3): 132-138.

[9] Huang J J, Zhang Y, Ma T, et al. Correlation between dielectric breakdown strength and interface polarization in barium strontium titanate glass ceramics [J]. Applied Physics Letters, 2010, 96 (4): 042902.

第7章 $SrO-BaO-Nb_2O_5-B_2O_3-P_2O_5$ 微晶玻璃的制备和性能

7.1 引言

前已述及，在玻璃中添加晶核剂（如 CeO_2、La_2O_3 和 Sm_2O_3）可促进玻璃的析晶，改善微晶玻璃的显微结构，提高介电常数和击穿强度[1~3]。Lahcen Bih[4]等把 P_2O_5 添加到 $Na_2O-BaO-Nb_2O_5-WO_3-P_2O_5$ 磷酸盐微晶玻璃中，并研究了材料的储能性能，发现该微晶玻璃具有较高的极化强度，介电常数可以达到 160～580。因此，本章在 $SrO-BaO-Nb_2O_5-B_2O_3$ 体系微晶玻璃基础上添加 P_2O_5，系统研究 P_2O_5 对微晶玻璃的介电性能、微观结构和储能性能的影响。

7.2 微晶玻璃的制备

以 $SrCO_3$、$BaCO_3$、H_3BO_3、Nb_2O_5 和 $(NH_4)H_2PO_4$ 为原料，玻璃的组成式为 $14.4SrO-17.6BaO-32Nb_2O_5-(36-x)B_2O_3-xP_2O_5$，具体组成如表 7-1 所示。将混合好的物料放入刚玉坩埚中，在 1300℃下熔融保温 30min 后迅速浇注在预热的铜模具上成型，然后将玻璃在 550℃退火 10h 以消除残余应力，退火玻璃切成 1cm×1cm 规格的样品，然后在不同的热处理温度下保温 3h 进行可控析晶，制备出微晶玻璃。

表 7-1　不同 P_2O_5 含量的基础玻璃的组成　单位：摩尔分数/%

样品代号	SrO	BaO	Nb_2O_5	B_2O_3	P_2O_5
P1	14.4	17.6	32	36	0
P2	14.4	17.6	32	33	3
P3	14.4	17.6	32	31	5
P4	14.4	17.6	32	26	10

7.3　P_2O_5 对微晶玻璃相组成及显微结构的影响

7.3.1　P_2O_5 对微晶玻璃相组成的影响

图 7-1 为不同 P_2O_5 含量的玻璃经过 850℃下保温 180min 的热处理后所得微晶玻璃的 X 射线衍射图。从图中可以看出，含有 P_2O_5 的微晶玻璃与未添加 P_2O_5 的微晶玻璃析出相同的 $Sr_{0.5}Ba_{0.5}Nb_2O_6$ 相，且为微晶玻璃的主晶相。未添加 P_2O_5 的微晶玻璃析出了单一晶相，如图 7-1 中 P1 所示。当引入 P_2O_5 后有第二相 $Ba_2P_6O_{17}$ 产生，且随着 P_2O_5 含量增多，第二相的衍射峰强度逐渐增强，如图 7-1 中 P2～P4 所示。由图 7-1 可以看出，随着 P_2O_5 含量的增加，主晶相 $Sr_{0.5}Ba_{0.5}Nb_2O_6$ 的衍射峰强度逐渐降低，这是因为 P_2O_5 的加入析出了第二相，从而抑制了主晶相 $Sr_{0.5}Ba_{0.5}Nb_2O_6$ 的析出；第二相的含量随着 P_2O_5 含量的增加而增多，使得第二相对 $Sr_{0.5}Ba_{0.5}Nb_2O_6$ 析出的抑制作用更加明显，从而导致主晶相的衍射峰强度降低。

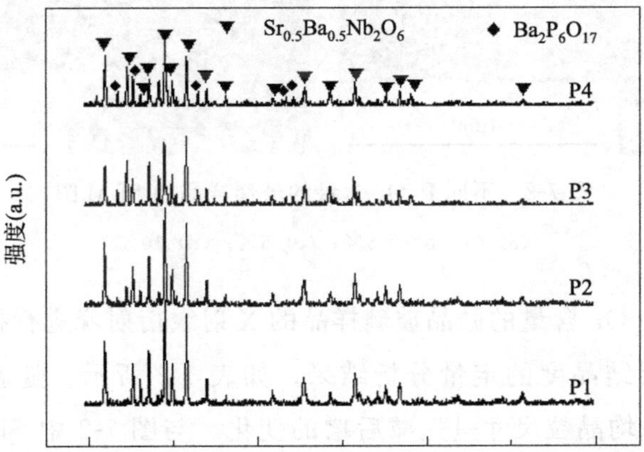

图 7-1　不同 P_2O_5 含量的微晶玻璃样品在 850℃热处理下的 XRD 图谱

7.3.2 P_2O_5 对微晶玻璃显微结构的影响

图 7-2 为不同 P_2O_5 含量微晶玻璃样品的 SEM 图。不含 P_2O_5 的微晶玻璃样品的晶粒尺寸较大，且存在较多的气孔，如图 7-2(a) 所示。加入 P_2O_5 的微晶玻璃致密度明显提高，见图 7-2(b)，此时晶粒尺寸仍然较大。当 P_2O_5 含量继续增加到 5%时[图 7-2(c)]，微晶玻璃的致密度明显增加，晶粒明显细化且分布均匀，呈现出比较理想的微观形貌。当 P_2O_5 含量增加到 10%时，如图 7-2(d) 所示，微晶玻璃的致密微观形貌遭到破坏，晶粒出现异常长大，尺寸分布极不均匀。

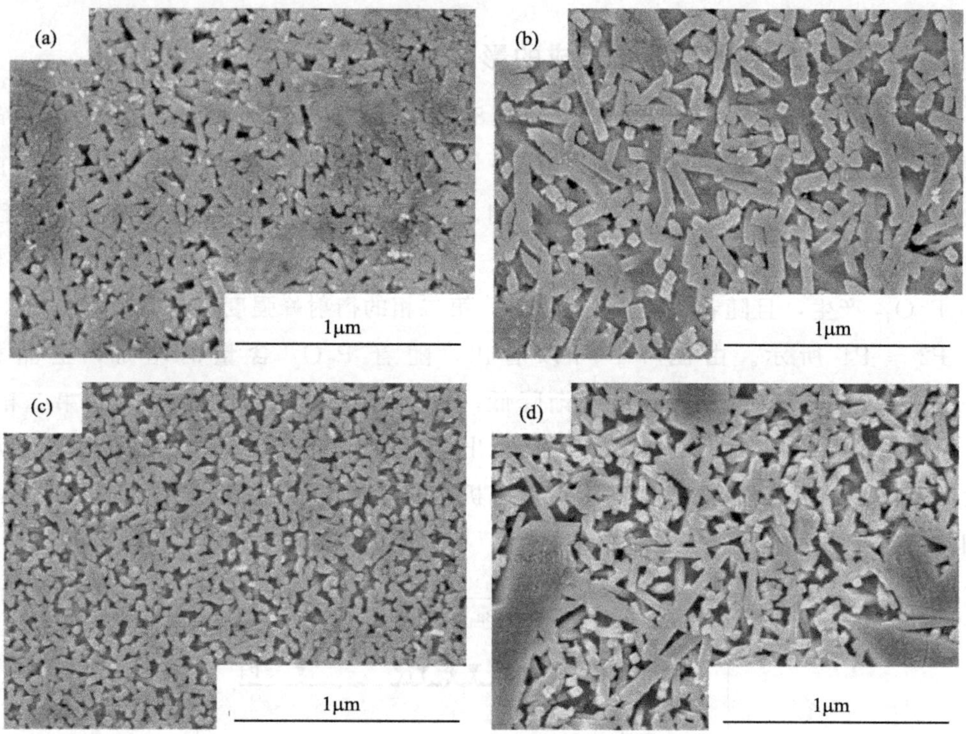

图 7-2 不同 P_2O_5 含量的玻璃样品的 SEM 图

(a) 0；(b) 0.5%；(c) 5%；(d) 10%

通过对不同 P_2O_5 含量的微晶玻璃样品的 X 射线衍射峰进行拟合，得到了微晶玻璃的晶粒尺寸及结晶度的定量分析结果，如表 7-2 所示。随着 P_2O_5 含量的增加，微晶玻璃的平均晶粒尺寸呈先减后增的变化。与图 7-2 中 SEM 图所示的微观组织形貌相一致。当 P_2O_5 含量为 5%时，微晶玻璃样品达到纳米晶，其平均晶粒尺寸为 72nm。P1～P4 样品的结晶度先降低后增加，说明当 P_2O_5 含量较低（≤5%）时，主晶相 $Sr_{0.5}Ba_{0.5}Nb_2O_6$ 的析出遭到抑制，且此时第二相的生长并不明显，因此微晶玻璃样品的结晶度降低；当 P_2O_5 含量达到10%时，第二相的析出得到增强，从而微晶玻璃样品的结晶度提高。

表 7-2　不同 P_2O_5 含量的微晶玻璃的结晶度和晶粒尺寸

样品代号	平均晶粒尺寸/nm	结晶度/%	第二相含量/%
P1	203.3	90.38	0.00
P2	197.8	87.63	2.16
P3	72.1	83.46	3.28
P4	179.5	84.24	7.72

7.4　P_2O_5 对微晶玻璃电性能的影响

7.4.1　P_2O_5 对微晶玻璃介电性能的影响

图 7-3 为不同热处理温度下微晶玻璃样品的介电常数和介电损耗随 P_2O_5 含量的变化。对于不同的热处理温度，总体上介电常数随 P_2O_5 含量的增多而降低，且受温度的影响较大。当热处理温度较低时（如 800℃），介电常数随 P_2O_5 含量增多，下降的趋势较大。较低温度热处理有利于第二相的析出；当温度较高时，析出主晶相的能力更强，第二相析出受阻。不同热处理温度下得到的不同 P_2O_5 含量的微晶玻璃样品都具有较低的介电损耗，所有样品的介电损耗均低于 0.015。

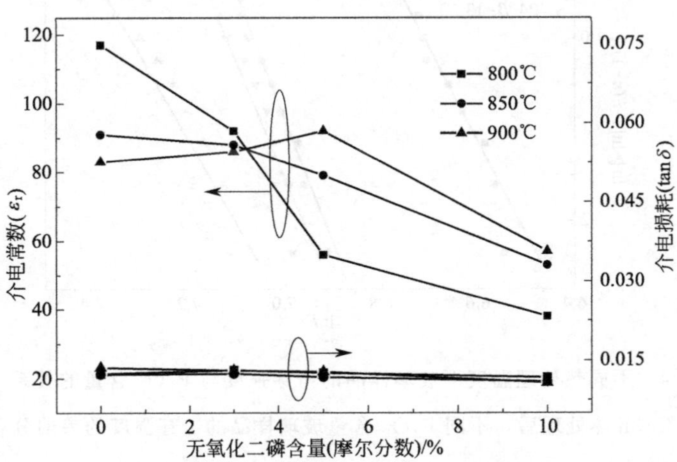

图 7-3　不同热处理温度下玻璃样品的介电性能随 P_2O_5 含量的变化

7.4.2　P_2O_5 对微晶玻璃击穿性能的影响

图 7-4(a) 为不同热处理温度下微晶玻璃的击穿强度随 P_2O_5 的变化。由图可

知，随 P_2O_5 含量的增加，击穿强度大致呈先增后降的变化趋势，这与 P_2O_5 的加入改善了微晶玻璃内部结构有关。热处理温度为 850℃时，样品的击穿强度随 P_2O_5 含量的变化最为明显，且当 P_2O_5 含量为 5%（摩尔分数）时，击穿强度达到最高 1650kV/cm，这归因于微晶玻璃样品致密均匀的微观结构和纳米晶粒尺寸［见图 7-2(c)］。图 7-4(b) 为 850℃/3h 热处理后，不同 P_2O_5 含量微晶玻璃击穿强度的韦伯分布图，拟合直线的斜率均远大于 1，因此微晶玻璃样品的击穿强度数据是可靠的。

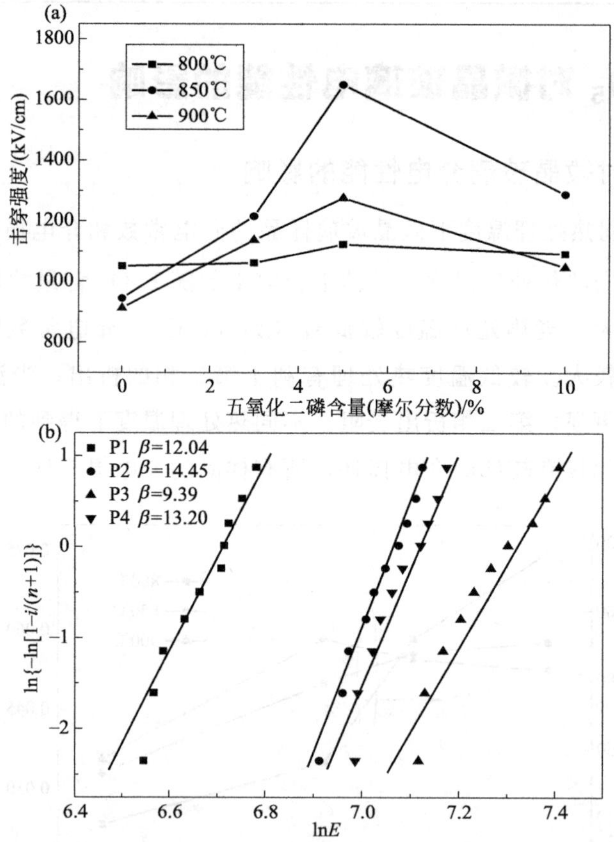

图 7-4　不同热处理温度下玻璃样品的击穿强度与 P_2O_5 含量的关系 (a) 和 850℃/3h 热处理后，不同 P_2O_5 含量玻璃样品的击穿强度的韦伯分布 (b)

7.4.3　微晶玻璃的阻抗谱分析

图 7-5(a) 为典型的 P_2O_5 摩尔分数为 5%的微晶玻璃样品在 400～460℃的 Cole-Cole 曲线，测试频率为 40Hz～1MHz。由图 7-5（a）可以看出，不同测试温

度下的 Cole-Cole 曲线都呈现出类似半圆的弧状，这说明在不同的温度下微晶玻璃具有相似的介电弛豫特征。如图所示，随着温度的升高，所成半圆的直径逐渐减小，说明随着温度上升微晶玻璃样品的阻抗随之减小。图 7-5(b) 为微晶玻璃样品的击穿强度 BDS 和激活能 E_a 随 P_2O_5 含量的变化。由不同 P_2O_5 含量微晶玻璃的阻抗谱可得到所对应的界面激活能，界面激活能越小，说明微晶玻璃内部相界面的分布越均匀，电荷在定向迁移的过程中发生堆积的可能性就越低[5,6]。从图 7-5(b) 可以看出，击穿强度与激活能随 P_2O_5 含量呈相反的变化规律。因此，当界面激活能越低时，微晶玻璃的击穿强度越高。

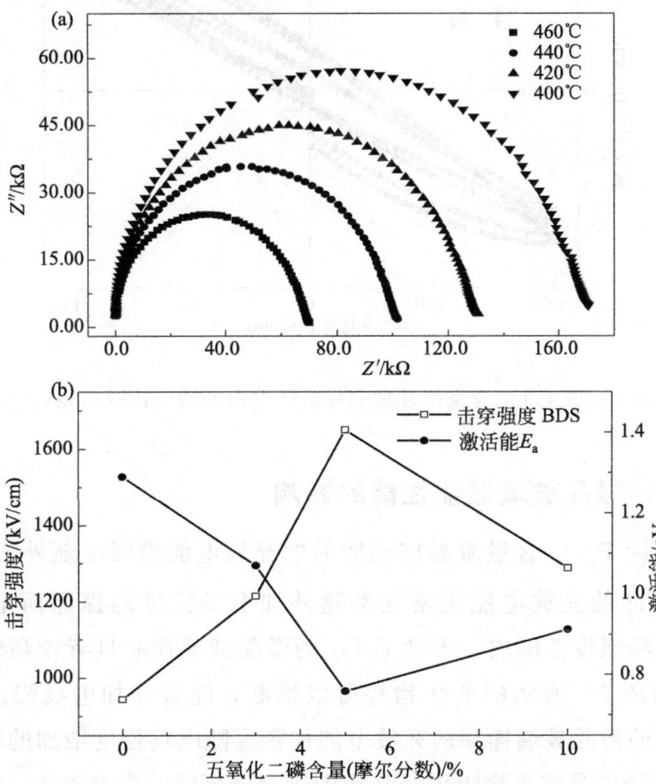

图 7-5　5%P_2O_5（摩尔分数）微晶玻璃样品的阻抗图 (a) 和样品的击穿强度 BDS 和激活能 E_a 随 P_2O_5 含量的变化 (b)

7.4.4　P_2O_5 对微晶玻璃铁电性能的影响

图 7-6 为不同 P_2O_5 含量微晶玻璃样品的 P-E 曲线。所有玻璃样品均在 850℃/3h 的条件下热处理，微晶玻璃待测样品均在 10～100kV/cm 的外加电场强度下进行测试。由于微晶玻璃中有铁电相 $Sr_{0.5}Ba_{0.5}Nb_2O_6$ 存在，不同 P_2O_5 含量

微晶玻璃样品的 P-E 曲线均表现出明显的铁电性，极化强度随着 P_2O_5 含量增多而逐渐减小，表现出的铁电性逐渐减弱，剩余极化强度也逐渐减小，由 P1 的 0.43μC/cm^2 减小到 P4 的 0.21μC/cm^2。P-E 曲线中所表现出的极化降低的特征与图 7-3 中介电常数的变化规律是一致的。由于铁电相的减少，微晶玻璃的极化降低，从而使得介电常数下降，P-E 曲线由开始的饱满状向近似线性变化。

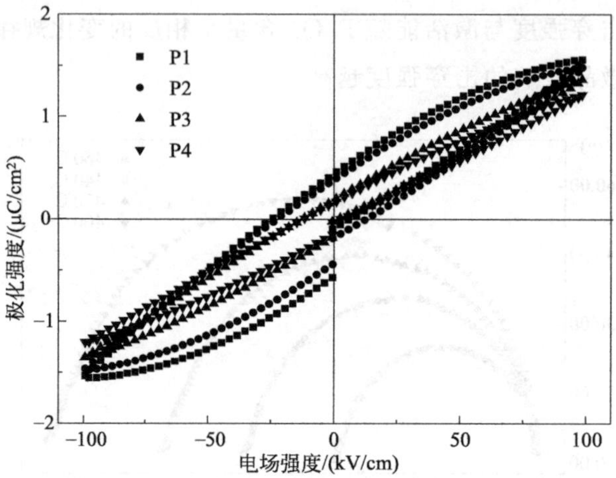

图 7-6　不同 P_2O_5 含量微晶玻璃样品的电滞回线（10～100kV/cm）

7.4.5　P_2O_5 对微晶玻璃储能性能的影响

图 7-7 为不同 P_2O_5 含量微晶玻璃样品的充放电能量密度随外加电场的变化。所有微晶玻璃样品的充放电能量密度都随外加电场强度的提高而增大。在 10～100kV/cm 的电场强度范围内，不含 P_2O_5 的微晶玻璃样品具有较高的充放电能量密度，但是，由图 7-7 所示的变化趋势可以推断，随着外加电场强度的进一步提高，不含 P_2O_5 的微晶玻璃样品的充放电能量密度随电场强度增加的增长幅度将较小，当外加电场强度足够高接近微晶玻璃的击穿强度时，含有 P_2O_5 的微晶玻璃样品的充放电能量密度必将高于不含 P_2O_5 的微晶玻璃样品。在电场强度为 100kV/cm 下，P1～P4 的能量转换效率分别为 81.0%，78.7%，82.9%和 85.1%。不同 P_2O_5 含量微晶玻璃样品 P1～P4 的理论储能密度分别为 5.11J/cm^3，5.75J/cm^3，9.1J/cm^3 和 3.89J/cm^3。因此，P3 的储能密度最高。表 7-3 列出了不同 P_2O_5 含量微晶玻璃样品在电场强度为 100kV/cm 的充放电能量密度，以及所对应微晶玻璃样品的能量转换效率。

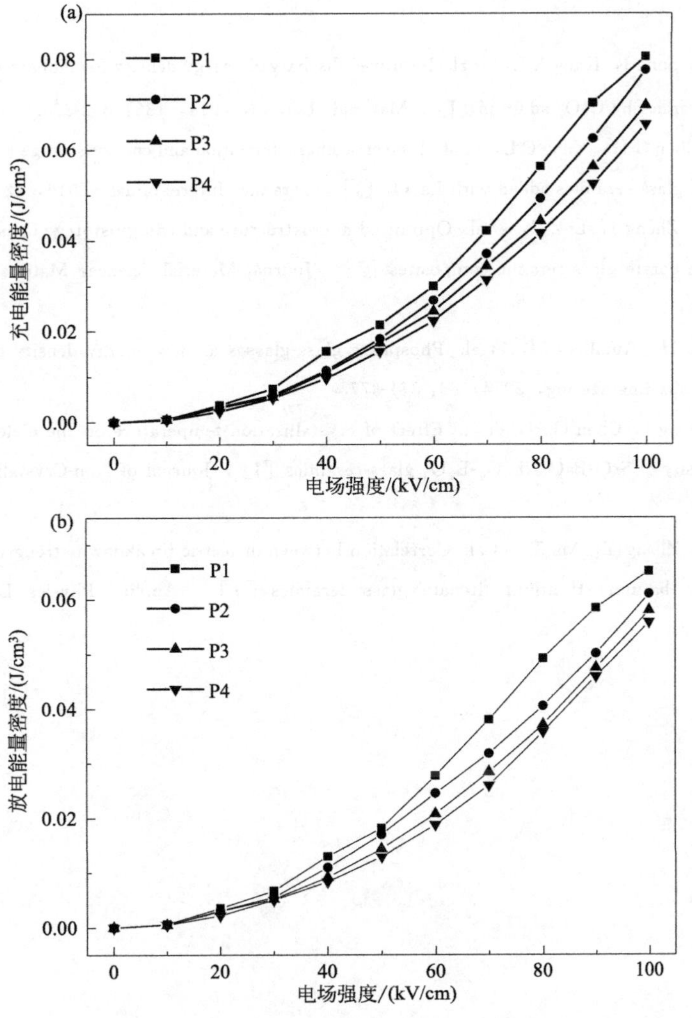

图 7-7　不同 P_2O_5 含量的玻璃样品的充放电能量密度随外加电场的变化

表 7-3　不同 P_2O_5 含量的微晶玻璃样品的充放电能量密度及转换效率（100kV/cm）

样品代号	充电能量密度/(J/cm^3)	放电能量密度/(J/cm^3)	能量转换效率/%
P1	0.0805	0.0652	81.0
P2	0.0775	0.0610	78.7
P3	0.0698	0.0579	82.9
P4	0.0656	0.0558	85.1

参考文献

[1] Chen G H, Song J, Kang X L, et al. Improved discharged energy density for niobate-based B_2O_3 system glass - ceramics by CeO_2 addition [J]. Materials Letters, 2014, 136: 302-305.

[2] Zheng J, Chen G H, Yuan C L, et al. Dielectric characterization and energy-storage performance of lead-free niobite glass-ceramics added with La_2O_3 [J]. Ceramics International, 2016, 42 (1): 1827-1832.

[3] Chen G H, Zheng J, Li Z C, et al. Optimized microstructure and energy-storage density of Sm_2O_3-added lead-free borate glass-ceramic composites [J]. Journal Material Science: Material Electron, 2016, 27: 8499-8503.

[4] Bih L, Bih H, Amalhay M, et al. Phosphate glass-glasses as new energy density dielectric materials [J]. Procedia Engineering, 2014, 83: 371-377.

[5] Yang Y, Song J, Chen G H, et al. Effect of crystallization temperature on the dielectric property and energy density of SrO-BaO-Nb_2O_6-B_2O_3 glass-ceramics [J]. Journal of Non-Crystalline Solids, 2015, 410: 96-99.

[6] Huang J J, Zhang Y, Ma T, et al. Correlation between dielectric breakdown strength and interface polarization in barium strontium titanate glass ceramics [J]. Applied Physics Letters, 2010, 96 (4): 042902.

第 8 章　单离子掺杂的 BNT-BT 陶瓷结构、铁电和储能性能

8.1　引言

在对 BNT 陶瓷储能性能的改性上，常常引入第二组元，形成二元固溶体，这些组元的加入降低了 BNT 的剩余极化和矫顽场，提高了 BNT 陶瓷的储能性能。除了引入第二组元外，还可以通过对 BNT 基固溶体进行离子掺杂来改善其电学性能，通过掺杂离子价态的不同或离子半径的不同，使原有的体系产生缺陷或晶格发生畸变来调节其性能。

为降低 BNT 基陶瓷较高的剩余极化和矫顽场，提高其最大极化和击穿场强，对 0.93（$Na_{0.05}Bi_{0.05}$）TiO_3-0.07$BaTiO_3$（BNT-BT）二元体系陶瓷进行离子掺杂改性，制备出储能性能优异的 BNT 基无铅储能陶瓷。离子半径较大的 Zr^{4+} 取代部分离子半径较小的 Ti^{4+} 时，促使 Zr^{4+} 周围的 Ti^{4+}、O^{2-} 紧密结合，提高了晶格中对 O^{2-} 的束缚能，不易形成氧空位，最终提高了陶瓷的击穿场强[1]。此外 La^{3+} 掺杂能抑制 BNT-BT 晶粒生长，提高 BNT-BT 陶瓷的致密度，同时在一定的掺杂浓度下提高 BNT-BT 陶瓷的介电常数，降低介电损耗，且能有效地降低 BNT-BT 基陶瓷的剩余极化和矫顽场[2,3]。因此，选择的掺杂元素为 La、Zr、同为镧族元素的 Sm，以及与 Zr 价态、半径相似的 Hf。同时，研究掺杂方式和计量比对 BNT-BT 陶瓷微观结构和电学性能的影响。

8.2 储能陶瓷的制备

采用传统固相烧结法制备 BNT 基无铅储能陶瓷的具体工艺流程如图 8-1 所示。

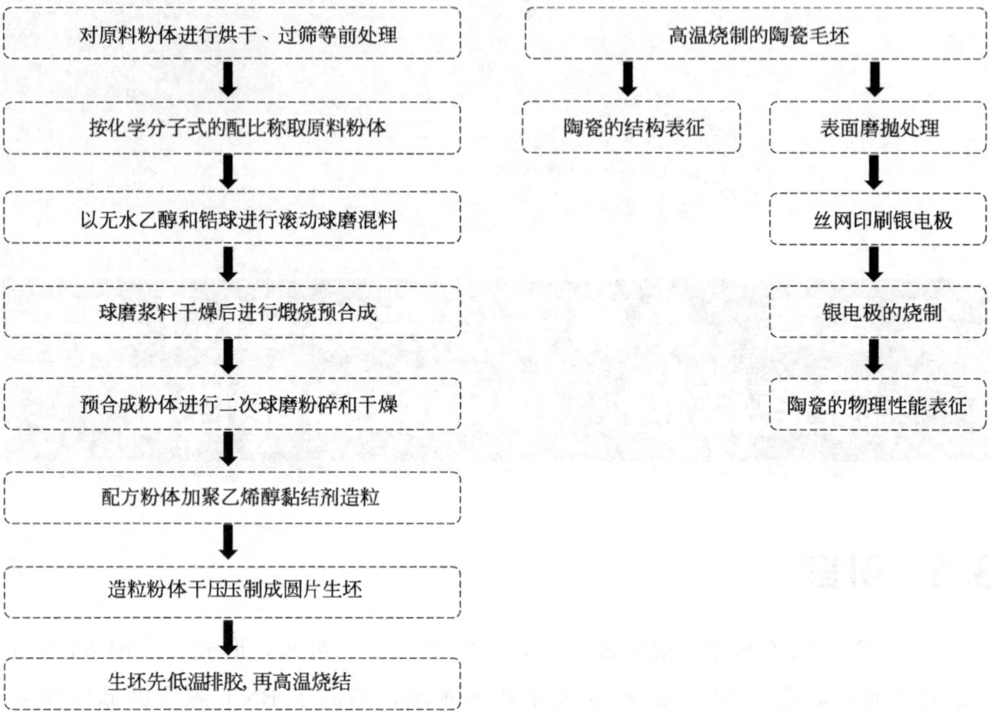

图 8-1 BNT 基陶瓷制备工艺和表征流程图

① 根据化学分子式，用 Excel 软件设计原料称量程序，粉体的总质量设计为 20～50g，获得各个原料需要称取的质量。

② 将配方中所需足量的原料放入烘箱中，在 100℃烘烤 24h 以上，彻底排除水分带来的称量误差。用去污粉和纯水清洗聚氨酯球磨罐和氧化锆球。

③ 用精度是 0.1mg 的电子天平称量各种粉体原料，倒入球磨罐中。为了球磨充分，先称取质量多的原料加到球磨罐内，再称取质量偏少的原料。

④ 向球磨罐内加入无水乙醇，控制锆球、原料和无水乙醇的比例。

⑤ 将球磨罐安放在滚动球磨机上球磨 12～24h，转速为 250～300r/min。

⑥ 球磨浆料通过滤网分离浆料，放入烘箱在 70℃下烘干，烘干的粉体原料放入箱式电阻炉内煅烧预合成，煅烧温度与保温时间根据不同体系进行相应调整。

⑦ 预烧后的原料放入球磨罐内进行第二次球磨，参考第一次的球磨参数。

⑧ 以质量分数为 5%～10%的聚乙烯醇水溶液作为黏结剂，滴入黏结剂，与第

二次球磨浆料烘干后的粉体进行混合，机械破碎后用 80～100 目的不锈钢筛网过筛获得造粒粉体。

⑨ 造粒粉体称取 0.4～0.6g 放入不锈钢模具内进行干压成型，获得直径为 10mm，厚度约为 1mm 的圆片状陶瓷生坯。

⑩ 将生坯放置在喷涂氧化锆涂层的氧化铝承烧板上，为了避免坯体中易挥发组分的分解，可以同时放入相同组分的粉体，以及倒扣氧化铝坩埚避免气氛外逸。根据组分及含量的不同，调整烧结的最高温度及保温时长。

⑪ 烧结后的陶瓷样品可以进行微观结构的测试，或者进行表面磨抛及热腐蚀（或化学腐蚀）后，进行微观结构的测试。

⑫ 为了测试高电场时的电学性能，将陶瓷样品减薄处理，厚度约为 0.1～0.3mm，减薄的样品也可以进行退火处理。

⑬ 减薄的陶瓷样品双面采用丝网印刷制备成直径为 3～8mm 的银浆电极。

⑭ 500～650℃进行银电极的烧制，获得附着力强、导电性好的测试电极。

⑮ 带电极的陶瓷样品可以进行铁电、介电、阻抗等物理性能的表征。

单离子掺杂的实验原料有 Na_2CO_3、Bi_2O_3、$BaCO_3$、TiO_2、La_2O_3、Sm_2O_3、ZrO_2、HfO_2、$La(NO_3)_3$ 和 $Sm(NO_3)_3$。La^{3+}、Sm^{3+}、Zr^{4+}、Hf^{4+} 单离子分别对 BNT-BT 进行掺杂的组成如表 8-1 所示。

表 8-1　单离子掺杂实验配方的组成

配方公式	组成(x,y)
$[(Na_{0.05}Bi_{0.05})_{0.93}Ba_{0.07}]_{1-x}La_xTiO_3$ (BNBLT)	0,0.01,0.02,0.03,0.04,0.05
$[(Na_{0.05}Bi_{0.05})_{0.93}Ba_{0.07}]Ti_{1-x}Zr_xO_3$ (BNBTZ)	0.01,0.02,0.03,0.04
$[(Na_{0.05}Bi_{0.05})_{0.93}Ba_{0.07}]_{1-x}La_xTi_{1-y}Zr_yO_3$ (BNBLTZ)	x=0.01、0.02、0.03、0.04 y=0.01、0.02、0.03、0.04
$[(Na_{0.05}Bi_{0.05})_{0.93}Ba_{0.07}]_{1-x}Sm_xTiO_3$ (BNBST)	0.01,0.02,0.03,0.04
$[(Na_{0.05}Bi_{0.05})_{0.93}Ba_{0.07}]Ti_{1-x}Hf_xO_3$ (BNBTH)	0,0.01,0.02,0.03,0.04
$[(Na_{0.05}Bi_{0.05})_{0.93}Ba_{0.07}]_{1-x}Sm_xTi_{1-y}Hf_yO_3$ (BNBSTH)	x=0.02,0.03;y=0.03,0.04

8.3 La、Zr掺杂对BNT-BT陶瓷结构和性能的影响

8.3.1 La、Zr掺杂对BNT-BT陶瓷相组成的影响

图 8-2、图 8-3 和图 8-4 分别为 BNBLT、BNBTZ 和 BNBLTZ 陶瓷的 XRD 谱。从这三个 XRD 谱中可以看出，对 BNT-BT 陶瓷 A 位 La 掺杂，B 位 Zr 掺杂以及 A、B 位 La、Zr 共掺所得的样品，均为纯的钙钛矿结构，没有第二相出现。表明所有掺杂离子均反应进入 BNTBT 基体中，形成稳定的固溶体。从图 8-2(b) BNBLT 陶瓷在 46°～47°的 XRD 谱可以看出，BNBLT 陶瓷的（200）特征峰随着 La 含量的增加逐渐向高角度偏移，这是由于离子半径较小的 La^{3+}（1.06Å）取代了 BNBLT 陶瓷 A 位离子半径较大的 Na^{+}（1.39Å）和 Bi^{3+}（1.36Å），晶格畸变导致 BNT-BT 陶瓷的晶格参数变小，使（200）特征峰向高角度偏移。从图 8-3(b) 可以看出，BNBTZ 陶瓷的（200）特征峰随 Zr 含量的增加而逐渐向低角度偏移，这是由于离子半径较大的 Zr^{4+}（0.72Å）取代了 BNBTZ 陶瓷 B 位离子半径较小的 Ti^{4+}（0.61Å），导致晶格膨胀，从而（200）特征峰往低角度偏移。从图 8-4 中（b）和（d）可以看出 BNBLTZ 陶瓷的（200）特征峰具有与 BNBLT 和 BNBTZ 陶瓷相似的规律，即其（200）特征峰随 La 含量的增加逐渐向高角度偏移，随 Zr 含量的增加逐渐向低角度偏移，这表明在 BNBLTZ 陶瓷中，掺杂元素 La、Zr 分别进入 BNT-BT 陶瓷的 A 位和 B 位，独立影响 BNT-BT 陶瓷的物相组成和晶体结构，这也给 BNT-BT 同时具有 A 位 La、B 位 Zr 掺杂特性提供有力证据。

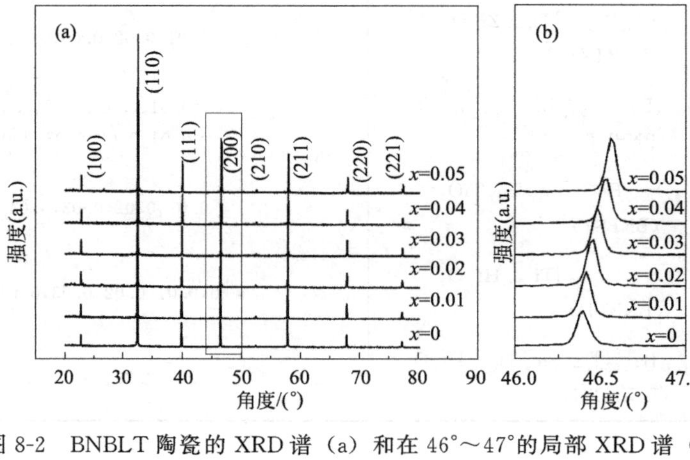

图 8-2　BNBLT 陶瓷的 XRD 谱（a）和在 46°～47°的局部 XRD 谱（b）

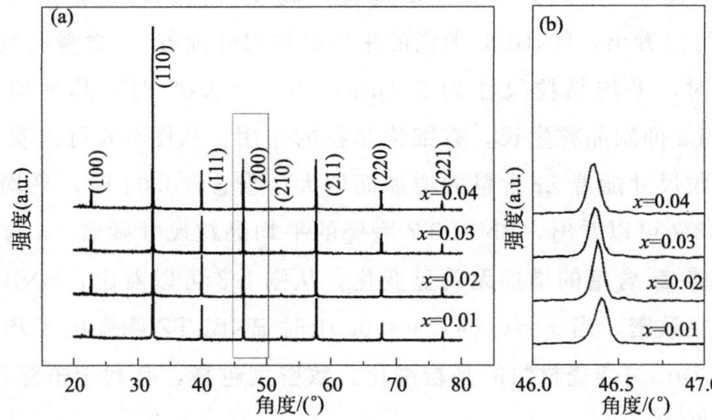

图 8-3　BNBTZ 陶瓷的 XRD 谱（a）和在 46°～47°的局部 XRD 谱（b）

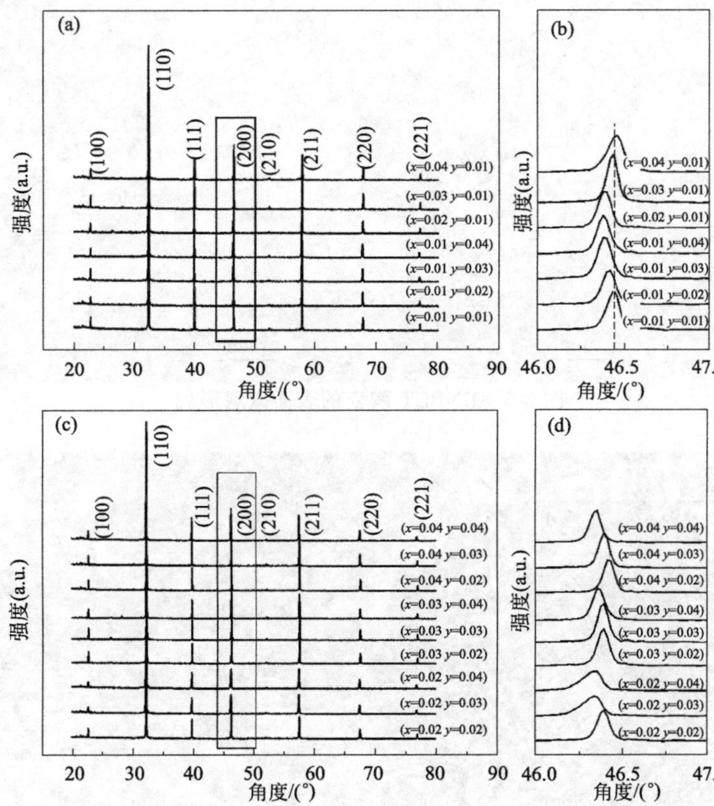

图 8-4　BNBLTZ 陶瓷的 XRD 谱（a）、（c）和在 46°～47°的局部 XRD 谱（b）、（d）

8.3.2　La、Zr 掺杂对 BNT-BT 陶瓷显微结构的影响

图 8-5、图 8-6 和图 8-7 分别为 BNBLT、BNBTZ 和 BNBLTZ 陶瓷的表面微观

形貌。图 8-8 为图 8-7 中部分成分比的陶瓷用场发射扫描电镜拍摄的表面微观形貌。从图 8-5 可以看出，BNBLT 陶瓷的平均晶粒尺寸随着 La 含量的增加而逐渐减小。当 $x=0$ 时，平均晶粒尺寸为 2.1μm，当 $x=0.05$ 时，其平均晶粒尺寸为 1.1μm，说明 La 抑制晶粒生长，有细化晶粒的作用。从图 8-6 可以看出，BNBTZ 陶瓷的平均晶粒尺寸随着 Zr 含量的增加而增大，当 $x=0.04$ 时，平均晶粒尺寸为 6.7μm。从图 8-7 可以看出，BNBLTZ 陶瓷的平均晶粒尺寸随着 La 含量的增加而逐渐减小，随着 Zr 含量的增加无明显变化。从图 8-8 可以看出，BNBLTZ 陶瓷的晶粒分布均匀且致密，当 $x=0.04$，$y=0.01$ 时 BNBLTZ 陶瓷的平均晶粒尺寸最小，其值为 0.7μm。陶瓷材料的晶粒细化，致密度越高，有利于击穿场强的提高，储能性能也越好[4,5]。

图 8-5 BNBLT 陶瓷的表面微观形貌

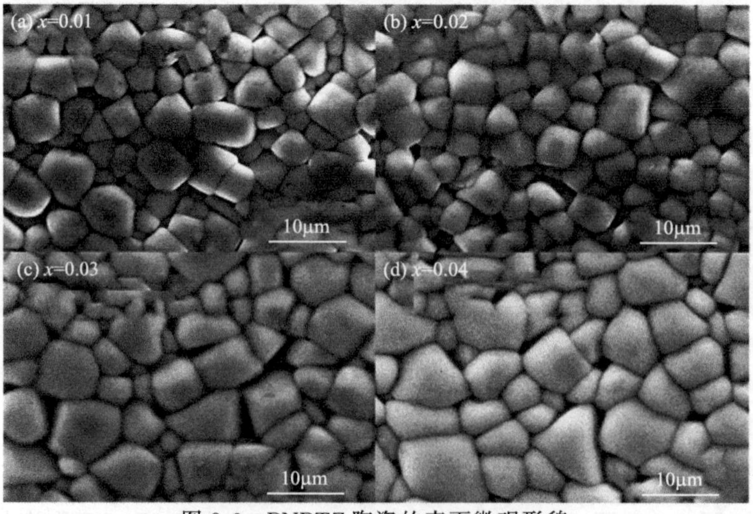

图 8-6 BNBTZ 陶瓷的表面微观形貌

图 8-7　BNBLTZ 陶瓷的表面微观形貌

图 8-8　BNBLTZ 陶瓷部分样品的表面微观形貌

8.3.3　La、 Zr 掺杂对 BNT-BT 陶瓷铁电性能的影响

图 8-9 为 BNBLT、BNBTZ 陶瓷在 70kV/cm 场强下测的电滞回线。图 8-10 为 BNBLTZ 陶瓷在 80kV/cm 场强下测的电滞回线。这些收缩成束腰状的电滞回线表

明，La、Zr 的掺入打乱了 BNT-BT 长程有序的铁电排序，由极性铁电畴逐渐转向反铁电微畴，使得 BNT-BT 室温下表现为铁电/反铁电的混合相，去极化温度降到室温以下[6~8]。图 8-11 为三者储能密度最优成分点从 40kV/cm 到临界击穿场强下的电滞回线。从图 8-11 可以看出，Zr 掺杂提高了 BNT-BT 陶瓷的击穿场强。BN-BLTZ（$x=0.04$，$y=0.01$）的电滞回线也证实了 La、Zr 共掺杂使得 BNT-BT 基陶瓷具有低的剩余极化和矫顽场，以及较高的击穿场强。

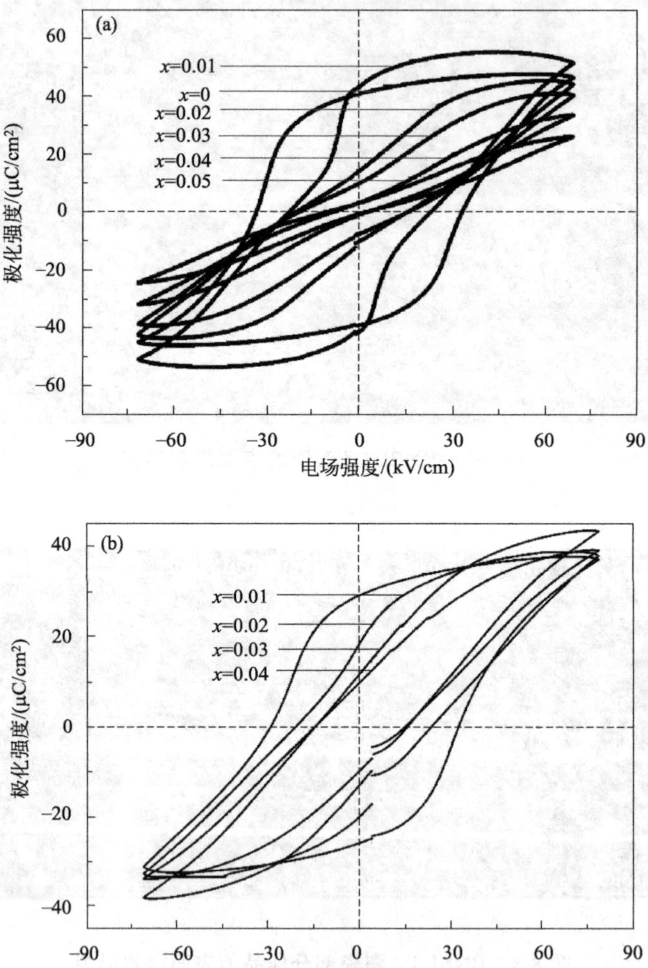

图 8-9　BNBLT（a）、BNBTZ（b）陶瓷的电滞回线（70kV/cm）

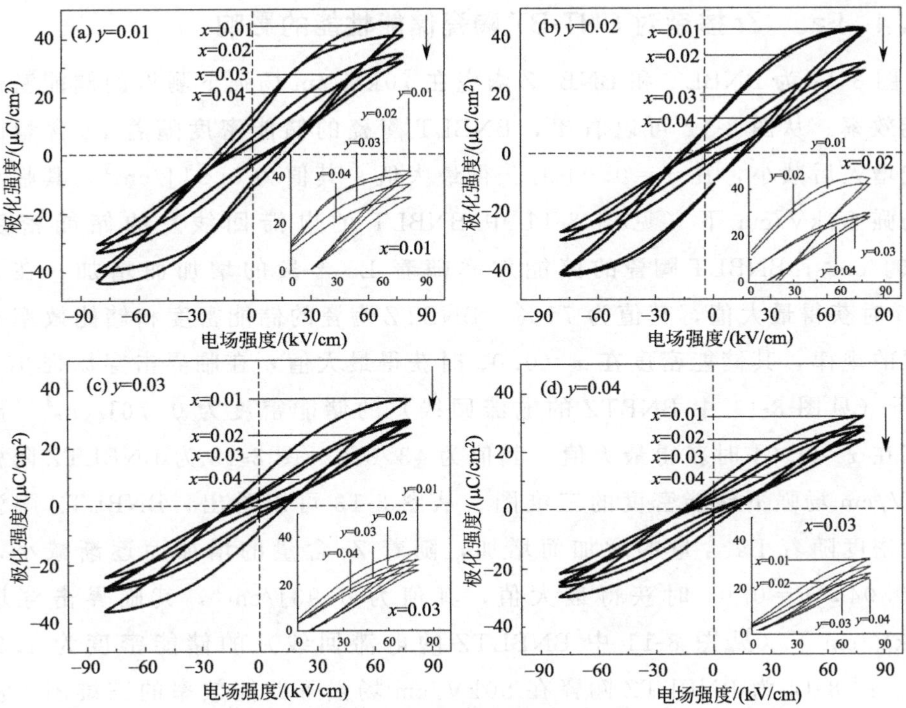

图 8-10　BNBLTZ 陶瓷的电滞回线（80kV/cm）

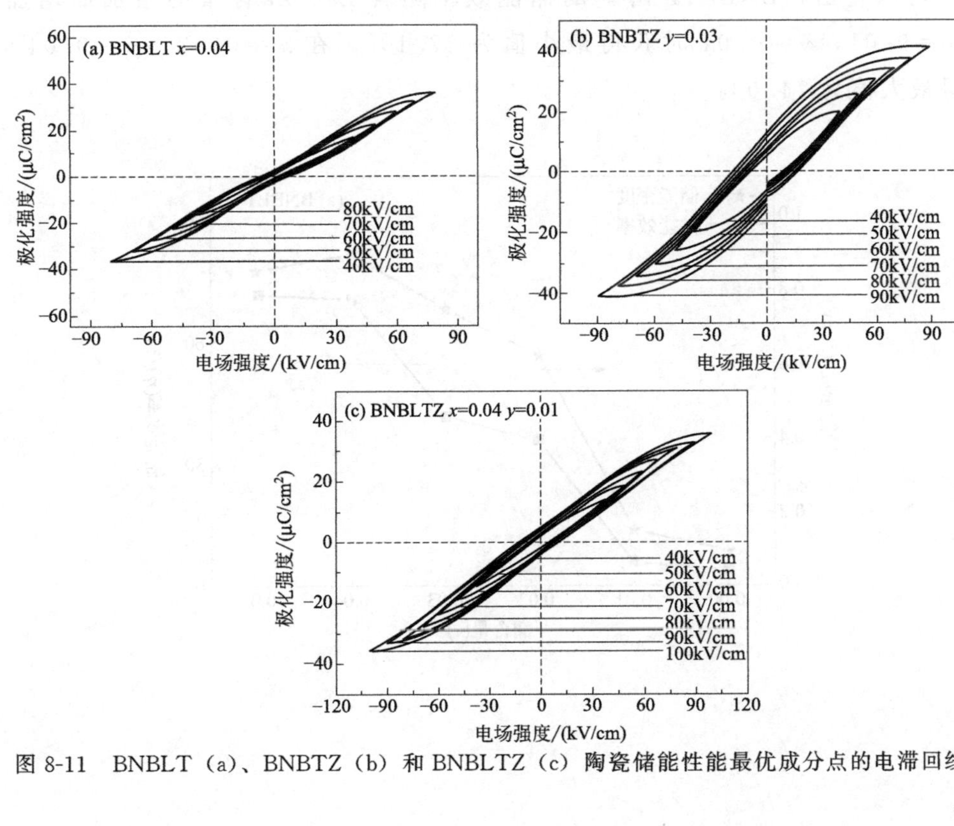

图 8-11　BNBLT（a）、BNBTZ（b）和 BNBLTZ（c）陶瓷储能性能最优成分点的电滞回线

8.3.4 La、Zr掺杂对BNT-BT陶瓷储能性能的影响

图8-12为BNBLT和BNBTZ陶瓷在70kV/cm场强下测得的储能密度和储能效率。从图8-12可以看出，BNBLT陶瓷的储能密度随着La含量的增大先增大后减小，在$x=0.04$时获得最大值，其值为0.91J/cm^3，其临界击穿场强80kV/cm下（见图8-11中BNBLT的电滞回线）的储能密度为1.09J/cm^3；BNBLT陶瓷的储能效率随着La含量的增加而增加，在$x=0.05$时获得最大值，其值为71%。BNBTZ陶瓷的储能密度和储能效率有着相似的规律，其储能密度在$x=0.03$时获得最大值，在临界击穿场强90kV/cm下（见图8-11中BNBTZ的电滞回线）的储能密度为0.76J/cm^3，储能效率在$x=0.04$时获得最大值，其值为43.8%。图8-13为BNBLTZ陶瓷在80kV/cm场强下储能密度的三维图。从图8-13可以看出，BNBLTZ陶瓷的储能密度随着La含量的增加而增加，随着Zr含量的增加而逐渐减小，当$x=0.04$，$y=0.01$时获得最大值，其值为0.93J/cm^3，其临界击穿场强100kV/cm下（见图8-11中BNBLTZ的电滞回线）的储能密度为1.23J/cm^3。图8-14为BNBLTZ陶瓷在80kV/cm场强下储能效率的三维图。从图8-14可以看出，BNBLTZ陶瓷的储能效率随着La、Zr含量的增加而增加，在$x=0.01$，$y=0.01$时获得最小值为37.1%，在$x=0.03$，$y=0.04$时获得最大值为74.0%。

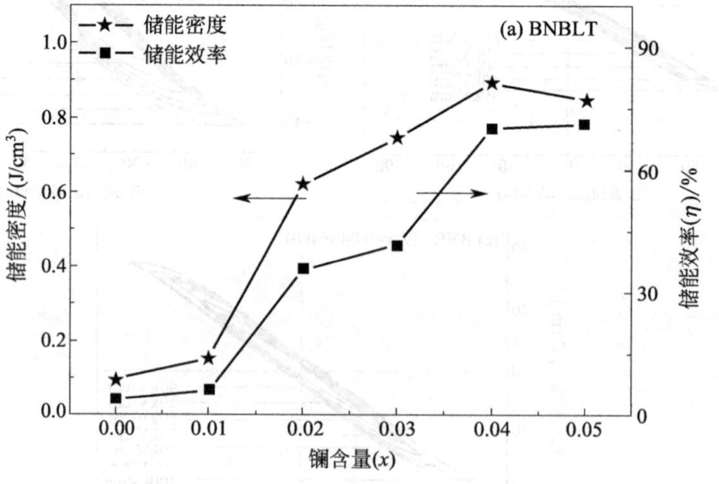

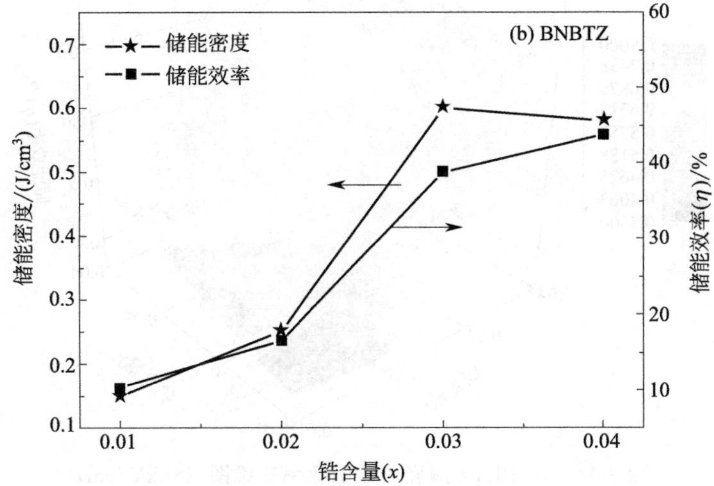

图 8-12　BNBLT（a）、BNBTZ（b）陶瓷的储能密度和储能效率（70kV/cm）

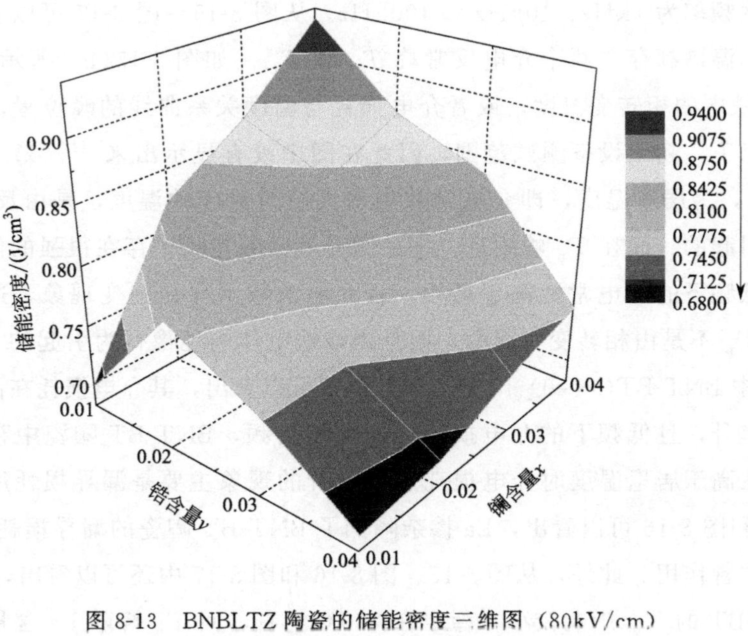

图 8-13　BNBLTZ 陶瓷的储能密度三维图（80kV/cm）

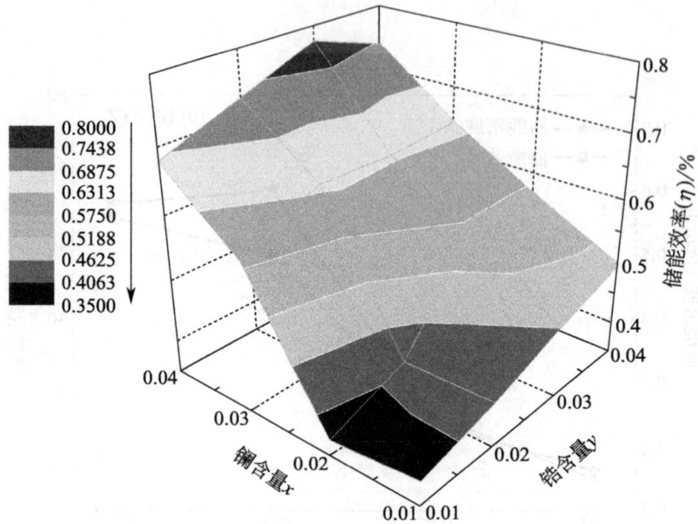

图 8-14　BNBLTZ 陶瓷的储能效率三维图（80kV/cm）

8.3.5 La、Zr 掺杂对 BNT-BT 陶瓷介电性能的影响

图 8-15、图 8-16 和图 8-17 分别为 BNBLT、BNBTZ 和 BNBLTZ 陶瓷的介电温谱，测试频率为 1kHz、10kHz 和 100kHz。从图 8-15～图 8-17 可以看出，所有样品的介电温谱都存在两个介电反常峰 T_p 和 T_m。如图 8-15(b) 所示，T_d 取决于铁电-反铁电的相转变温度，或者介电损耗与温度关系曲线的峰位置，由于此温度在室温以下，超出设备测试范围，因此在图中没有显示出来[9]。第二个相变点出现在 T_m，为居里温度，即介电常数为最大值时对应的温度，是由反铁电相-顺电相转变引起的。而在 T_p 峰附近，样品的介电常数与频率存在很强的依赖性，即相同温度低频下的介电常数高于高频，且介电常数不存在突变现象，这表明，介电反常峰 T_p 不是由相转变引起的，而是由该铁电体的弛豫行为引起的[10]。另外，从图 8-15 中 BNT-BT($x=0$) 陶瓷的介电温谱可以看出，其介电损耗在高于居里温度时急剧上升，且低频下的介电损耗远远大于高频，BNT-BT 陶瓷中存在漏导损耗，这种在高于居里温度时介电损耗急剧上升的现象主要是漏导损耗所致[11,12]。从图 8-15 和图 8-16 可以看出，La 掺杂降低了 BNT-BT 陶瓷的漏导损耗，而 Zr 则没有明显改善作用。此外，从图 8-15、图 8-16 和图 8-17 中还可以看出，La、Zr 掺杂对 BNT-BT 的 T_m 影响较小，稳定在 260℃左右，而 T_p 峰随 La 含量的增加逐渐向低温偏移，随 Zr 含量的增加无明显变化，表明 La 掺杂使 BNT-BT 陶瓷的反铁电温区更宽、更稳定，在较高温度下也能保持比较稳定的储能性能。

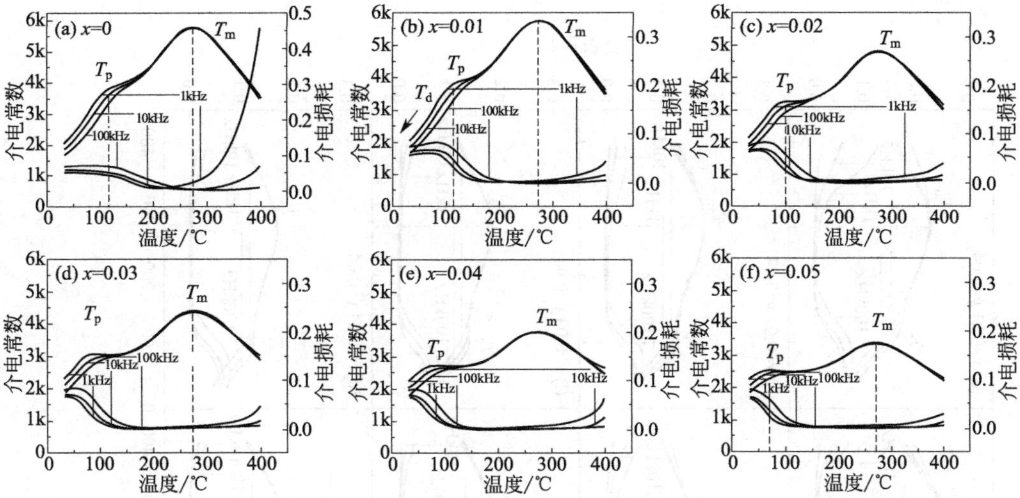

图 8-15　BNBLT 陶瓷的介电温谱

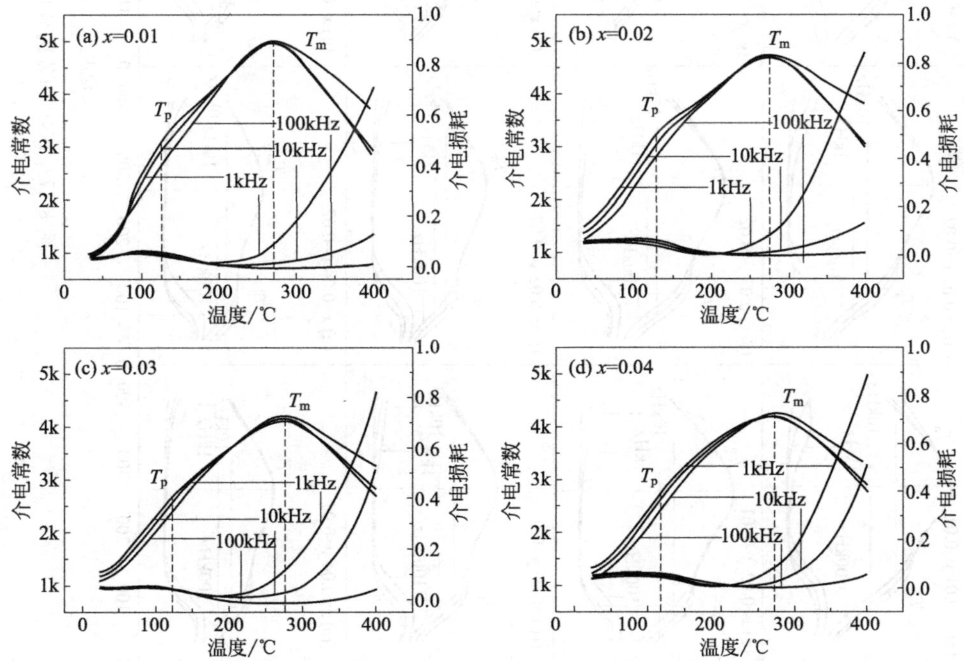

图 8-16　BNBTZ 陶瓷的介电温谱

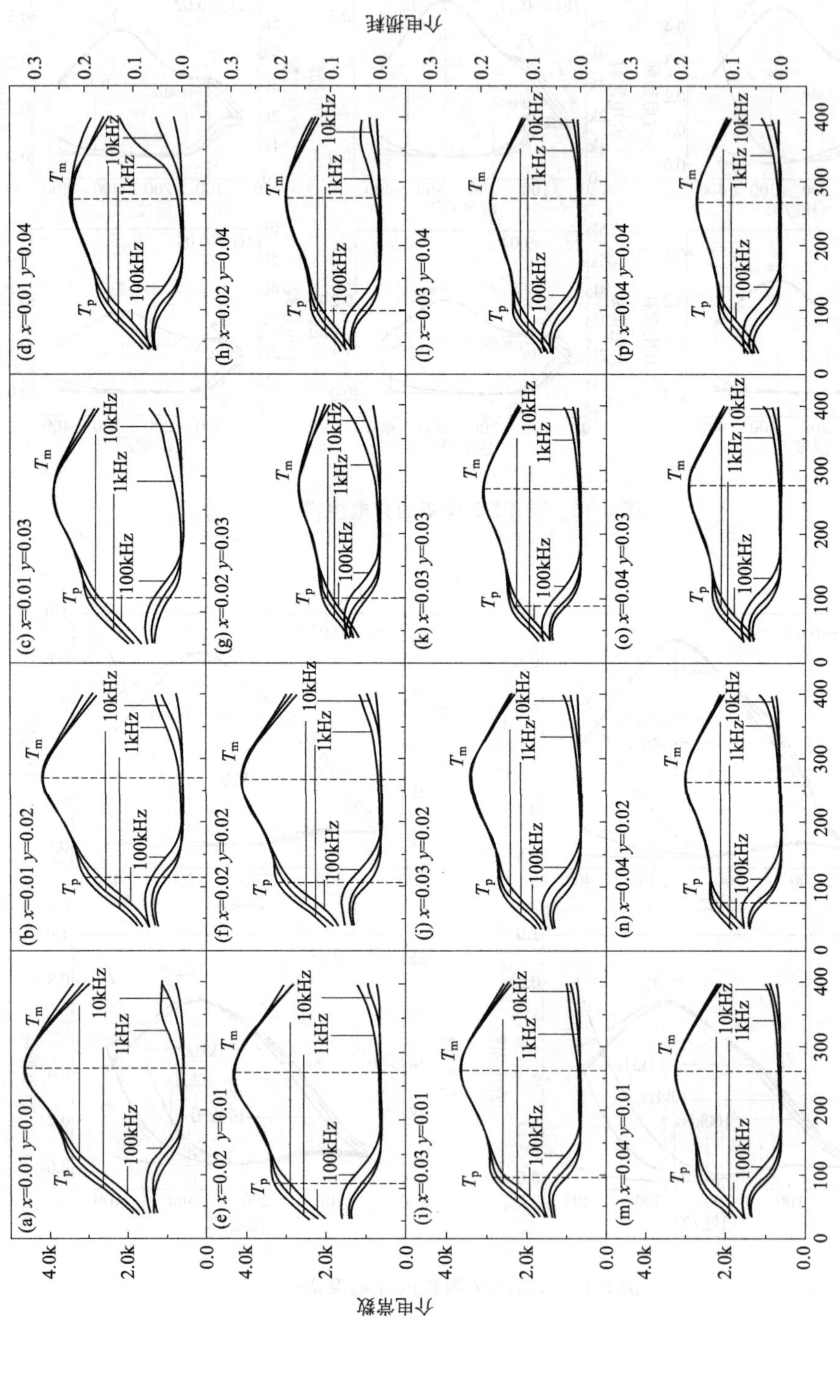

图 8-17 BNBLTZ 陶瓷的介电温谱

8.3.6　La、Zr 掺杂对 BNT-BT 陶瓷阻抗性能的影响

通过交流阻抗谱技术，主要分析晶粒与晶界对 BNT-BT 陶瓷导电性能的贡献大小以及掺杂离子对其的影响[13]。图 8-18(a)、(b) 和 (c) 分别为 BNT-7BT，BNBL$_{0.04}$T 和 BNBL$_{0.04}$TZ$_{0.01}$ 陶瓷的交流阻抗谱，测试频率为 40Hz～1MHz。从这三图中可以看出，它们具有相似的导电行为，随着温度的增加，BNB-7BT 陶瓷在高于 350℃时阻抗图逐渐形成一个完整的半圆，而 BNBLT 和 BNBLTZ 陶瓷在高于 450℃时形成完整的半圆，这表明掺杂离子 La、Zr 使得 BNT-BT 具有更宽的工作温区和良好的绝缘性能。随着温度的进一步升高半圆的面积逐渐减小，表明随着温度的升高，其电阻逐渐减小。据报道[14]，这种在高温区高场漏导的现象主要是由于随着温度的升高，陶瓷内部氧空位逐渐增多，其电阻主要来自晶界效应[15]。从图 8-18(a) 看出，当温度高于 450℃时，Cole-Cole 圆由半圆转向没有对称轴的双扭线型，这是由于热激发的不断增加，出现了不同弛豫时间的偶极子，即高温时存在着不同的缺陷类型造成的[16]。此外，从 BNBL$_{0.04}$T、BNBL$_{0.04}$TZ$_{0.01}$ 陶瓷的交流阻抗谱可知，掺杂改性陶瓷的电阻在 400℃以下时比纯 BNT-7BT 陶瓷明显要高，且在 BNBL$_{0.04}$T 陶瓷的基础上再掺杂 0.01%（摩尔分数）的 Zr，使得同温度下的半圆面积增大，其电阻形成机制没有发生变化，同样成一个半圆，表明 La、Zr 掺杂在不改变 BNT-BT 陶瓷电阻形成机制的情况下，使其电阻增大，绝缘性能提高。

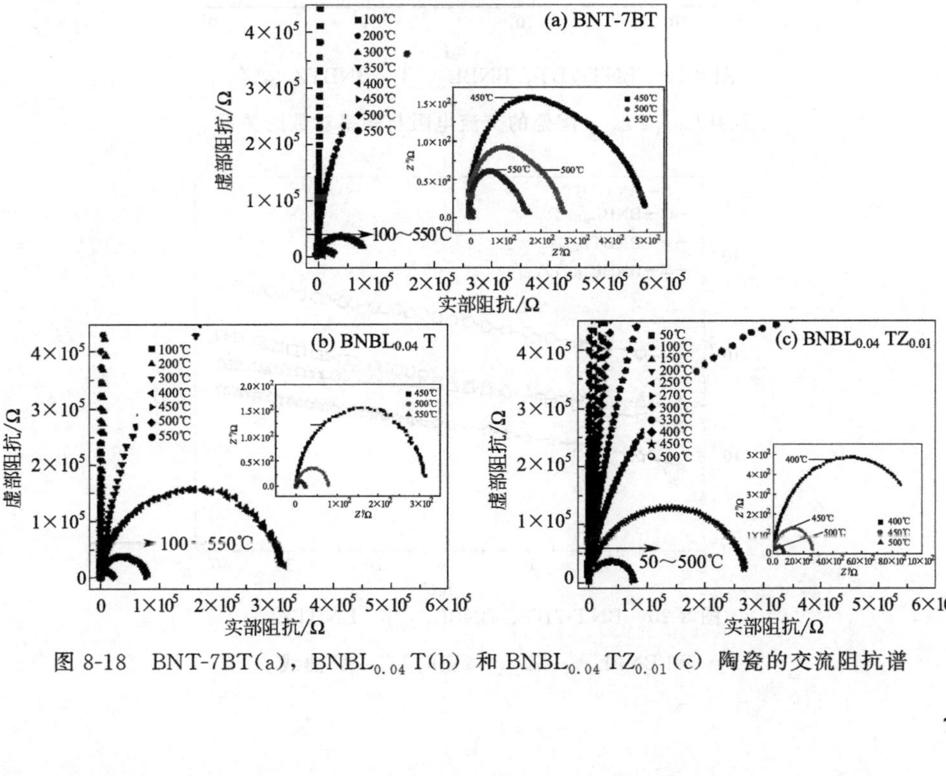

图 8-18　BNT-7BT(a)，BNBL$_{0.04}$T(b) 和 BNBL$_{0.04}$TZ$_{0.01}$(c) 陶瓷的交流阻抗谱

8.3.7 La、 Zr 掺杂对 BNT-BT 陶瓷电导率的影响

图 8-19 为 BNT-7BT、$BNBL_{0.04}T$、$BNBTZ_{0.01}$ 和 $BNBL_{0.04}TZ_{0.01}$ 陶瓷室温下的交流电阻与频率对数的关系，测试范围为 40Hz～10MHz。图 8-20 为陶瓷的直流 I-U 数据进行对数化后的 $\lg I$-$\lg U$ 曲线。对储能陶瓷来说，应有尽可能低的电导率。根据公式(3-6) 计算出陶瓷的交流电导率（σ_{ac}），根据公式(3-7) 计算出陶瓷的直流电导率（σ_{dc}），其统计结果如表 8-2 所示。从表 8-2 中可以看出，陶瓷的交流电导率随频率的增加而增大。从表 8-2 和陶瓷的直流电导率可以看出，Zr 掺杂比 La 掺杂具有更高的电阻和更低的电导率，进一步说明，相比 La 掺杂，Zr 掺杂使 BNT-BT 陶瓷具有更高的绝缘性和击穿场强。

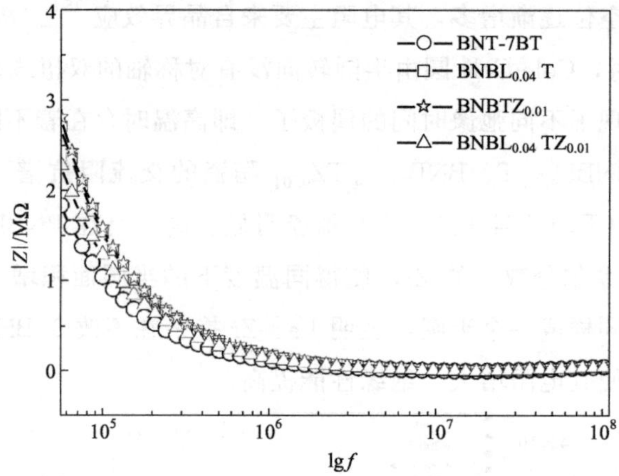

图 8-19 BNT-7BT、$BNBL_{0.04}T$、$BNBTZ_{0.01}$ 和 $BNBL_{0.04}TZ_{0.01}$ 陶瓷的交流电阻与频率对数的关系

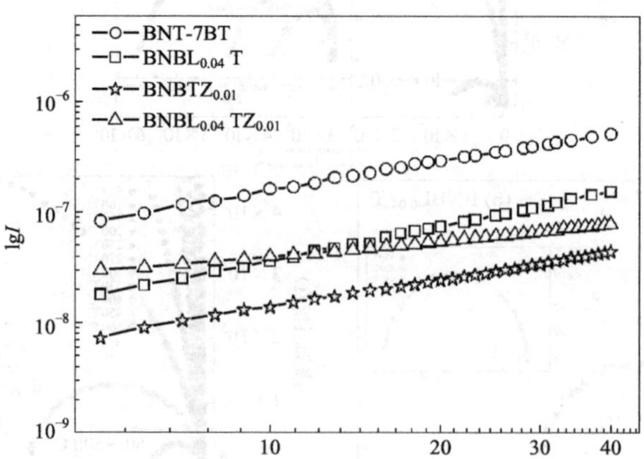

图 8-20 BNT-7BT、$BNBL_{0.04}T$、$BNBTZ_{0.01}$ 和 $BNBL_{0.04}TZ_{0.01}$ 陶瓷的 $\lg I$-$\lg U$ 曲线

表 8-2　BNT-7BT、$BNBL_{0.04}T$、$BNBTZ_{0.01}$ 和 $BNBL_{0.04}TZ_{0.01}$ 陶瓷不同频率的交流电阻和电导率

频率		40Hz	1kHz	100kHz	10MHz
BNT-7BT	电阻/Ω	1.9×10^{6}	8.4×10^{4}	9.1×10^{3}	6.1
	电导率/(S/cm)	4.4×10^{-8}	1.0×10^{-6}	9.2×10^{-5}	1.4×10^{-2}
$BNBL_{0.04}T$	电阻/Ω	2.7×10^{6}	1.2×10^{5}	1.4×10^{3}	14
	电导率/(S/cm)	4.6×10^{-8}	1.0×10^{-6}	8.4×10^{-5}	0.9×10^{-3}
$BNBTZ_{0.01}$	电阻/Ω	3.2×10^{6}	1.4×10^{5}	1.4×10^{3}	9.9
	电导率/(S/cm)	2.2×10^{-8}	5.9×10^{-7}	5.8×10^{-5}	8.1×10^{-3}
$BNBL_{0.04}TZ_{0.01}$	电阻/Ω	2.5×10^{6}	1.1×10^{5}	1.1×10^{3}	8.1
	电导率/(S/cm)	3.02×10^{-8}	7.0×10^{-7}	6.6×10^{-5}	9.1×10^{-3}

8.4　Sm、Hf 掺杂对 BNT-BT 陶瓷结构和性能的影响

8.4.1　Sm、Hf 掺杂对 BNT-BT 陶瓷相组成的影响

图 8-21、图 8-22 和图 8-23 分别为 BNBST、BNBTH 和 BNBSTH 陶瓷的 XRD 谱。从图 8-21(a)、图 8-22(a) 和图 8-23(a) 可以看出，所有掺杂离子均反应进入 BNT-BT 基体中，形成稳定的固溶体。从图 8-21(b) BNBST 陶瓷的 XRD 谱可以看出，Sm 掺杂使得 BNT-BT 陶瓷晶格畸变，其（200）特征峰随着掺杂量的增加逐渐向低角度偏移。从图 8-22(b) 可以看出，BNBTH 陶瓷的（200）特征峰随 Hf 含量的增加而逐渐向低角度偏移，这是由于离子半径较大的 Hf^{4+}（0.71Å）取代了 B 位离子半径较小的 Ti^{4+}（0.61Å），导致晶格膨胀，从而使（200）特征峰向低角度偏移。从图 8-23(b) 可看出 Sm、Hf 共掺样品的（200）特征峰往低角度偏移的现象也比较明显。

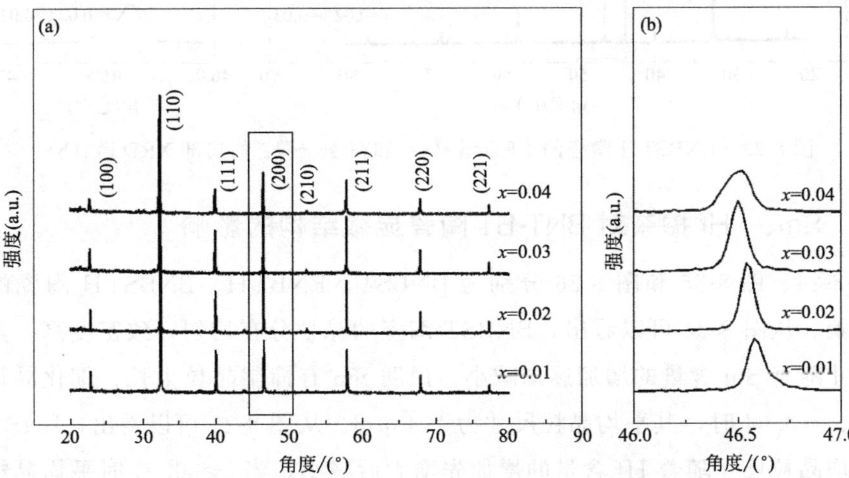

图 8-21　BNBST 陶瓷的 XRD 谱（a）和在 46°～47°的局部 XRD 谱（b）

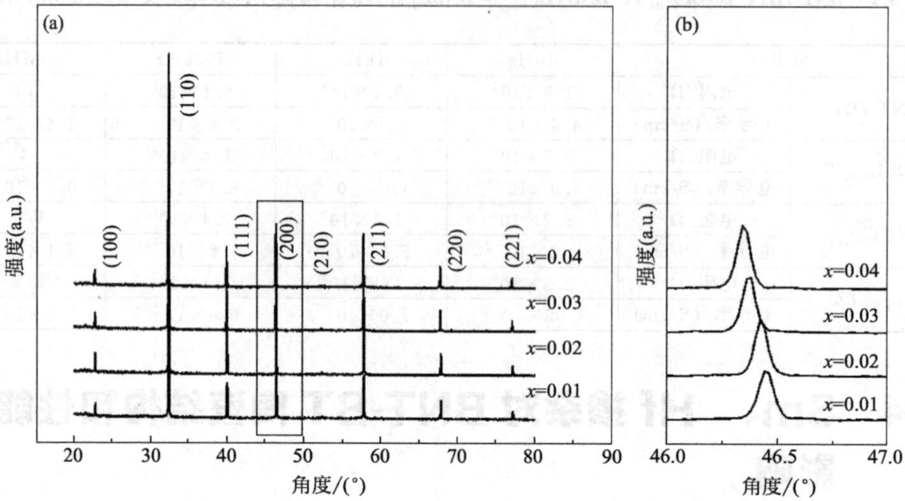

图 8-22　BNBTH 陶瓷的 XRD 谱（a）和在 46°～47°的局部 XRD 谱（b）

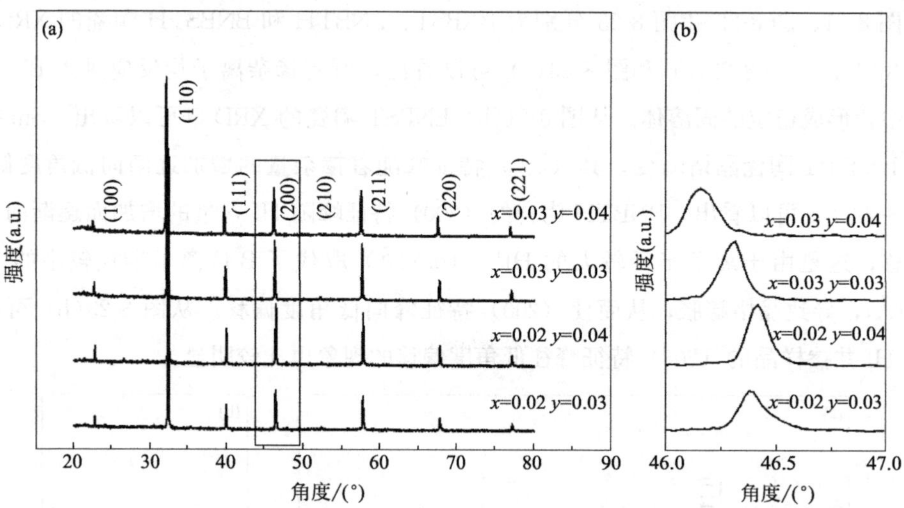

图 8-23　BNBSTH 陶瓷的 XRD 谱（a）和在 46°～47°的局部 XRD 谱（b）

8.4.2　Sm、Hf 掺杂对 BNT-BT 陶瓷显微结构的影响

图 8-24、图 8-25 和图 8-26 分别为 BNBST、BNBTH、BNBSTH 陶瓷的表面微观形貌。从图 8-24 可以看出，BNBST 陶瓷的晶粒分布均匀，致密度高，其平均晶粒尺寸随着 Sm 含量的增加逐渐减小，说明 Sm 有抑制晶粒生长、细化晶粒的作用，当 $x=0.04$ 时，其平均晶粒尺寸为 1.43μm。从图 8-25 可以看出，BNBTH 陶瓷的平均晶粒尺寸随着 Hf 含量的增加先增大后减小，当 $x=0.01$ 时平均晶粒尺寸

最大，其值为 3.3μm，当 $x=0.04$ 时最小，其值为 2.2μm。从图 8-26 可以看出，Sm、Hf 共掺杂样品的平均晶粒尺寸无明显变化，但随着掺杂量的增大，气孔较为明显，即致密度略微下降，其平均晶粒尺寸约为 1.1μm。

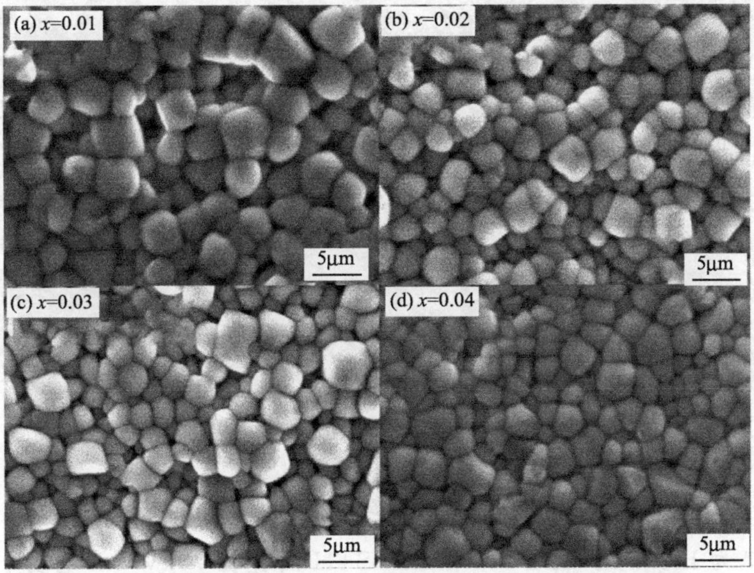

图 8-24　BNBST 陶瓷的表面微观形貌

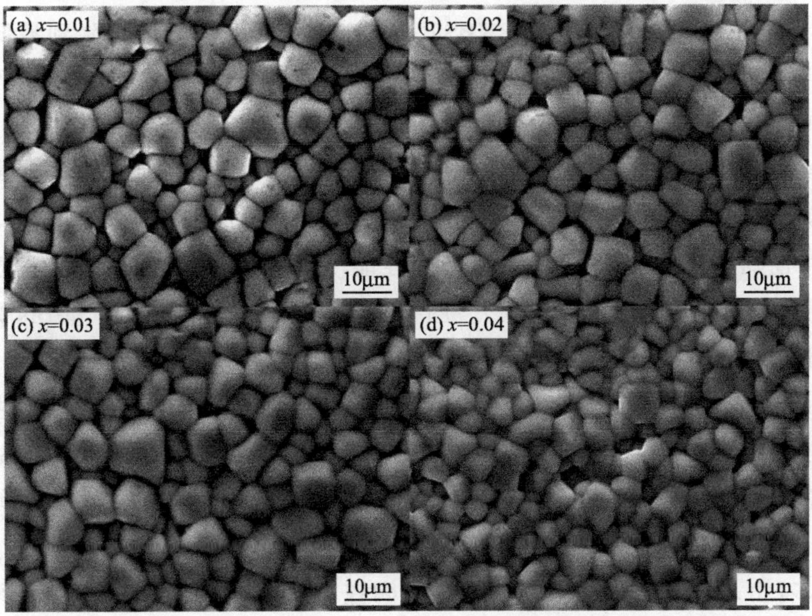

图 8-25　BNBTH 陶瓷的表面微观形貌

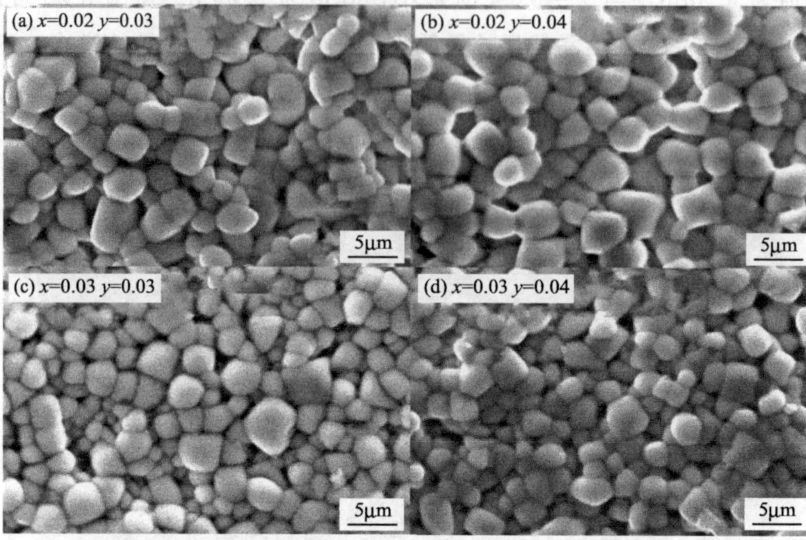

图 8-26 BNBSTH 陶瓷的表面微观形貌

8.4.3 Sm、Hf 掺杂对 BNT-BT 陶瓷铁电性能的影响

图 8-27 为 BNBST、BNBTH 和 BNBSTH 陶瓷在 70kV/cm 电场下的电滞回线。从图 8-27 可看出，BNT-BT 陶瓷的电滞回线随着 Sm、Hf 掺杂量的增加逐渐收缩，变得更加细长，铁电性减弱的同时，反铁电性增强，其剩余极化和矫顽场逐渐减小。Sm 含量为 0.04 时，BNBST 陶瓷的剩余极化和矫顽场降到最低，分别为 4.3μC/cm^2 和 11.67kV/cm。Hf 含量为 0.04 时，BNBTH 陶瓷的剩余极化和矫顽场分别为 10.1μC/cm^2 和 13.6kV/cm。BNBSTH 的所有样品都有细长的电滞回线，剩余极化和矫顽场小且较为接近，当 $x=0.03$、$y=0.04$ 时，共掺杂陶瓷样品的剩余极化和矫顽场达到最小值，分别为 1.8μC/cm^2 和 6.8kV/cm，可见 Sm、Hf 共掺杂的 BNT-BT 陶瓷具有良好的储能性能，对掺杂成分含量的范围要求较小 ($0.02 \leqslant x \leqslant 0.03$、$0.03 \leqslant y \leqslant 0.04$)。图 8-28 为 BNBST、BNBTH 和 BNBSTH 陶瓷的储能密度最优成分点（即 $BNBS_{0.02}T$、$BNBTH_{0.03}$ 和 $BNBS_{0.02}TH_{0.04}$）由 40kV/cm 到临界击穿场强下的电滞回线。从图 8-28 可以看出，Sm、Hf 共掺杂的样品相比 Sm 和 Hf 单掺杂的样品具有更低的剩余极化和矫顽场，而 $BNBS_{0.02}T$ 陶瓷在高场强时（70kV/cm）出现明显的双电滞回线现象，而 $BNBTH_{0.03}$ 陶瓷的电滞回线不具有明显的反铁电体特征。从图 8-27 中 BNBST 和 BNBTH 陶瓷的电滞回线可以看出，Sm、Hf 掺杂使 BNT-BT 陶瓷的反铁电性随着 Sm、Hf 掺杂量的增加先增强后减弱，但这种反铁电性要在较高的电场（70kV/cm）下才能激发。

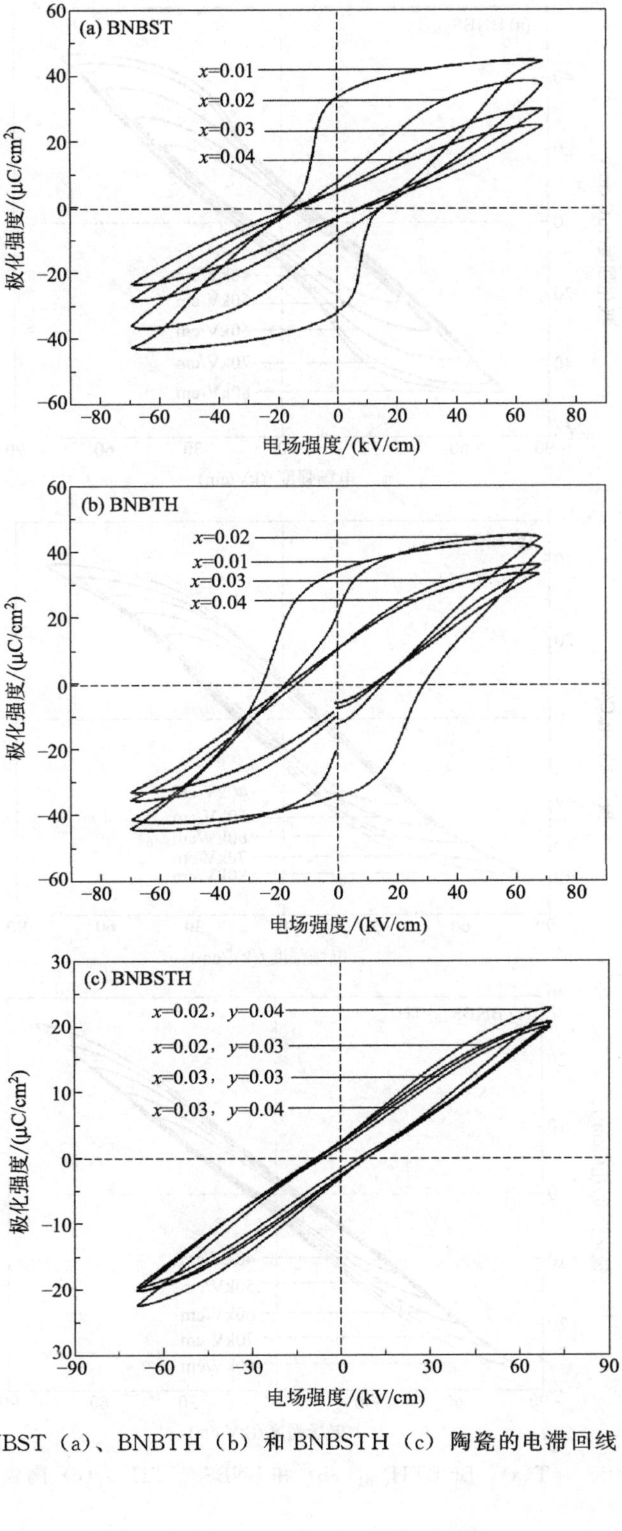

图 8-27　BNBST（a）、BNBTH（b）和 BNBSTH（c）陶瓷的电滞回线（70kV/cm）

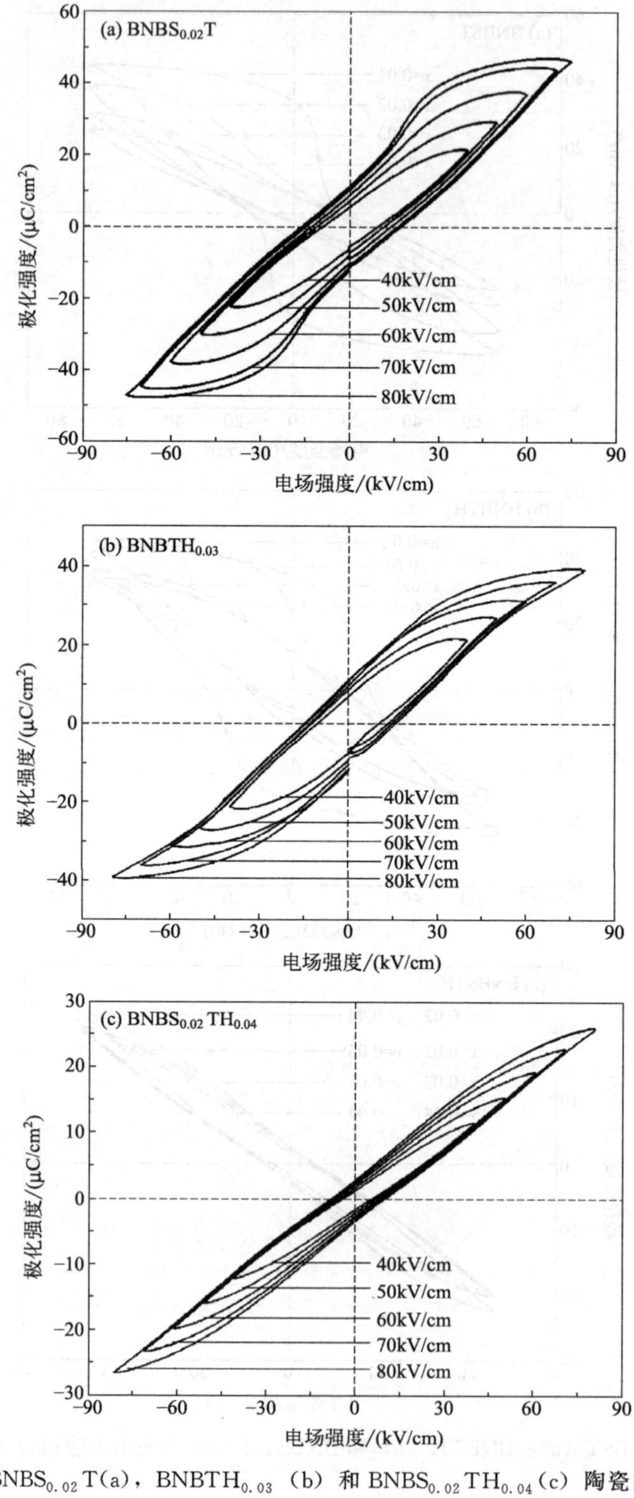

图 8-28 $BNBS_{0.02}T$(a)，$BNBTH_{0.03}$ (b) 和 $BNBS_{0.02}TH_{0.04}$(c) 陶瓷的电滞回线

8.4.4 Sm、 Hf 掺杂对 BNT-BT 陶瓷储能性能的影响

图 8-29 为 BNBST 和 BNBTH 陶瓷在 70kV/cm 电场下的储能密度和储能效率。从图 8-29 可以看出，BNBST 陶瓷的储能密度和储能效率随着 Sm 含量的增加先增大后减小，当 $x=0.02$ 时储能密度获得最大值，其值为 0.7J/cm^3；当 $x=0.03$ 时，储能效率获得最大值，其值为 54%。BNBTH 陶瓷的储能密度和储能效率存在相同的规律，即随着 Hf 含量的增大先增大后减小，储能密度和储能效率都在 $x=0.03$ 时获得最大值，分别为 0.59J/cm^3 和 40.8%。表 8-3 为 BNBSTH 陶瓷在 70kV/cm 电场下的储能密度和储能效率。从表 8-3 可以看出，共掺杂陶瓷的储能密度比较稳定，其值在 0.5～0.6J/cm^3，储能效率则随着掺杂量的增大逐渐增大。当 $x=0.02$，$y=0.04$ 时，BNBSTH 陶瓷的储能密度获得最大值为 0.59J/cm^3；当 $x=0.03$，$y=0.04$ 时，BNBSTH 陶瓷的储能效率达 70.4%。

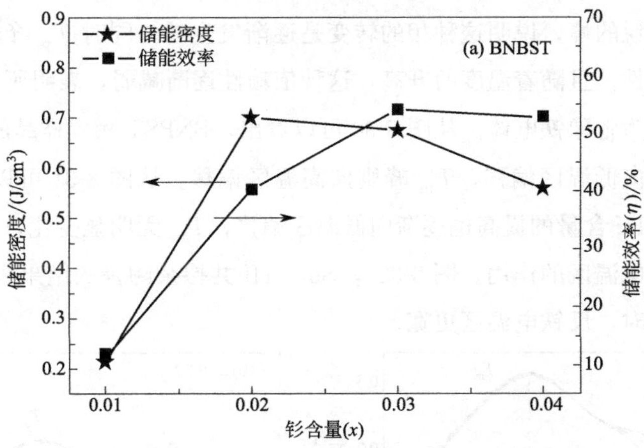

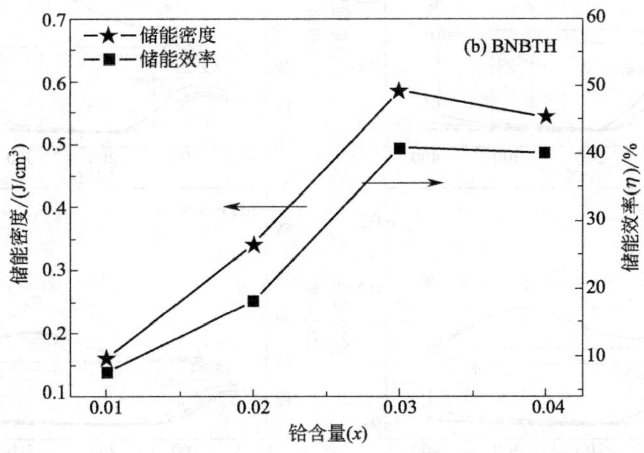

图 8-29　BNBST (a)、BNBTH (b) 陶瓷的储能密度和储能效率

表 8-3 BNBSTH 陶瓷的储能密度和储能效率

成分配比	储能密度/(J/cm³)	储能效率/%
$x=0.02, y=0.03$	0.52	62.2
$x=0.02, y=0.04$	0.59	64.3
$x=0.03, y=0.03$	0.55	65.1
$x=0.03, y=0.04$	0.56	70.4

8.4.5 Sm、Hf 掺杂对 BNT-BT 陶瓷介电性能的影响

图 8-30、图 8-31 和图 8-32 分别为 BNBST、BNBTH 和 BNBSTH 陶瓷的介电温谱。从图 8-30、图 8-31 和图 8-32 介电常数曲线可以看出，三种掺杂的 BNT-BT 陶瓷的介电常数随着掺杂量的增大逐渐减小；BNBTH 陶瓷介电损耗在高温时（>250℃），随着温度的升高，介电损耗逐渐升高，BNBST、BNBSTH 陶瓷的损耗较低且比较稳定。此外，所有样品存在两个介电反常峰 T_p 和 T_m，去极化温度 T_d 降到室温以下，表明去极化温度发生在室温以下，在室温时存在铁电与反铁电的混合相，且反铁电相与顺电相的转变点 T_m 不成尖锐的峰，说明这种相的转变是逐渐发生的，同时 T_p 峰的介电常数与频率有很强的依赖性，且随着温度的升高，这种依赖性逐渐减弱，表明所有陶瓷样品中都存在弛豫特性，为弛豫铁电体。从图 8-30 可以看出，BNBST 陶瓷样品的 T_p 峰随着 Sm 含量的增加逐渐向低温区偏移，T_m 峰则向高温区偏移。从图 8-31 可以看出，BNBTH 陶瓷的 T_p 峰随 Hf 含量的提高也逐渐向低温区偏移，T_m 无明显变化，说明 Sm、Hf 掺杂都有扩大反铁电温区的作用。图 8-32 中 Sm、Hf 共掺杂陶瓷的结果也证实了这一点，且两者共同作用时，反铁电温区更宽。

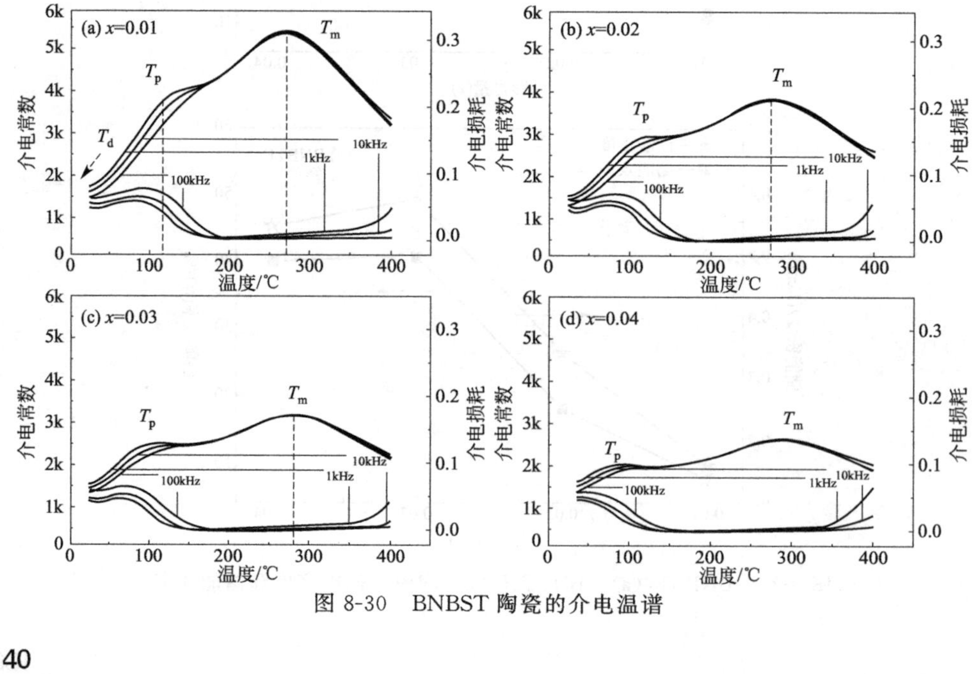

图 8-30 BNBST 陶瓷的介电温谱

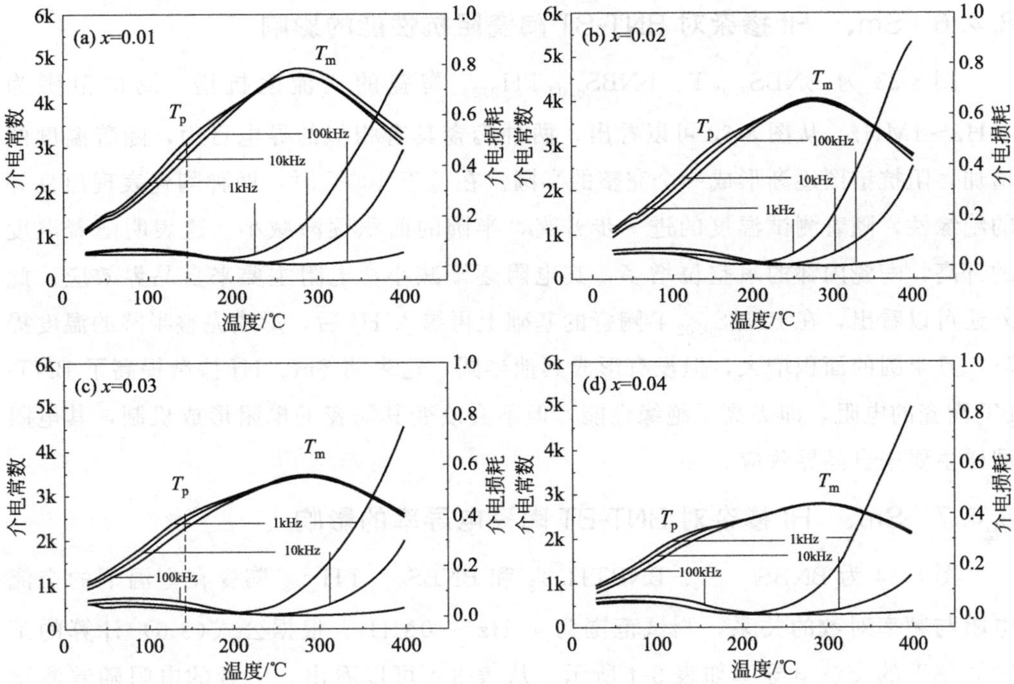

图 8-31　BNBTH 陶瓷的介电温谱

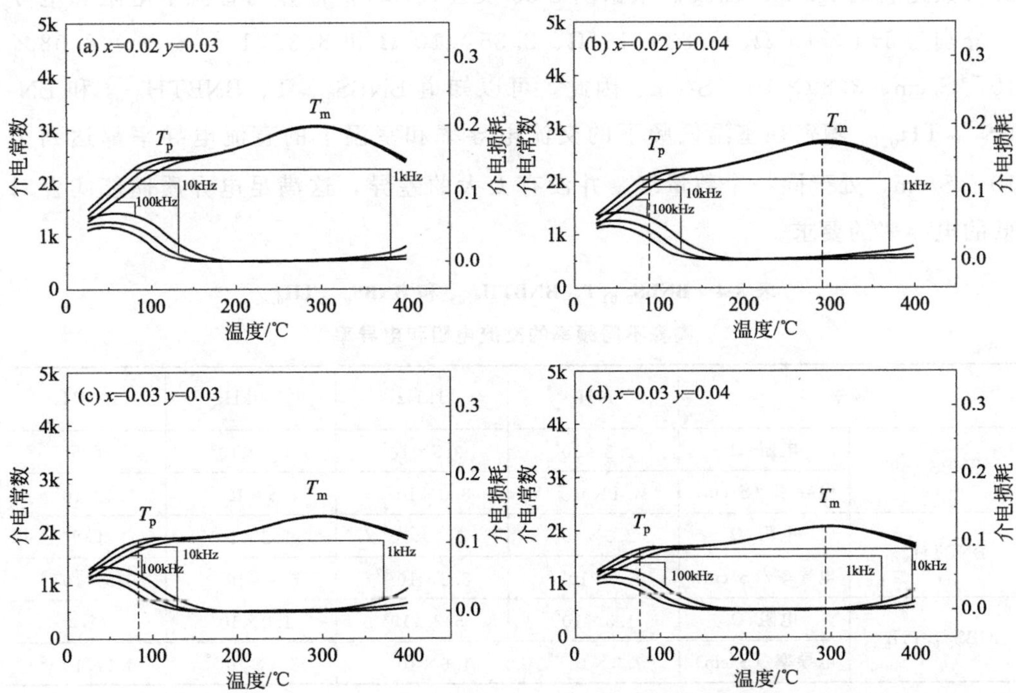

图 8-32　BNBSTH 陶瓷的介电温谱

8.4.6 Sm、Hf掺杂对BNT-BT陶瓷阻抗性能的影响

图 8-33 为 $BNBS_{0.02}T$、$BNBS_{0.02}TH_{0.03}$ 陶瓷的交流阻抗谱，测试范围为 40Hz～1MHz。从图 8-30 可以看出，两种陶瓷具有相似的导电行为，随着温度的增加，阻抗谱图逐渐形成一个完整的半圆。在低于 400℃时，两种陶瓷表现出良好的绝缘性，随着测试温度的进一步升高，半圆的面积逐渐减小，这表明随着温度的升高，陶瓷内部的氧空位增多，其电阻逐渐减小，电阻主要来自晶界效应。此外还可以看出，在 $BNBS_{0.02}T$ 陶瓷的基础上再掺入 Hf 后，形成完整半圆的温度提高，且半圆的面积增大，但没有形成其他半圆，这表明 Sm、Hf 掺杂提高了 BNT-BT 陶瓷的电阻，即提高了绝缘性能，但不会改变其陶瓷的电阻形成机制，其电阻同样主要来自晶界效应。

8.4.7 Sm、Hf掺杂对BNT-BT陶瓷电导率的影响

图 8-34 为 $BNBS_{0.02}T$、$BNBTH_{0.03}$ 和 $BNBS_{0.02}TH_{0.03}$ 陶瓷在室温下的交流电阻与频率对数的关系，测试范围为 40Hz～10MHz。根据公式(3-6) 计算的不同频率下的交流电导率如表 8-4 所示。从表 8-4 可以看出，三者的电阻随着测试频率的增加逐渐减小，交流电导率则逐渐增大。图 8-35 为陶瓷直流 I-U 数据进行对数化后的 $\lg I$-$\lg U$ 曲线。根据图 8-35 及公式(3-7) 计算的直流下电阻和电导率分别为 $1.1\times10^{8}\Omega$、$8.83\times10^{9}\Omega$、$2.35\times10^{9}\Omega$ 和 8.3×10^{-9}S/cm、8.08×10^{-9}S/cm、3.89×10^{-9}S/cm。因此，可以知道 $BNBS_{0.02}T$、$BNBTH_{0.03}$ 和 $BNBS_{0.02}TH_{0.03}$ 陶瓷在室温低频下的交流电导率和室温下的直流电导率都达到了 10^{-8}S/cm，处于同一个数量级，并没有太大的差异，这满足电介质储能陶瓷对低的电导率的要求。

表 8-4 $BNBS_{0.02}T$、$BNBTH_{0.03}$ 和 $BNBS_{0.02}TH_{0.03}$ 陶瓷不同频率的交流电阻和电导率

频率		40Hz	1kHz	100kHz	10MHz
$BNBS_{0.02}T$	电阻/Ω	2.3×10^{6}	9.5×10^{4}	1.1×10^{3}	8.5
	电导率/(S/cm)	4.1×10^{-8}	8.8×10^{-7}	7.5×10^{-5}	1.1×10^{-2}
$BNBTH_{0.03}$	电阻/Ω	2.5×10^{6}	1.0×10^{5}	1.2×10^{3}	9.9
	电导率/(S/cm)	1.3×10^{-8}	8.2×10^{-7}	6.9×10^{-5}	0.9×10^{-3}
$BNBS_{0.02}TH_{0.03}$	电阻/Ω	1.3×10^{6}	5.2×10^{4}	1.0×10^{3}	14.2
	电导率/(S/cm)	7.3×10^{-8}	1.6×10^{-6}	8.4×10^{-5}	6.1×10^{-2}

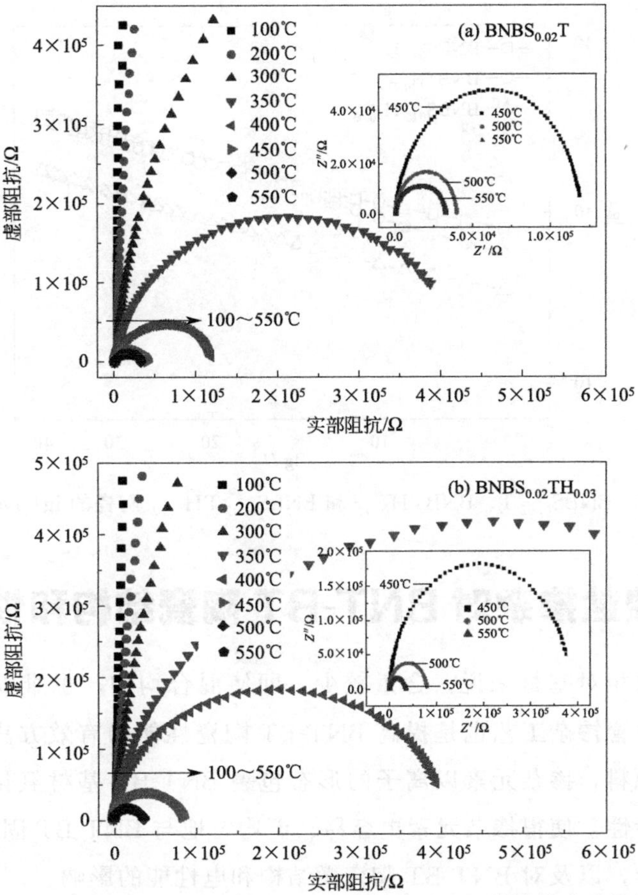

图 8-33　$BNBS_{0.02}T$（a）和 $BNBS_{0.02}TH_{0.03}$（b）陶瓷的交流阻抗谱

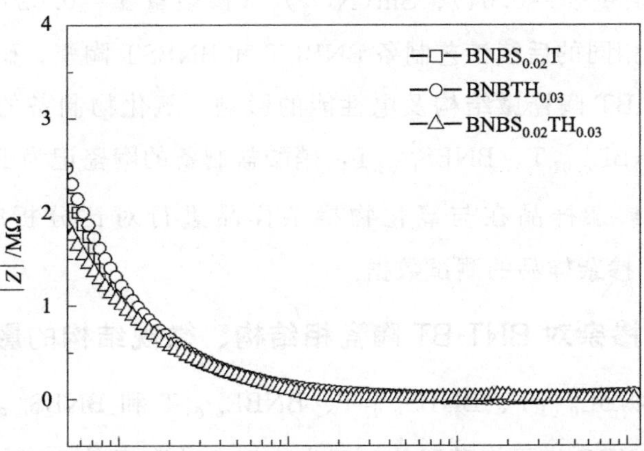

图 8-34　$BNBS_{0.02}T$、$BNBTH_{0.03}$ 和 $BNBS_{0.02}TH_{0.03}$ 陶瓷的交流电阻与频率对数的关系

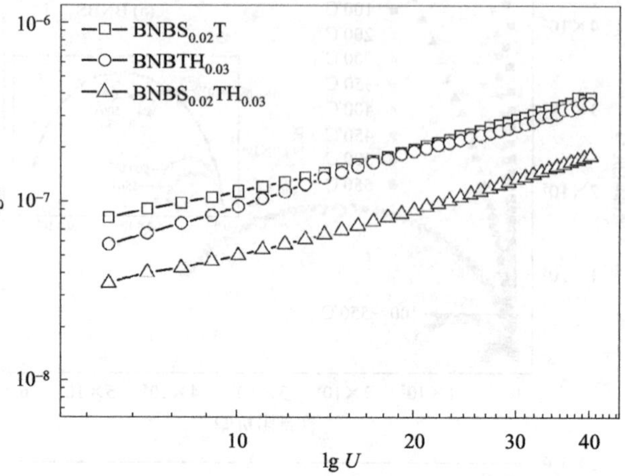

图 8-35　$BNBS_{0.02}T$、$BNBTH_{0.03}$ 和 $BNBS_{0.02}TH_{0.03}$ 陶瓷的 lgI-lgU 曲线

8.5　硝酸盐掺杂对 BNT-BT 陶瓷结构和性能的影响

由于掺杂物相对基材来说，含量较少，即使混合均匀，也难以微细到颗粒的程度。因此，改善掺杂工艺也是提高 BNT-BT 陶瓷性能的有效方法。以硝酸盐代替氧化物粉体原料，掺杂元素以离子的形态包裹 BNT-BT 基材氧化物的表面，从增大粉体反应活性，使得掺杂元素更容易、更均匀地与 BNT-BT 固溶的角度出发，研究两者的差异，以及对 BNT-BT 陶瓷微结构和电性能的影响。

选取掺杂元素中储能性能较为优异的 La、Sm 元素，并选取最优掺杂量，用 La（NO_3）$_3$（掺杂量 $x=0.04$）、Sm（NO_3）$_3$（掺杂量 $x=0.02$）来代替 La_2O_3、Sm_2O_3 掺杂，用相同的后续工艺制备 BNBLT 和 BNBST 陶瓷，研究硝酸盐代替氧化物掺杂对 BNT-BT 陶瓷微结构及电性能的影响。氧化物制备的 BNBLT 和 BNBST 陶瓷记为 $BNBL^1_{0.04}T$、$BNBS^1_{0.02}T$，硝酸盐制备的陶瓷记为 $BNBL^2_{0.04}T$、$BNBS^2_{0.02}T$。硝酸盐掺杂样品在与氧化物掺杂样品进行对比分析时，直接引用了 La_2O_3 和 Sm_2O_3 掺杂样品的测试数据。

8.5.1　硝酸盐掺杂对 BNT-BT 陶瓷相结构、微观结构的影响

图 8-36 为 $BNBL^1_{0.04}T$、$BNBS^1_{0.02}T$、$BNBL^2_{0.04}T$ 和 $BNBS^2_{0.02}T$ 陶瓷的 XRD 谱。从图 8-36 的 XRD 谱可知硝酸盐和氧化物掺杂的陶瓷的 XRD 衍射峰的角度和峰强无明显差异，都为纯的钙钛矿结构，这表明硝酸盐代替氧化物掺杂并没有造成含量损失，都很好地固溶于 BNT-BT 陶瓷晶格当中，形成稳定的固溶体。图 8-

37 为 $BNBL^1_{0.04}T$、$BNBS^1_{0.02}T$、$BNBL^2_{0.04}T$ 和 $BNBS^2_{0.02}T$ 陶瓷的表面微观形貌。从图 8-37 可知，两种形式掺杂的陶瓷晶粒结构和形貌无明显差异，晶粒排列较为均匀、致密。图 8-38 为 $BNBL^1_{0.04}T$、$BNBS^1_{0.02}T$、$BNBL^2_{0.04}T$ 和 $BNBS^2_{0.02}T$ 陶瓷的介电温谱。从图中可以看出，硝酸盐和氧化物掺杂的陶瓷具有相近的介电常数、介电损耗，都存在弛豫特性的 T_p 峰和宽化的 T_m 峰两个介电异常峰，且峰的位置也基本相同，这表明硝酸盐和氧化物两种掺杂所得的样品的介电性能无明显差异。

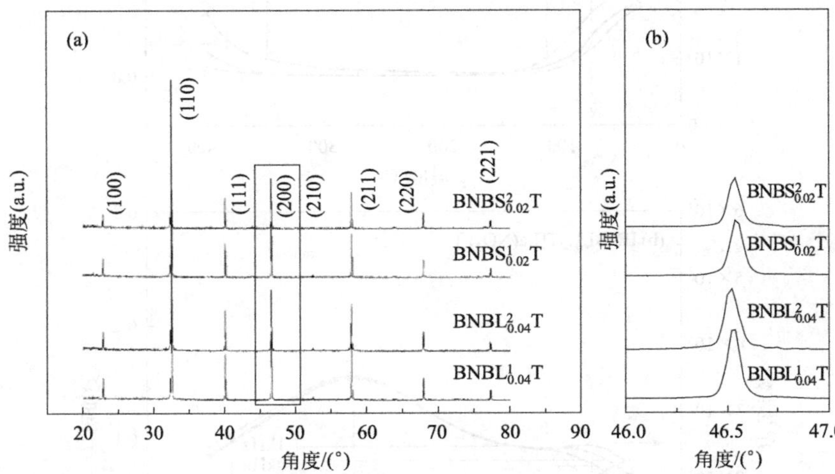

图 8-36 $BNBL^1_{0.04}T$、$BNBS^1_{0.02}T$、$BNBL^2_{0.04}T$、$BNBS^2_{0.02}T$ 陶瓷的 XRD 谱（a）和在 46°～47°的局部 XRD 谱（b）

图 8-37 BNT-7BT（a）、$BNBL^1_{0.04}T$（b）、$BNBL^2_{0.04}T$（c）、$BNBS^1_{0.02}T$（d）、$BNBS^2_{0.02}T$（e）陶瓷的表面微观形貌

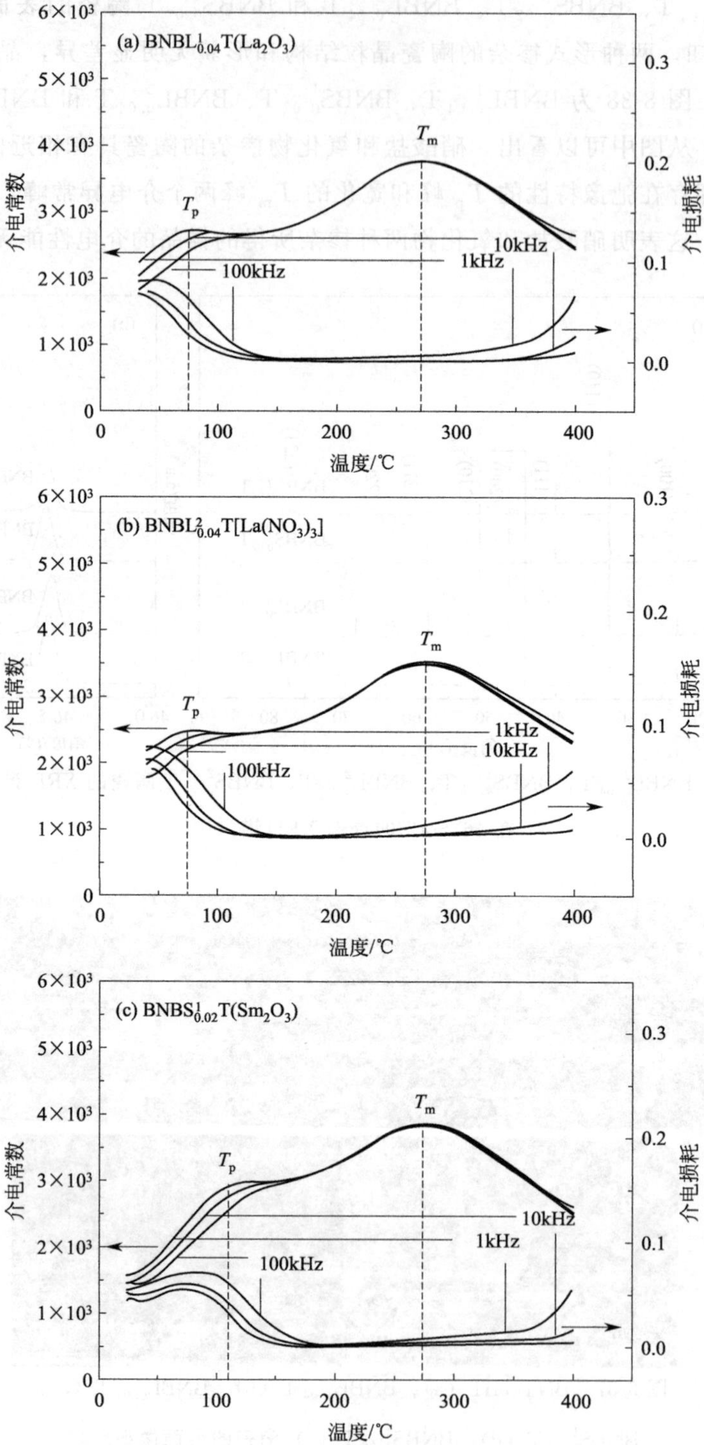
(a) BNBL$^1_{0.04}$T(La$_2$O$_3$)
T_m
T_p
10kHz
1kHz
100kHz
介电常数
介电损耗
温度/℃
(b) BNBL$^2_{0.04}$T[La(NO$_3$)$_3$]
T_m
T_p
1kHz
10kHz
100kHz
介电常数
介电损耗
温度/℃
(c) BNBS$^1_{0.02}$T(Sm$_2$O$_3$)
T_m
T_p
10kHz
1kHz
100kHz
介电常数
介电损耗
温度/℃

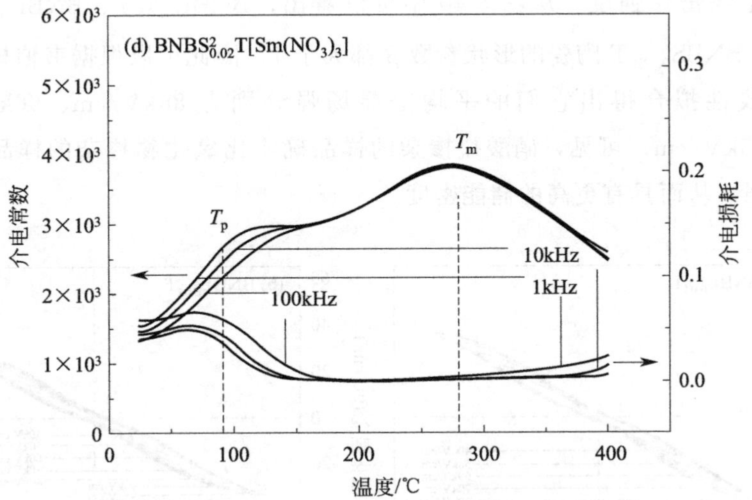

图 8-38　$BNBL^1_{0.04}T$（a）、$BNBL^2_{0.04}T$（b）、$BNBS^1_{0.02}T$（c）和 $BNBS^2_{0.02}T$（d）陶瓷的介电温谱

8.5.2　硝酸盐掺杂对 BNT-BT 陶瓷铁电与储能性能的影响

图 8-39 为 $BNBL^1_{0.04}T$、$BNBL^2_{0.04}T$、$BNBS^1_{0.02}T$ 和 $BNBS^2_{0.02}T$ 陶瓷的电滞回线。从图 8-39 可以看出，硝酸盐掺杂的 $BNBL^2_{0.04}T$、$BNBS^2_{0.02}T$ 陶瓷具有与氧化物掺杂的 $BNBL^1_{0.04}T$、$BNBS^1_{0.02}T$ 陶瓷同样优异的储能性能，即在相同电场下有相近的剩余极化、矫顽场和电滞回线形状，但硝酸盐掺杂的陶瓷比氧化物掺杂的陶瓷具有更高的耐电场击穿能力。表 8-5 为 $BNBL^1_{0.04}T$、$BNBL^2_{0.04}T$、$BNBS^1_{0.02}T$ 和 $BNBS^2_{0.02}T$ 陶瓷在 70kV/cm 电场下的储能密度、储能效率和临界击穿场强下的储能密度和储能效率。从表 8-5 可以看出，在 70kV/cm 电场时，硝酸盐掺杂的陶瓷的储能密度比氧化物掺杂的陶瓷小，其储能效率近似；由于硝酸盐掺杂的陶瓷的耐电场击穿能力比氧化物掺杂的陶瓷大，在临界击穿场强下的储能密度明显高于氧化物掺杂方式的储能密度，$BNBL^1_{0.04}T$、$BNBL^2_{0.04}T$、$BNBS^1_{0.02}T$ 和 $BNBS^2_{0.02}T$ 陶瓷的最大储能密度分别为 1.09J/cm^3、1.21J/cm^3、0.72J/cm^3 和 0.76J/cm^3。因此，硝酸盐掺杂的陶瓷相比氧化物掺杂的陶瓷具有更高的击穿场强。因此，分别制备每组 10 个样品，做直流击穿场强的测试分析，并绘制 $BNBL^1_{0.04}T$、$BNBL^2_{0.04}T$、$BNBS^1_{0.02}T$ 和 $BNBS^2_{0.02}T$ 陶瓷的直流击穿的韦伯分布图，如图 8-40 所示。

在电介质材料中，可以通过韦伯分布，运用少量的抽样数据，统计估算出总体样品的绝缘击穿强度。从图 8-40 中可以看出，$BNBL^1_{0.04}T$、$BNBL^2_{0.04}T$、$BNBS^1_{0.02}T$ 和 $BNBS^2_{0.02}T$ 陶瓷的形状参数 β 都大于 1，因此可以根据韦伯模型进行分析。通过线性拟合得出它们的平均击穿场强分别为 86kV/cm、96kV/cm、77 kV/cm、85kV/cm。可见，硝酸盐掺杂的样品确实比氧化物掺杂的样品具有更高的击穿场强，从而具有更高的储能密度。

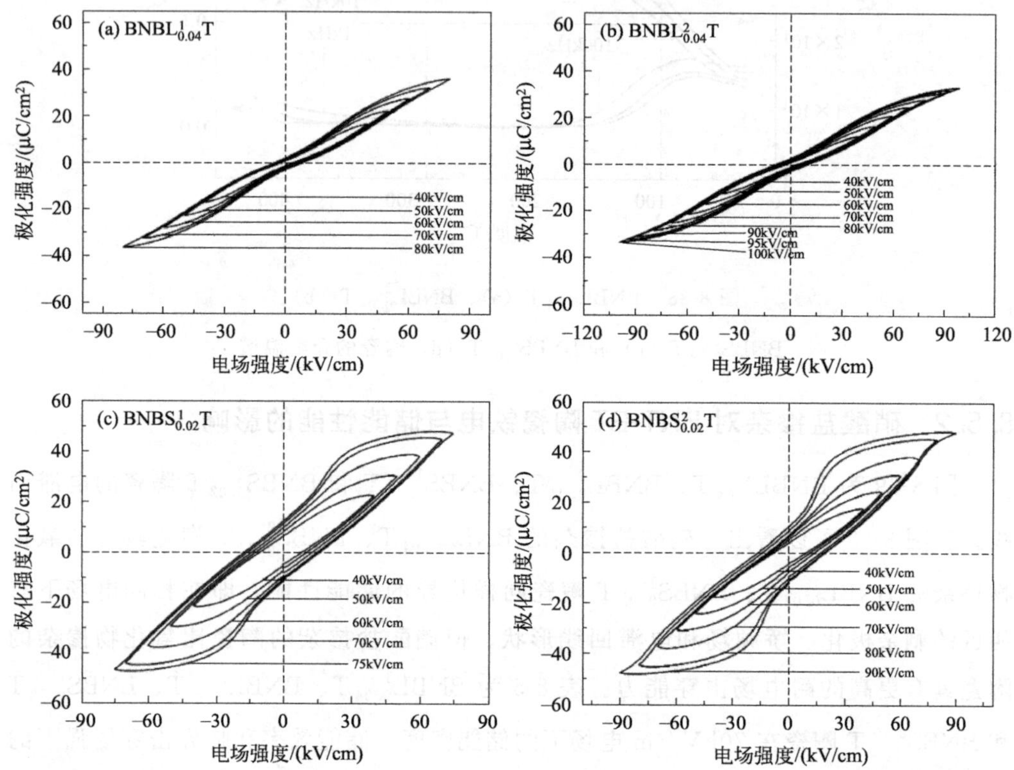

图 8-39 $BNBL^1_{0.04}T$ (a)、$BNBL^2_{0.04}T$ (b)、$BNBS^1_{0.02}T$ (c) 和 $BNBS^2_{0.02}T$ (d) 陶瓷的电滞回线

表 8-5 $BNBL^1_{0.04}T$、$BNBL^2_{0.04}T$、$BNBS^1_{0.02}T$ 和 $BNBS^2_{0.02}T$ 陶瓷的储能密度和储能效率

样品	储能密度(70kV/cm)	储能效率(70kV/cm)	储能密度(MAX)	储能效率(MAX)
$BNBL^1_{0.04}T$	$0.91J/cm^3$	69%	$1.09J/cm^3$	68%
$BNBL^2_{0.04}T$	$0.71J/cm^3$	69%	$1.21J/cm^3$	66%
$BNBS^1_{0.02}T$	$0.699J/cm^3$	40%	$0.72J/cm^3$	32%
$BNBL^2_{0.02}T$	$0.695J/cm^3$	38%	$0.76J/cm^3$	29%

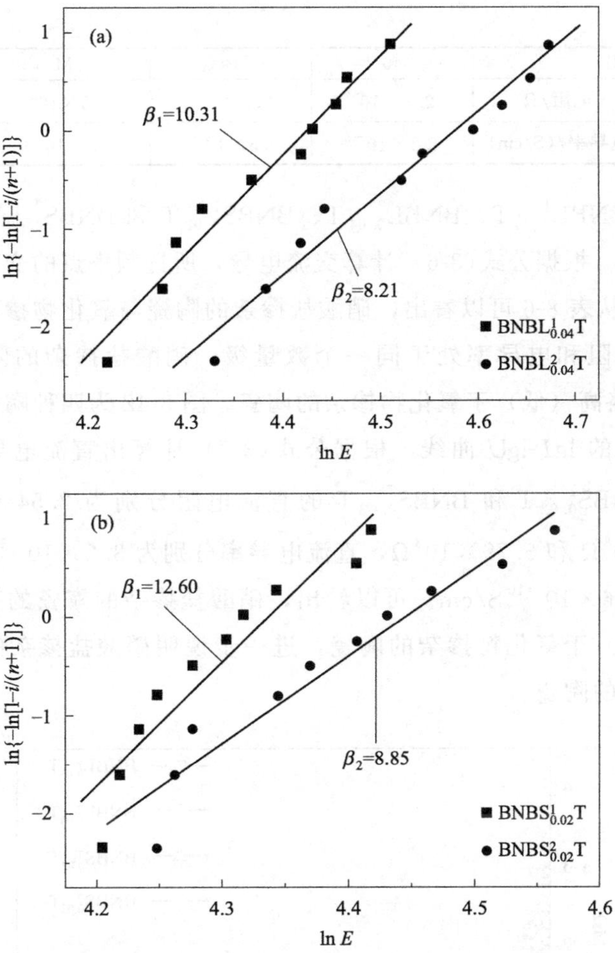

图 8-40　BNBL$^1_{0.04}$T、BNBL$^2_{0.04}$T（a）和 BNBS$^1_{0.02}$T、BNBS$^2_{0.02}$T（b）陶瓷直流击穿韦伯曲线

8.5.3　硝酸盐掺杂对 BNT-BT 陶瓷电导率和阻抗的影响

表 8-6　BNBL$^1_{0.04}$T、BNBL$^2_{0.04}$T、BNBS$^1_{0.02}$T 和 BNBS$^2_{0.02}$T 陶瓷不同频率的交流电阻和电导率

频率/Hz		40	1k	1M	10M
BNBL$^1_{0.04}$T	电阻/Ω	2.7×10^6	1.2×10^5	1.7×10^2	14
	电导率/(S/cm)	4.6×10^{-8}	1.0×10^{-6}	7.3×10^{-4}	0.9×10^{-3}
BNBL$^2_{0.04}$T	电阻/Ω	2.6×10^6	1.1×10^5	1.4×10^2	38.8
	电导率/(S/cm)	4.9×10^{-8}	1.1×10^{-6}	9.2×10^{-4}	3.2×10^{-3}
BNBS$^1_{0.02}$T	电阻/Ω	2.3×10^6	9.5×10^4	1.3×10^2	8.5
	电导率/(S/cm)	4.1×10^{-8}	8.8×10^{-7}	6.7×10^{-4}	1.1×10^{-2}

续表

频率/Hz		40	1k	1M	10M
$BNBS^2_{0.02}T$	电阻/Ω	2.3×10^6	9.8×10^4	1.3×10^2	9.4
	电导率/(S/cm)	4.2×10^{-8}	9.6×10^{-7}	7.3×10^{-4}	1.0×10^{-2}

图 8-41 为 $BNBL^1_{0.04}T$、$BNBL^2_{0.04}T$、$BNBS^1_{0.02}T$ 和 $BNBS^2_{0.02}T$ 陶瓷的交流电阻与频率的关系。根据公式(3-6) 计算交流电导，所选频率点的交流电阻和电导率如表 8-6 所示。从表 8-6 可以看出，硝酸盐掺杂的陶瓷与氧化物掺杂的陶瓷在各个频率点的交流电阻和电导率处于同一个数量级，硝酸盐掺杂的陶瓷的交流电阻（交流电导率）略高（低）于氧化物掺杂的陶瓷。图 8-42 为四种陶瓷的直流 I-U 数据进行对数化后的 $\lg I$-$\lg U$ 曲线，根据公式(3-7) 计算出直流电导。$BNBL^1_{0.04}T$、$BNBL^2_{0.04}T$、$BNBS^1_{0.02}T$ 和 $BNBS^2_{0.02}T$ 的直流电阻分别为 $2.54\times10^8\Omega$、$1.26\times10^9\Omega$、$1.10\times10^8\Omega$ 和 $5.79\times10^8\Omega$，直流电导率分别为 3.3×10^{-10}、9.6×10^{-11}、8.3×10^{-9} 和 1.6×10^{-10}S/cm。可以看出，硝酸盐掺杂的陶瓷的直流电阻（直流电导率）高（低）于氧化物掺杂的陶瓷，进一步说明硝酸盐掺杂的陶瓷的绝缘性高于氧化物掺杂的陶瓷。

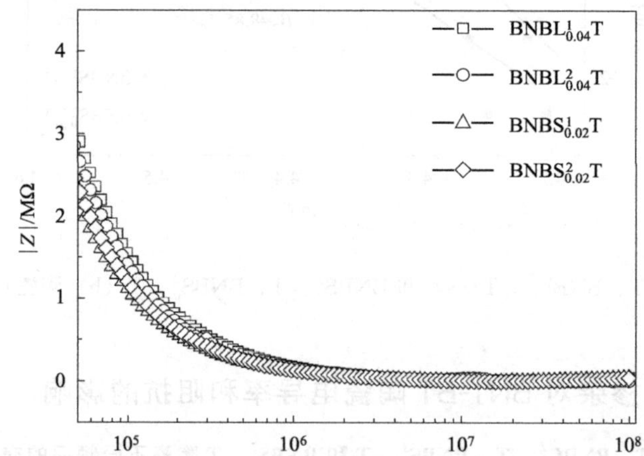

图 8-41 $BNBL^1_{0.04}T$、$BNBL^2_{0.04}T$、$BNBS^1_{0.02}T$ 和 $BNBS^2_{0.02}T$ 陶瓷的交流电阻与频率的关系

图 8-43 分别为 $BNBL^1_{0.04}T$、$BNBL^2_{0.04}T$、$BNBS^1_{0.02}T$ 和 $BNBS^2_{0.02}T$ 陶瓷的交流阻抗谱。从图 8-43 可以看出，硝酸盐掺杂同样没有改变 BNT-BT 陶瓷的电阻形成机制，仍然主要为晶界电阻效应。但以相同温度下阻抗谱半圆的面积可以看出，硝酸盐掺杂的陶瓷的半圆面积大于氧化物半圆的面积，同样也表明了硝酸盐掺杂的陶瓷的绝缘性高于氧化物掺杂的陶瓷。

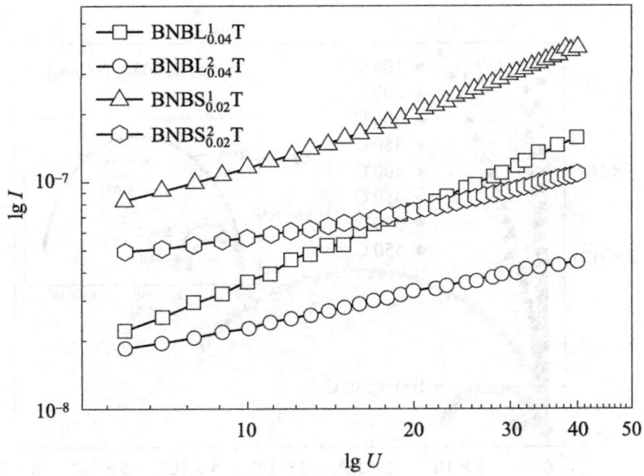

图 8-42 BNBL$^1_{0.04}$T、BNBL$^2_{0.04}$T、BNBS$^1_{0.02}$T 和 BNBS$^2_{0.02}$T 陶瓷的 lg$I$-lg$U$ 曲线

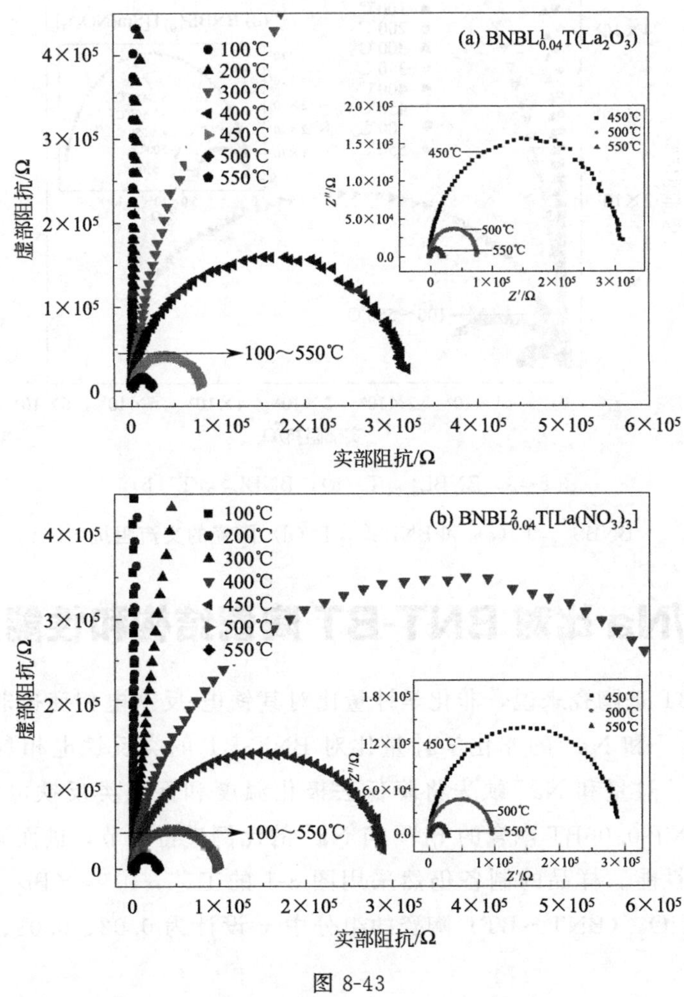

图 8-43

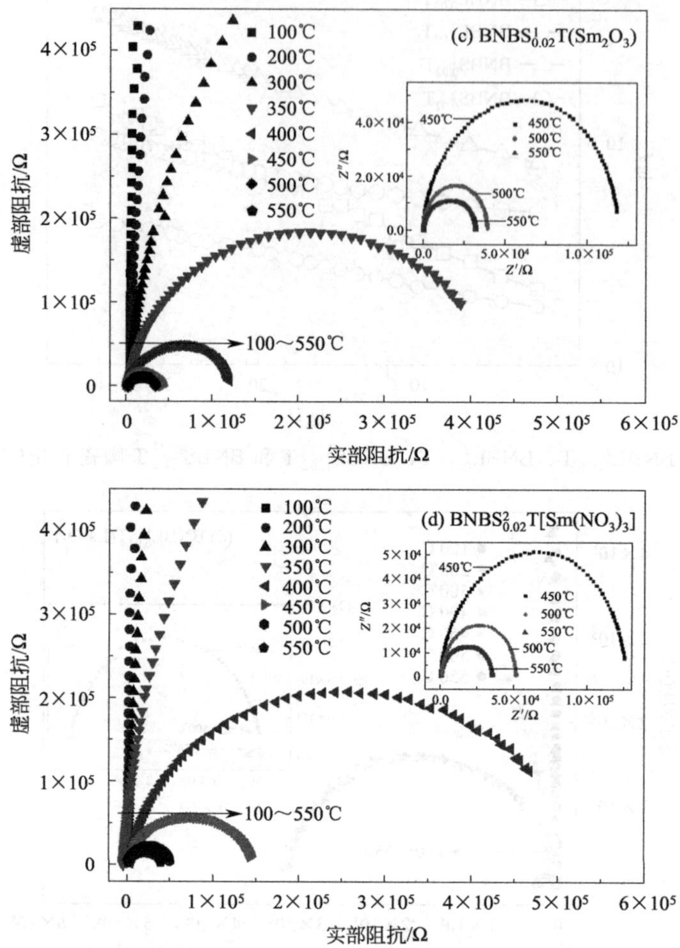

图 8-43 $BNBL_{0.04}^{1}T$ (a)，$BNBL_{0.04}^{2}T$ (b)，$BNBS_{0.02}^{1}T$ (c) 和 $BNBS_{0.02}^{2}T$ (d) 陶瓷的交流阻抗谱

8.6 Bi/Na 比对 BNT-BT 陶瓷结构和性能的影响

对 BNT-BT 基陶瓷来说，非化学计量比对其铁电-反铁电相变也非常重要，已有研究表明 Bi^{3+} 和 Na^{+} 的非化学计量比对 BNT-BT 的类反铁电相具有较大的影响。通常，Bi^{3+} 过量和 Na^{+} 缺失将降低去极化温度和促进类反铁电相变。因此，通过对 0.94BNT-0.06BT 陶瓷的 Bi^{3+} 与 Na^{+} 的比例进行调节，进而调控其铁电相变，提高储能性能。样品的制备仍然采用图 8-1 的工艺，0.94 ($Bi_{0.5+x}Na_{0.5-x}$) TiO_3-0.06$BaTiO_3$ (BNTx-BT) 陶瓷的组分中 x 设计为 0.02、0.03、0.04、0.05 和 0.06。

8.6.1　Bi/Na 比对 BNT-BT 陶瓷相结构、微观结构的影响

烧结后的 BNTx-BT 陶瓷的 X 射线衍射谱如图 8-44 所示。从图 8-44 可知，当 $x \leqslant 0.03$ 时，BNTx-BT 陶瓷为单相钙钛矿结构。而当 $x=0.04$，0.05 和 0.06 时，BNTx-BT 可以观察到有微量的第二相（在 XRD 图谱中标识有星号的物相）。通过与标准衍射谱对比，第二相是 $Bi_2Ti_4O_{11}$ 相，这说明 BNTx-BT 陶瓷的非化学计量比引起了第二相的形成。

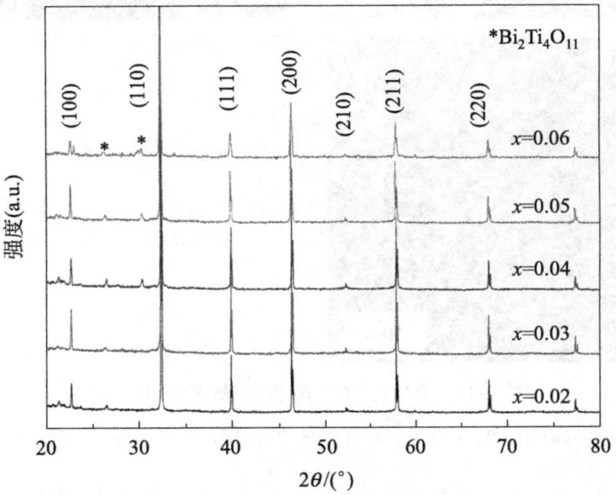

图 8-44　BNTx-BT 陶瓷的 XRD 图谱

BNTx-BT 陶瓷的表面微观结构如图 8-45 所示。从图 8-45 可以看出，所有的陶瓷都具有致密的结构，晶粒形状不均匀，主要为类球形结构。然而，如图 8-45 中的（c）～（e）所示，对于 $x \geqslant 0.04$ 的 BNTx-BT 陶瓷，在晶界处发现了一定数量的片状小晶粒。异常细小的片状颗粒与图 8-44 中 XRD 检测到的杂质相 $Bi_2Ti_4O_{11}$ 有关，为第二相物质。

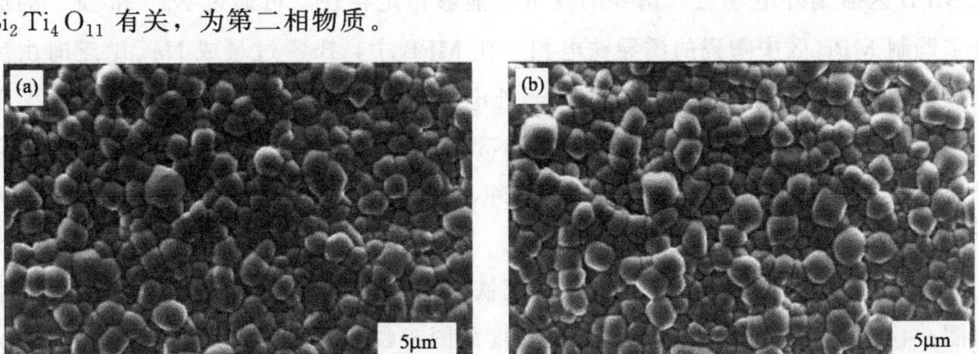

图 8-45

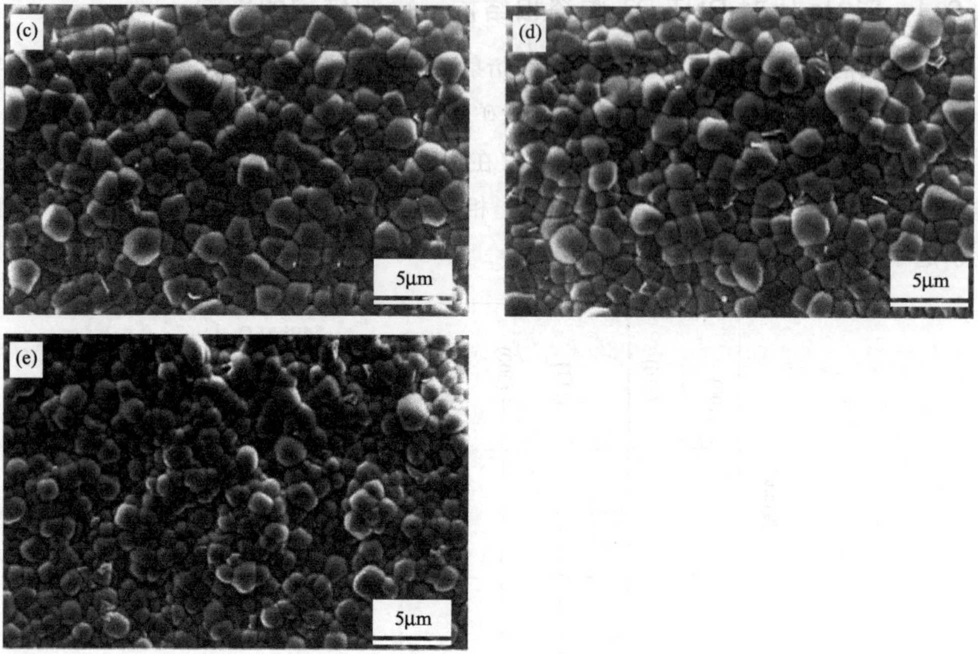

图 8-45　BNTx-BT 陶瓷的表面微观结构

(a) 0.02；(b) 0.03；(c) 0.04；(d) 0.05；(e) 0.06

8.6.2　Bi/Na 比对 BNT-BT 陶瓷铁电与储能性能的影响

图 8-46 显示了 BNTx-BT 陶瓷在室温时的电滞回线。从图 8-46 可知，所有陶瓷样品均显示出双电滞回线行为，这是反铁电体的典型表现行为，这些结果类似于 Ma 等观察到 Bi^{3+} 过量或 Na^+ 缺乏的 BNT-BT 材料。准同型相界（MPB）可以存在反铁电相区域，反铁电相可以诱导转变为铁电相，Na^+ 和 Bi^{3+} 的摩尔比为 1 的 MPB 区撤销外电场后，诱导的铁电相能够稳定存在。可通过 Na^+ 和 Bi^{3+} 的成分来调制 MPB 区中陶瓷的诱导铁电相。在 MPB 中，Bi^{3+} 过量或 Na^+ 缺乏时由反铁电诱导出的铁电相是一种亚稳态，当外电场去除后将恢复到反铁电相[17,18]。因此，室温下通过改变 BNTx-BT 陶瓷中 Na^+ 和 Bi^{3+} 的摩尔比来调制反铁电相，会导致图 8-46 中反铁电的双滞后现象。另外，如图 8-44 和图 8-45 所示的第二相，可能会影响 BNT-BT 的铁电性和储能性能。

BNTx-BT 陶瓷具有的双电滞回线反铁电特性，使其具有存储电能的能力，根据图 8-46 的电滞回线计算得到的储能密度如图 8-47 所示。从图 8-47 可知，当 x 从 0.02 增加到 0.05 时，储能密度迅速增加，这是由 Na^+ 和 Bi^{3+} 摩尔比导致的更加纤细的电滞回线引起的。对于 x 为 0.04 和 0.05 的陶瓷样品，其储能密度保持在

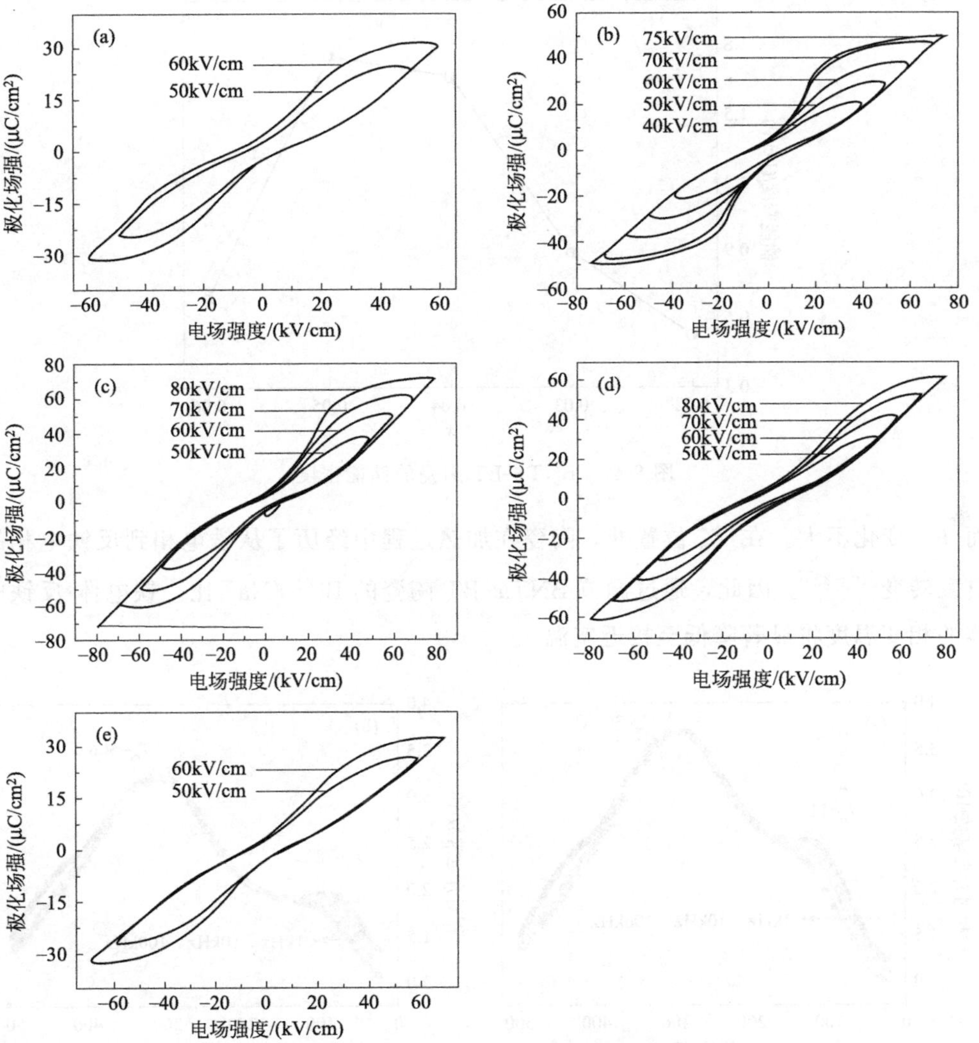

图 8-46　BNTx-BT 陶瓷的电滞回线

(a) 0.02；(b) 0.03；(c) 0.04；(d) 0.05；(e) 0.06

1.68～1.76J/cm^3，在 x＝0.05 时储能密度获得最大值 1.76J/cm^3。这表明通过非化学计量比设计，也是可以提高 BNT-BT 陶瓷的储能性能的。

8.6.3　Bi/Na 比对 BNT-BT 陶瓷介电性能的影响

图 8-48 显示了 BNTx-BT 陶瓷在 1kHz、10kHz 和 100kHz 时的介电温谱。从图 8-48 可知，所有成分的陶瓷在热退极化温度 T_d 和最大介电温度 T_m 处显示两种介电异常，这与 BNT-BT 陶瓷是一致[19]。随着测试频率的增加，T_d 值增大，而 T_m 值几乎不变。随着 x 的增加，T_d 先向低温方向移动，然后向高温方向移动，

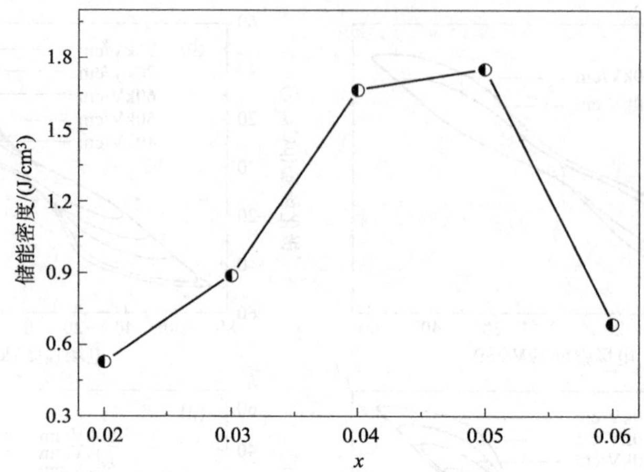

图 8-47　BNTx-BT 陶瓷的储能密度

而 T_m 变化不大。在 T_d 位置处，陶瓷在加热过程中经历了从铁电相到反铁电相的自发转变[20～22]。因此，通过调节 BNTx-BT 陶瓷的 Bi^{3+}/Na^+ 比，铁电体-反铁电体的相变温度将显著降低至接近室温。

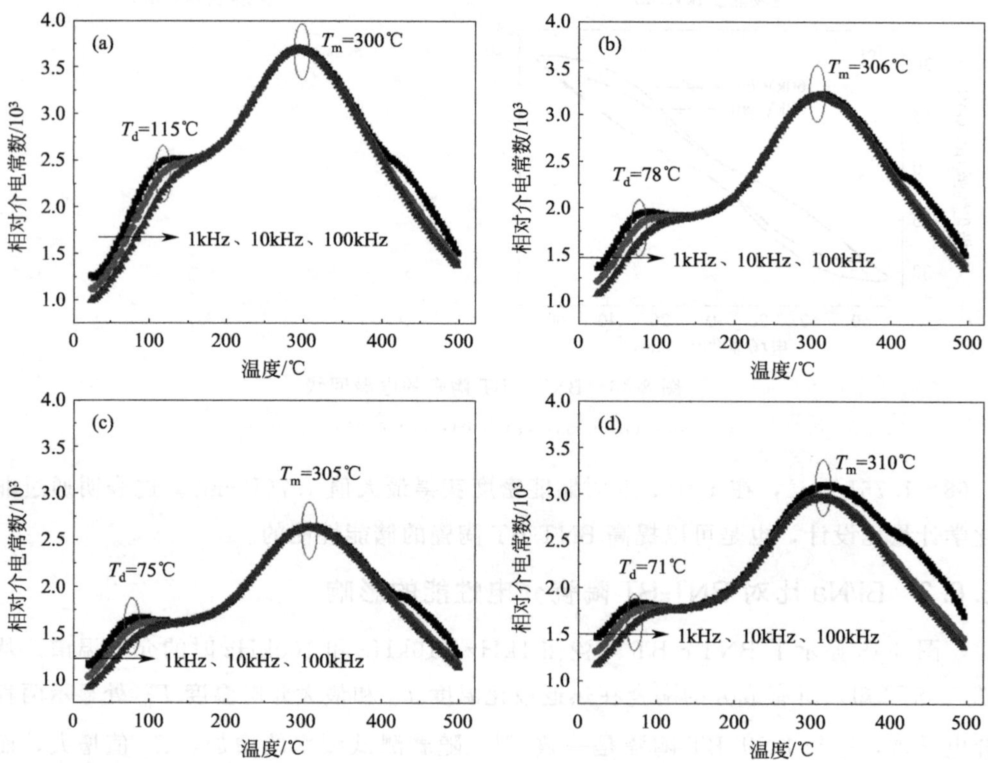

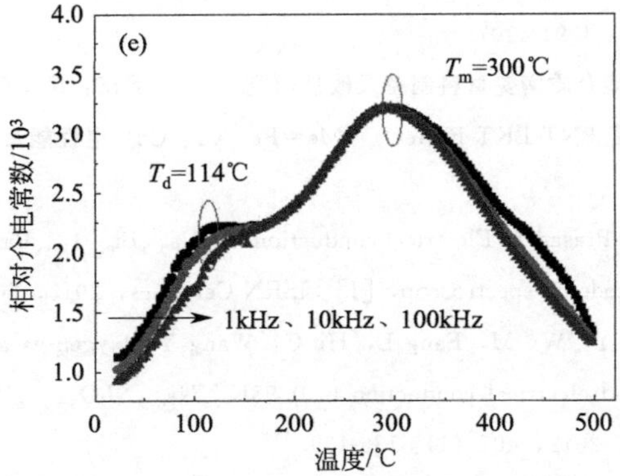

图 8-48 BNTx-BT 陶瓷的介电温谱

(a) 0.02；(b) 0.03；(c) 0.04；(d) 0.05；(e) 0.06

参考文献

[1] 吴朝晖 . $SrTiO_3$ 基储能介质陶瓷的制备工艺及性能研究［D］. 武汉：武汉理工大学，2005.

[2] Huang X，Gao C，Chen Z，Liu H. Influence of composition on properties of BNT-BT lead-free piezoceramics［J］. Journal of Rare Earths，2006，24 (1)：321-324.

[3] Li Q，Wang J，Ma L，Fan H，Li Z. Large electrocaloric effect in $(Bi_{0.5}Na_{0.5})_{0.94}Ba_{0.06}TiO_3$ lead-free ferroelectric ceramics by La_2O_3 addition［J］. Materials Research Bulletin，2016，74：57-61.

[4] Ding J，Liu Y，Lu Y，Qian H，Chen H G，Ma C. Enhanced energy-storage properties of $0.89Bi_{0.5}Na_{0.5}TiO_3$-$0.06BaTiO_3$-$0.05K_{0.5}Na_{0.5}NbO_3$ lead-free anti-ferroelectric ceramics by two-step sintering method［J］. Materials Letters，2014，114：107-110.

[5] Song Z，Liu H，Zhang S，Wang Z，Shi Y，Hao H，Cao M，Yao Z，Yu Z. Effect of grain size on the energy storage properties of $(Ba_{0.4}Sr_{0.6})$ TiO_3 paraelectric ceramics［J］. Journal of the European Ceramic Society，2014，34 (5)：1209-1217.

[6] Wang B，Luo L，Jiang X，Li W，Chen H. Energy-storage properties of $(1-x)$ $Bi_{0.47}Na_{0.47}Ba_{0.06}TiO_{3-x}KNbO_3$ lead-free ceramics［J］. Journal of Alloys and Compounds，2014，585：14-18.

[7] Zhao W，Zuo R，Fu J，Shi M. Large strains accompanying field-induced ergodic phase-polar ordered phase transformations in Bi $(Mg_{0.5}Ti_{0.5})$ O_3-$PbTiO_3$- $(Bi_{0.5}Na_{0.5})$ TiO_3 ternary system［J］. Journal of the European Ceramic Society，2014，34 (10)：2299-2309.

[8] Rahman J U，Hussain A，Maqbool A，Ryu G H，Song T K，Kim W，Kim M H. Field induced strain response of lead-free $BaZrO_3$-modified $Bi_{0.5}Na_{0.5}TiO_3$-$BaTiO_3$ ceramics［J］. Journal of Alloys and Compounds，2014，593 (593)：97-102.

[9] Luo L，Wang B，Jiang X，Li W. Energy storage properties of $(1-x)$ $(Bi_{0.5}Na_{0.5})$ $TiO_{3-x}KNbO_3$ lead-free ceramics［J］. Journal of Materials Science，2014，49 (5)：1659-1665.

[10] Tan X L，Ma C，Frederick J，Beckman S，Webber K G. The antiferroelectric ↔ ferroelectric phase

transition in lead-containing and lead-free perovskite ceramics [J]. Journal of the American Ceramic Society, 2011, 94 (12): 4091-4107.

[11] 陈俊波. $SrTiO_3$ 基储能介质陶瓷材料制备及改性研究 [D]. 武汉：武汉理工大学，2010.

[12] 周昌荣. 无铅压电陶瓷 BNT-BKT-$BiMeO_3$ (Me=Fe、Cr、Co) 电性能及机理研究 [D]. 长沙：中南大学，2008.

[13] Roy A K, Prasad K, Prasad A. Electrical conduction in $(Na_{0.5}Bi_{0.5})_{1-x}Ba_xTiO_3$ ($0\leqslant x\leqslant 1$) ceramic by complex impedance/modulus spectroscopy [J]. ISRN Ceramics, 2013, 2013 (9): 369670.

[14] Liu L, Huang Y, Li Y, Wu M, Fang L, Hu C, Wang Y. Oxygen-vacancy-related high-temperature dielectric relaxation and electrical conduction in $0.95K_{0.5}Na_{0.5}NbO_{3-0.05}BaZrO_3$ ceramic [J]. Physica B: Condensed Matter, 2012, 407 (1): 136-139.

[15] Zheng J, Chen G, Yuan C, Zhou C, Chen X, Feng Q, Li M. Dielectric characterization and energy-storage performance of lead-free niobate glass-ceramics added with La_2O_3 [J]. Ceramics International, 2016, 42 (1): 1827-1832.

[16] 唐小锋，唐子龙，周志刚. $BaTiO_3$ 基 PTCR 陶瓷的复阻抗谱研究 [J]. 无机材料学报，2000, 15 (6): 1037-1042.

[17] Ma C, Tan X. Phase diagram of unpoled lead-free $(1-x)$ $(Bi_{1/2}Na_{1/2})$ $TiO_3-{}_xBaTiO_3$ ceramics. Solid State Communications [J]. 2010, 150 (33): 1497-1500。

[18] Guo Y, Gu M, Luo H, Liu Y, Withers R L. Composition-induced antiferroelectric phase and giant strain in lead-free (Na_y, Bi_z) $Ti_{1-x}O_{3(1-x)}$ $-xBaTiO_3$ ceramics [J]. Physical Review B, 2011, 83: 054118.

[19] Jo W, Schaab S, Sapper E, Schmitt L A, Kleebe H J, Bell A J, Rodel J. On the phase identity and its thermal evolution of lead free $(Bi_{1/2}Na_{1/2})$ TiO_3-6mol% $BaTiO_3$ [J]. Journal of Applied Physics, 2011, 110: 074106.

[20] Dorcet V, Trolliard G, Boullay P. Reinvestigation of phase transitions in $Na_{0.5}Bi_{0.5}TiO_3$ by TEM. Part Ⅰ: First order rhombohedral to orthorhombic phase transition [J]. Chemistry of Materials, 2008, 20 (15): 5061-5073.

[21] Dorcet V, Trolliard G, Boullay P, The structural origin of the antiferroelectric properties and relaxor behavior of $Na_{0.5}Bi_{0.5}TiO_3$ [J]. Journal of Magnetism and Magnetic Materials, 2009, 321 (11): 1758-1761.

[22] Eerd B W, Damjanovic D, Klein N, Setter N, Trodahl J. Structural complexity of $(Na_{0.5}Bi_{0.5})$ TiO_3-$BaTiO_3$ as revealed by Raman spectroscopy [J]. Physical Review B, 2010, 82: 104112.

第 9 章 复合离子掺杂的 BNT-BKT 陶瓷结构、铁电和储能性能

9.1 引言

第 8 章阐述了单离子掺杂对 BNT-BT 基储能陶瓷性能的影响，另外一种较为有效的掺杂方式就是复合掺杂。复合离子掺杂是指通过两种或两种以上的元素以不同的方式对陶瓷进行掺杂改性，它不仅具有单离子掺杂的特点，既有施主掺杂又有受主掺杂，而且能够利用不同的离子扩宽掺杂改性的范围。值得注意的是，复合离子掺杂是将多个元素组成原子基团，要确保与被取代元素的化合价保持一致，离子半径相近，而多离子共掺无此要求。

Smolensky 提出了复合型钙钛矿化合物的概念，认为 A/B 位可至少由两种不同的元素组成[1]。其中 A 位离子总的化合价仍为 +2 价，B 位离子总化合价为 +4 价。同时，A/B 位离子的平均半径需满足式(9-1)[2]：

$$R_A + R_O = t \times \sqrt{2}(R_B + R_O) \quad (9\text{-}1)$$

其中，t 为容差因子，R_A、R_B 及 R_O 为分别为 A、B 位以及氧离子的平均半径。根据这一规则，以及结合上述对复合离子掺杂的描述，这里列举了一些满足条件的复合离子结构：$(A_{1/2}{}^{+1}A_{1/2}{}^{+3})^{2+}$、$(B_{1/2}{}^{+3}B_{1/2}{}^{+5})^{4+}$、$(B_{1/2}{}^{+2}B_{1/2}{}^{+6})^{4+}$、$(B_{1/3}{}^{+2}B_{2/3}{}^{+5})^{4+}$、$(B_{2/3}{}^{+3}B_{1/3}{}^{+6})^{4+}$、$(B_{1/4}{}^{+1}B_{3/4}{}^{+5})^{4+}$，满足条件的部分元素归纳如表 9-1 所示[3]。

表 9-1 部分不同化合价态下的元素

A	+1	Li、Na、K、Ag
	+3	Bi、La、Ce、Nd
B	+1	Li、Cu
	+2	Mg、Ni、Zn、Mn、Co、Sn、Fe、Cd、Cu
	+3	Mn、Sb、Al、Yb、In、Fe、Co、Sc、Y、Sn
	+5	Nb、Sb、Ta、Bi
	+6	W、Te、Re

本章主要介绍 $(Al_{0.5}Nb_{0.5})^{4+}$、$(Mg_{1/3}Nb_{2/3})^{4+}$、$(Sr_{1/3}Nb_{2/3})^{4+}$、$(Fe_{1/4}Sc_{1/4}Nb_{1/2})^{4+}$ 复合离子分别对二元体系 $Bi_{0.5}Na_{0.5}TiO_3$-$Bi_{0.5}K_{0.5}TiO_3$（BNT-BKT）进行复合离子掺杂，探究其对陶瓷的微结构和电学性能的影响。

9.2 陶瓷的制备

本章根据设计的陶瓷组分，采用图 8-1 中 BNT 基陶瓷制备的工艺流程，制备陶瓷样品及进行微结构和物理性能的表征，以获得各方面均优异的陶瓷。$(Al_{0.5}Nb_{0.5})^{4+}$、$(Mg_{1/3}Nb_{2/3})^{4+}$、$(Sr_{1/3}Nb_{2/3})^{4+}$、$(Fe_{1/4}Sc_{1/4}Nb_{1/2})^{4+}$ 复合离子分别对 BNT-BKT 进行掺杂的陶瓷组分如表 9-2 所示。

表 9-2 复合离子掺杂实验配方的组成

配方公式	组成(x)
$Bi_{0.5}(Na_{0.82}K_{0.18})_{0.5}Ti_{(1-x)}(Al_{0.5}Nb_{0.5})_xO_3$ (BNKT-xAN)	0.02,0.04,0.05,0.06,0.08
$Bi_{0.5}(Na_{0.82}K_{0.18})_{0.5}Ti_{(1-x)}(Mg_{1/3}Nb_{2/3})_xO_3$ (BNKT-xMN)	0.02,0.025,0.03,0.035,0.04,0.045
$Bi_{0.5}(Na_{0.82}K_{0.18})_{0.5}Ti_{(1-x)}(Sr_{1/3}Nb_{2/3})_xO_3$ (BNKT-xSN)	0.02,0.025,0.03,0.035,0.04,0.045
$Bi_{0.5}(Na_{0.82}K_{0.18})_{0.5}Ti_{(1-x)}(Fe_{1/4}Sc_{1/4}Nb_{1/2})_xO_3$ (BNKT-xFSN)	0.01,0.03,0.05,0.07,0.09,0.10

9.3 $(Al_{0.5}Nb_{0.5})^{4+}$ 复合离子对 BNT-BKT 陶瓷结构和性能的影响

9.3.1 $(Al_{0.5}Nb_{0.5})^{4+}$ 复合离子对 BNT-BKT 陶瓷相组成的影响

图 9-1 为 $Bi_{0.5}(Na_{0.82}K_{0.18})_{0.5}Ti_{1-x}(Al_{0.5}Nb_{0.5})_xO_3$（BNKT-$x$AN）陶瓷的 XRD 谱，图 9-1 中（b）和（c）为（111）和（200）衍射峰的放大图。XRD 谱结果表明：BNKT-xAN 陶瓷均形成了单一的钙钛矿结构，无杂相产生。由此可得，

$(Al_{0.5}Nb_{0.5})^{4+}$ 复合离子固溶到了 0.82BNT-0.18BKT 的晶格中，完全形成了固溶体。

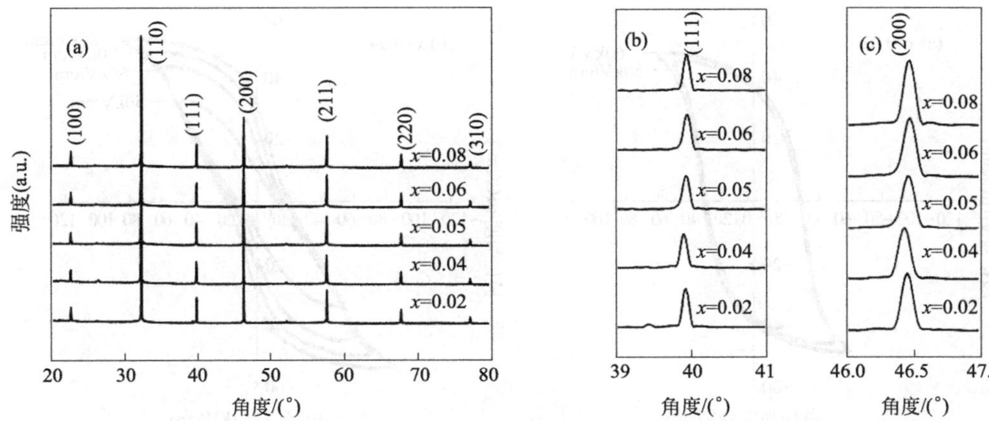

图 9-1　BNKT-xAN 陶瓷的 XRD 图谱

9.3.2　$(Al_{0.5}Nb_{0.5})^{4+}$ 复合离子对 BNT-BKT 陶瓷显微结构的影响

图 9-2 为 BNKT-xAN 陶瓷的表面微观形貌。从图 9-2 可以看出，不同组成的 BNKT-xAN 陶瓷均表现为晶界清晰、晶粒大小分布均匀、结构致密且无明显气孔。不同含量的 $(Al_{0.5}Nb_{0.5})^{4+}$ 离子掺杂，没有对 BNKT-xAN 陶瓷晶粒尺寸产生太大的影响，不同 AN 含量的陶瓷平均晶粒尺寸约为 0.8～1.0μm。

图 9-2　BNKT-xAN 陶瓷的表面微观形貌

9.3.3 $(Al_{0.5}Nb_{0.5})^{4+}$ 复合离子对 BNT-BKT 陶瓷铁电性能的影响

图 9-3 为 BNKT-xAN 陶瓷在不同电场下的电滞回线。从图 9-3(a) 可以看出，

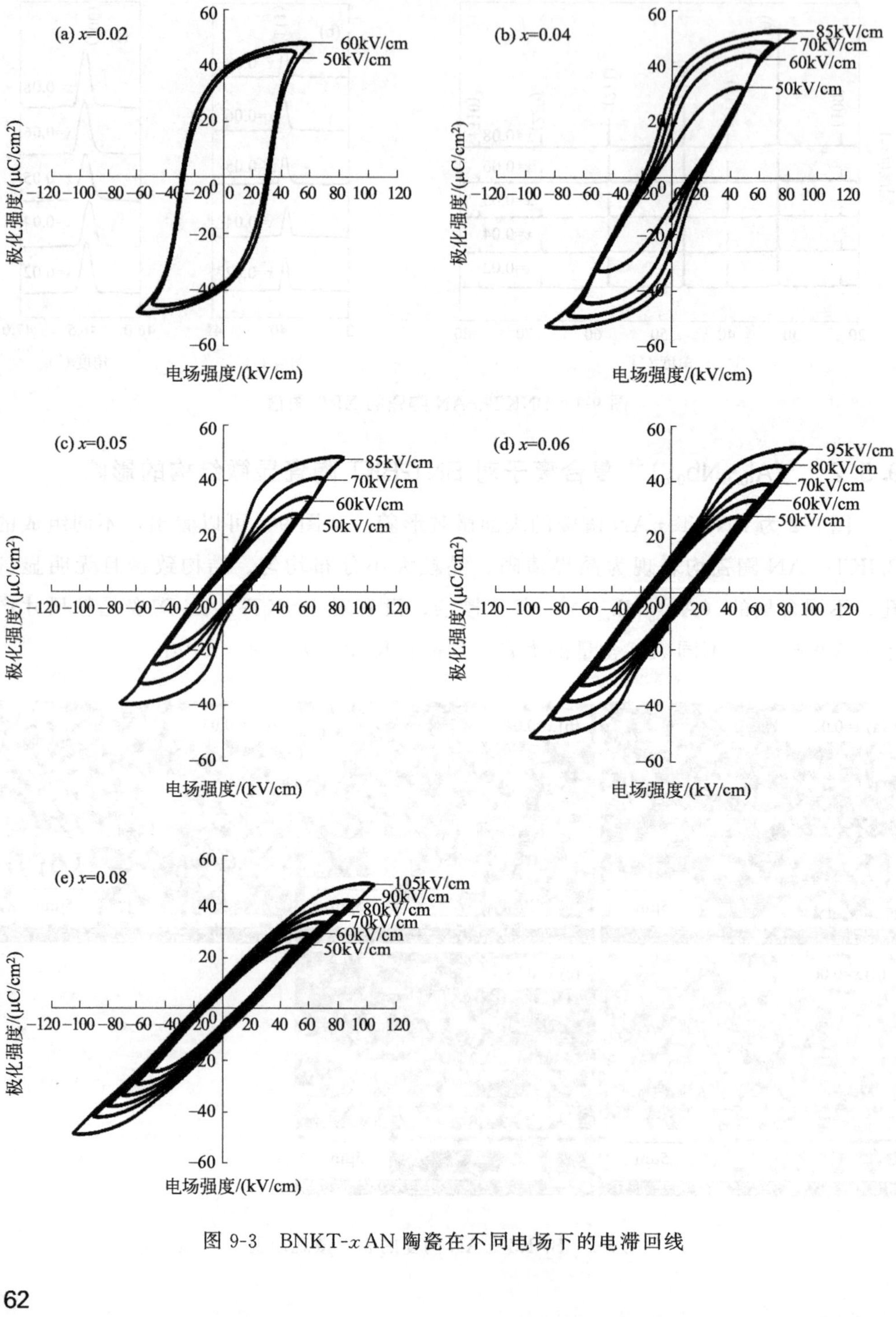

图 9-3　BNKT-xAN 陶瓷在不同电场下的电滞回线

在 $x=0.02$ 时，BNKT-xAN 陶瓷的电滞回线表现出标准铁电体的特征，具有较大的剩余极化和矫顽场，在 60kV/cm 的电场下分别为 38.8μC/cm^2 和 30.9kV/cm。随着 AN 含量的增加，剩余极化和矫顽场迅速减小并呈现出双电滞回线特征，这可能是由于随着 AN 离子的掺杂，诱导 BNKT-xAN 陶瓷从铁电相转变为铁电相-反铁电相共存；随着 AN 含量的进一步增加，剩余极化和矫顽场继续减小，电滞回线变得细长，并且双电滞回线特征有向高电场漂移的趋势。这可能是由于随着 AN 掺杂量的增加，纳米畴含量增加，使 BNKT-xAN 陶瓷无序化程度提高，在电场作用下，电畴沿电场方向定向排列，若使其有序化程度提高，极化值增大，需要更高的电场诱导其电畴发生转向。对于 BNKT-xAN 陶瓷，图 9-3 中每个成分点的最大电场的电滞回线是在临近其击穿电场下测得的电滞回线，由此推论：随着 AN 含量的增加，陶瓷的击穿场强不断增加。

9.3.4　$(Al_{0.5}Nb_{0.5})^{4+}$ 复合离子对 BNT-BKT 陶瓷储能性能的影响

根据储能密度计算公式，电场强度也是影响储能性能的一个重要参数，外加电场强度对储能密度的影响如图 9-4 所示。从图 9-4 可知，不同成分陶瓷的储能密度随外加电场强度的增加近似呈线性增长。陶瓷的击穿场强决定了最大储能密度，平均击穿场强可以用大量实验数据做统计分布获得，即用韦伯分布来计算每个成分点的平均击穿场强。

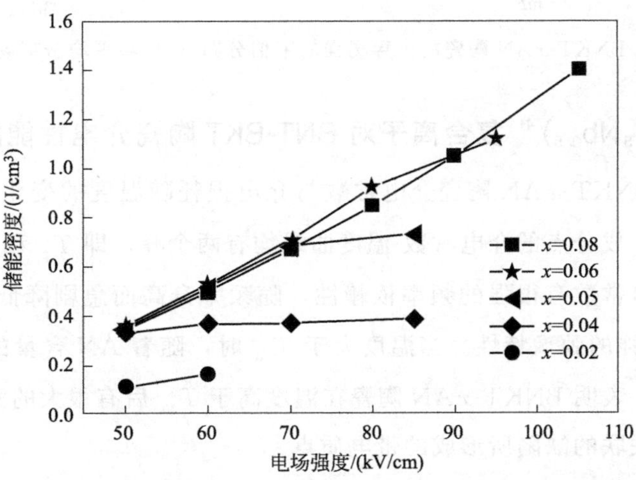

图 9-4　BNKT-xAN 陶瓷在不同电场强度下的储能密度

图 9-5(a) 为 BNKT-xAN 陶瓷击穿强度的韦伯分布。图 9-5(a) 中所有样品拟合的直线斜率均大于 1，表明 BNKT-xAN 陶瓷的击穿强度可以用韦伯分布模型来分析。图 9-5(b) 为 BNKT-xAN 陶瓷不同成分点的平均击穿场强。从图 9-5(b)

可知：随着 AN 含量的增加，平均击穿场强从 83.7kV/cm 升高到 116.1kV/cm。一般来说，介电材料的击穿强度和晶粒大小、致密度、被测样品厚度、面积、测试条件和电极形状等因素有关。根据 XRD 和 SEM 的分析，每种组成的样品有相同的相结构、微观结构、致密度，并且实验中制备工艺和测试条件均相同。因此，$(Al_{0.5}Nb_{0.5})^{4+}$ 离子的掺杂是影响 BNKT-xAN 陶瓷击穿场强的关键因素。这可能是因为 $(Al_{0.5}Nb_{0.5})^{4+}$ 离子掺杂进入 0.82BNT-0.18BKT 陶瓷后，占据其 B 位的 Ti^{4+}，由于 Ti^{4+} 和 Al^{3+}、Nb^{5+} 离子的价态不同，产生氧离子空位和阳离子空位，为了保持电中性，阳离子空位和氧离子空位相互补偿，从而使 BNKT-xAN 陶瓷在较大的交变电场下不容易击穿。

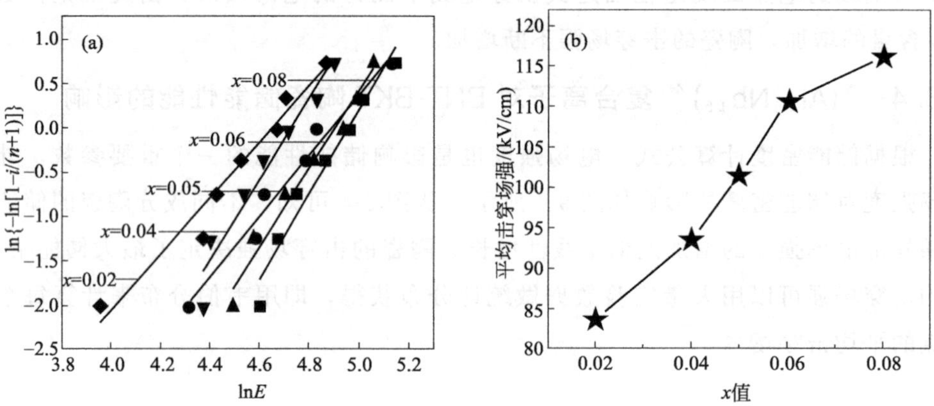

图 9-5　BNKT-xAN 陶瓷的击穿场强的韦伯分布（a）和平均击穿场强（b）

9.3.5　$(Al_{0.5}Nb_{0.5})^{4+}$ 复合离子对 BNT-BKT 陶瓷介电性能的影响

图 9-6 为 BNKT-xAN 陶瓷介电常数与介电损耗随温度的变化曲线。从图 9-6 可以看出，每个成分点的介电常数-温度曲线均有两个峰，即 T_p 和 T_m，且温度高于 T_m 后，介电常数有很强的频率依赖性，随频率升高而急剧降低，说明 BNKT-xAN 陶瓷有很强的弛豫特性。当温度大于 T_m 时，随着 AN 含量的增加，介电损耗也急剧增加，表明 BNKT-xAN 陶瓷在温度高于 T_m 后有很大的漏导损耗，漏导损耗来源于弱关联的缺陷所形成的带电质点。

图 9-7 中（a）～（e）为 BNKT-xAN 陶瓷 $\ln(1/\varepsilon - 1/\varepsilon_m)$ 和 $\ln(T - T_m)$ 的线性拟合。从图 9-7 中（a）～（e）可以看出，BNKT-xAN 陶瓷的弥散指数均大于 1 且小于 2，这表明 BNKT-xAN 陶瓷的频率色散特征明显，证明其为弛豫铁电体。另外，图 9-6 和图 9-7(f) 的结果也可证实这个结论。

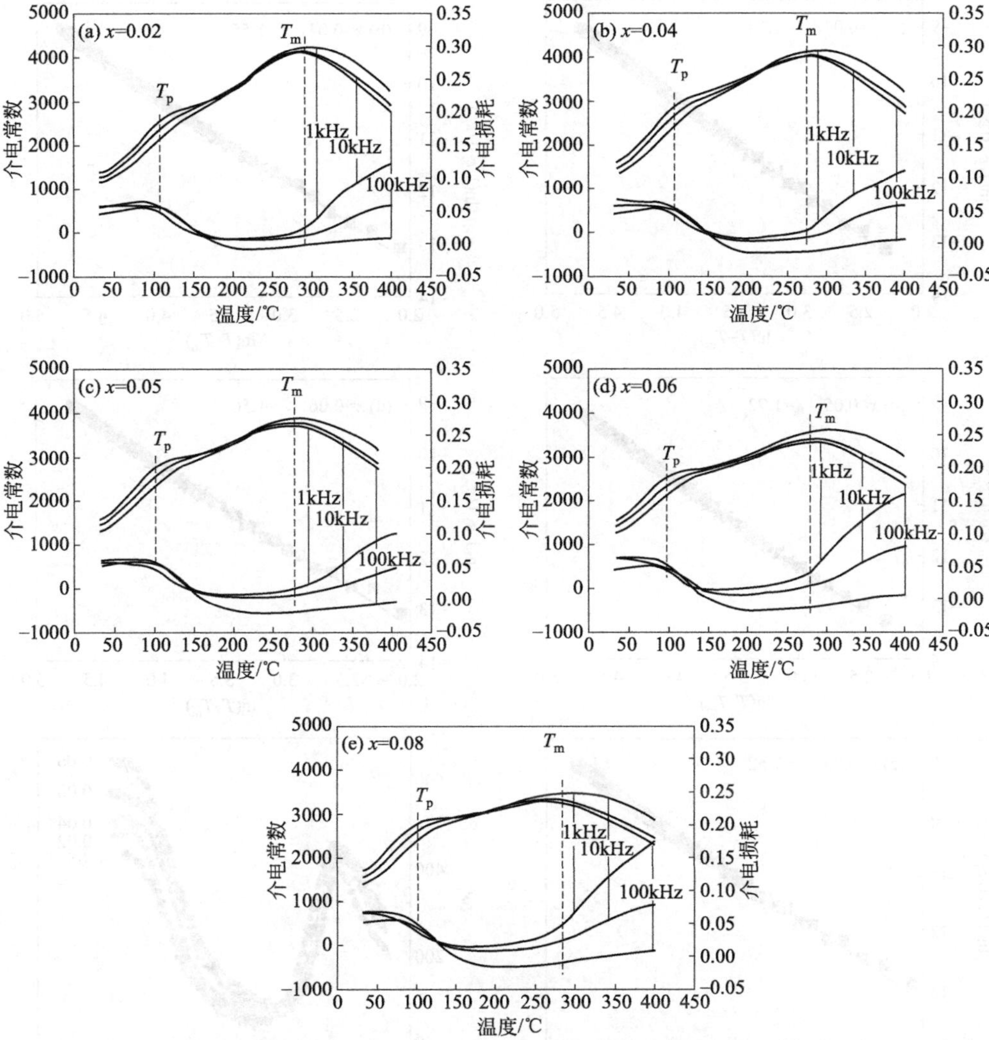

图 9-6　BNKT-xAN 陶瓷的介电常数与介电损耗随温度的变化

9.3.6　$(Al_{0.5}Nb_{0.5})^{4+}$ 复合离子对 BNT-BKT 陶瓷阻抗性能的影响

图 9-8(a) 为 BNKT-0.08AN 陶瓷在室温交流下电阻随频率对数的变化。实验选择其中的一些关键频率点（40Hz、1kHz、100kHz、10MHz）来计算其交流（离子）电导率，其计算结果如表 9-3 所示。从表 9-3 可以看出，随着频率的增加，交流电导率从 4.56×10^{-8}S/cm 逐渐增加到 8.99×10^{-3}S/cm。BNKT-0.08AN 陶瓷在低频下展现出良好的绝缘性。图 9-8(b) 为 BNKT-0.08AN 陶瓷 I-U 对数曲线。图 9-8(b) 通过线性拟合所得的斜率即为其在直流下的电阻，其值为 $2.274\times10^{8}\Omega$，通过公式(3-7) 计算其直流（电子）电导率为 4.855×10^{-10}S/cm。综上所

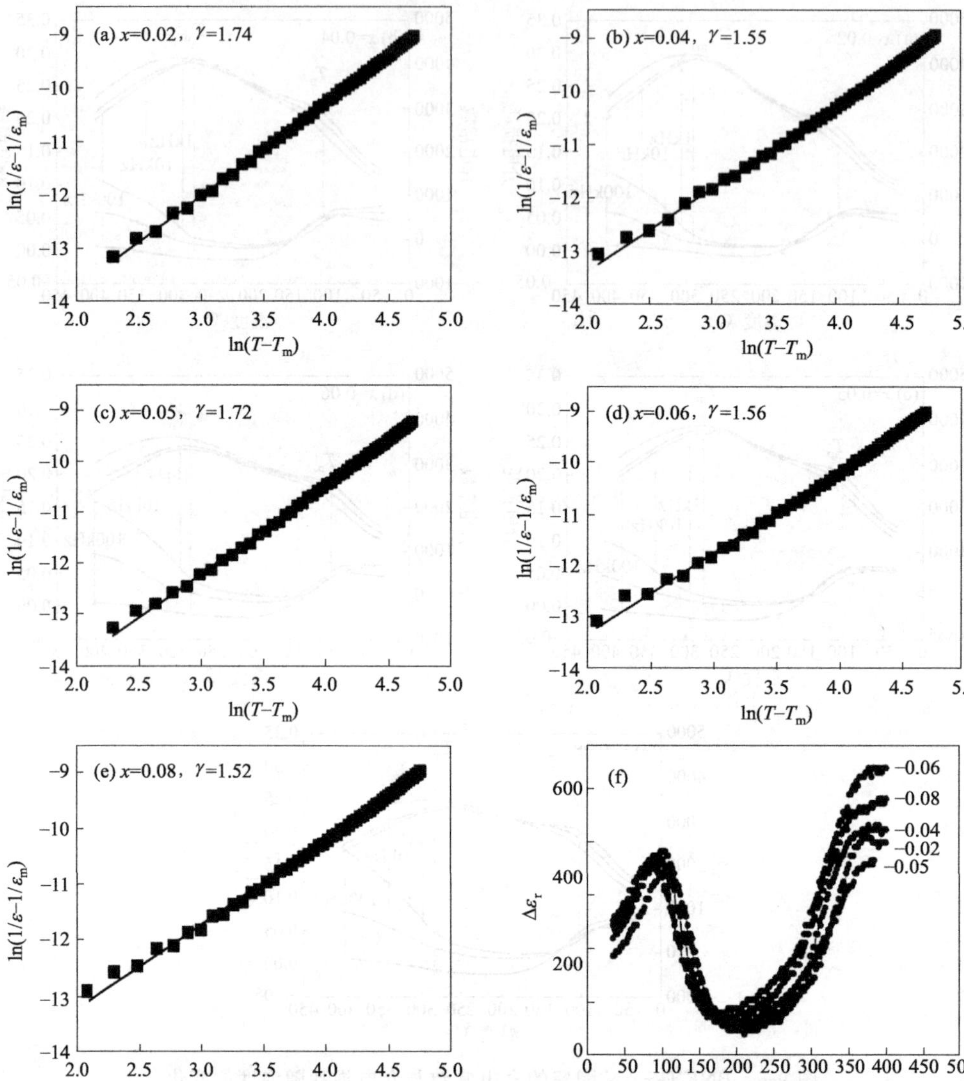

图 9-7 BNKT-xAN 陶瓷 ln（$1/\varepsilon-1/\varepsilon_m$）与 ln($T-T_m$）的关系（a）～（e）及 $\Delta\varepsilon_r$ 与温度的关系（f）

述，BNKT-0.08AN 陶瓷具有较低的交流电导率和直流电导率。

表 9-3 BNKT-0.08AN 陶瓷在不同频率下的交流电导率

测试频率/Hz	40	10^3	10^5	10^7
电阻/Ω	2.423×10^6	1.119×10^5	1.373×10^3	1.228×10^1
离子电导率/(S/cm)	4.56×10^{-8}	9.87×10^{-7}	8.04×10^{-5}	8.99×10^{-3}

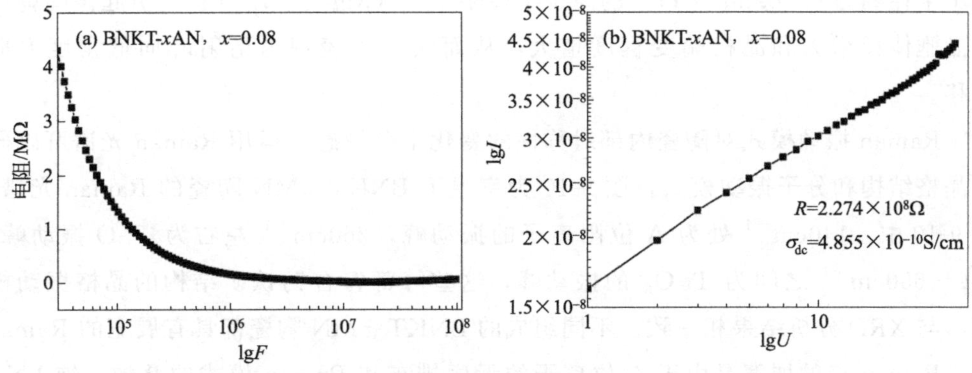

图 9-8　BNKT-0.08AN 陶瓷电阻随频率对数的变化（a）以及 lg$I$-lg$U$ 关系（b）

9.4　$(Mg_{1/3}Nb_{2/3})^{4+}$ 复合离子对 BNT-BKT 陶瓷结构和性能的影响

9.4.1　$(Mg_{1/3}Nb_{2/3})^{4+}$ 复合离子对 BNT-BKT 陶瓷相组成的影响

图 9-9(a) 为 BNKT-xMN 陶瓷的 XRD 图谱，图 9-9(b) 和（c）为（111）和（200）衍射峰的放大图。XRD 图谱结果表明：BNKT-xMN 陶瓷均形成了单一的钙钛矿结构，无杂相产生。由此可得，$(Mg_{1/3}Nb_{2/3})^{4+}$ 复合离子固溶到 0.82BNT-0.18BKT 晶格中，形成固溶体。随着掺杂量的增加，（111）和（200）衍射峰逐渐

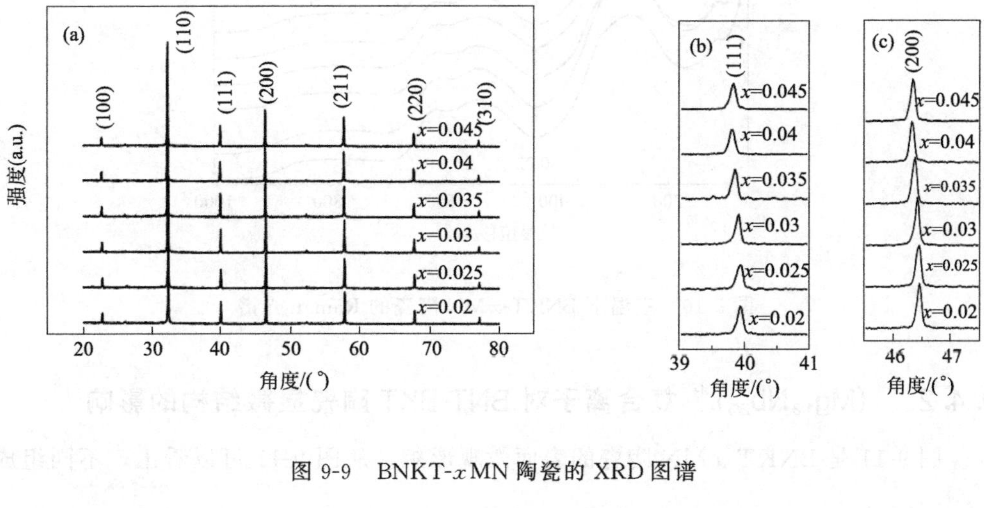

图 9-9　BNKT-xMN 陶瓷的 XRD 图谱

向低角度偏移。这是由于 Ti^{4+} 的离子半径为 0.061nm，而 $(Mg_{1/3}Nb_{2/3})^{4+}$ 的离子半径约为 0.069nm，Ti^{4+} 的离子半径略小于 $(Mg_{1/3}Nb_{2/3})^{4+}$，引起该陶瓷体系晶胞体积增大和晶格畸变程度增大，从而宏观上表现为衍射峰向低角度方向偏移。

Raman 振动模式对陶瓷内部对称性的变化十分敏感，运用 Raman 光谱可以研究晶格结构和分子振动模式，图 9-10 为室温下 BNKT-xMN 陶瓷的 Raman 光谱。图 9-10 中，140cm^{-1} 处为 A 位阳离子的振动峰，260cm^{-1} 左右为 Ti-O 振动峰，450～650cm^{-1} 之间为 Ti-O_6 的振动峰，这些峰都符合钙钛矿结构的晶格振动模式，与 XRD 分析结果相一致。不同组成的 BNKT-xMN 陶瓷都具有展宽的 Raman 峰，Raman 峰的展宽是由于 A 位离子的无序排布和 Raman 模式的叠加。纯 BNT 陶瓷在室温下具有三方对称性，属于 $R3c$ 空间群，C_{3v} 点群，有 13 个 Raman 激活模式(7 个 A_1 和 6 个 E)[4]，由于 Raman 模式的叠加，从 Raman 光谱上只能看到 5 个峰，分别位于 135cm^{-1}、270cm^{-1}、475cm^{-1}、524cm^{-1} 和 580cm^{-1}[5]，此实验结果与之相符合。另外，随着 $(Mg_{1/3}Nb_{2/3})^{4+}$ 含量的增加，Ti-O、Ti-O_6 振动峰出现了不同程度的减弱，这可能是由于加入 Mg^{2+} 和 Nb^{5+} 后晶格发生畸变和无序使能带变宽，使声子向更高的能带漂移。

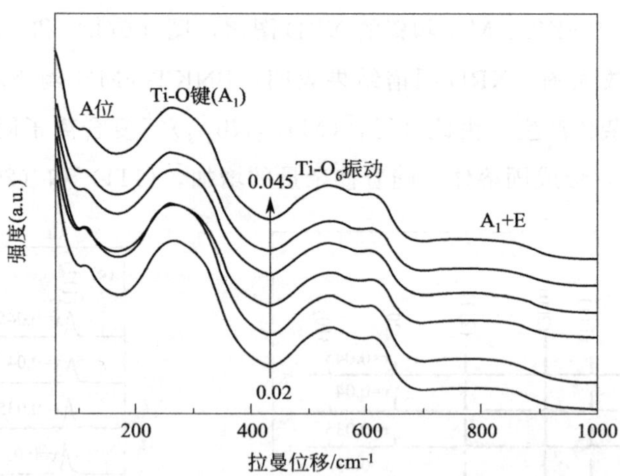

图 9-10　室温下 BNKT-xMN 陶瓷的 Raman 光谱

9.4.2　$(Mg_{1/3}Nb_{2/3})^{4+}$ 复合离子对 BNT-BKT 陶瓷显微结构的影响

图 9-11 是 BNKT-xMN 陶瓷的表面微观形貌。从图 9-11 可以看出，不同组成

的 BNKT-xMN 陶瓷均表现为晶界清晰、晶粒大小分布均匀、呈立方体结构、结构致密。不同含量的 MN 离子掺杂，没有对 BNKT-xMN 陶瓷晶粒尺寸产生太大的影响，不同 MN 含量的陶瓷平均晶粒尺寸约为 1.0～1.5μm。

图 9-11　BNKT-xMN 陶瓷的表面微观形貌

9.4.3　$(Mg_{1/3}Nb_{2/3})^{4+}$ 复合离子对 BNT-BKT 陶瓷铁电性能的影响

图 9-12 为 BNKT-xMN 陶瓷在不同电场下的电滞回线。图 9-12(a) 中在 x=0.02 与 50kV/cm 电场时，电滞回线展现出典型的铁电体特征，具有较大的矫顽场和剩余极化，分别为 21.72kV/cm 和 23.75μC/cm^2；随着 MN 离子含量的增加，矫顽场和剩余极化急剧减小，可以观察到不明显的双电滞回线特征；随着 MN 离子掺杂量的进一步增加，电滞回线变得细长，此时可以观察到明显的双电滞回线特征，但此时的双电滞回线特征需要在 70kV/cm 的电场下才能被诱导，而在x=0.03，50kV/cm 的电场下就可以观察到双电滞回线特征，这表明随着 MN 离子掺杂量的增加，电畴沿电场方向排列变得困难，这可能是由于 MN 离子的掺杂使纳米畴含量增加，钉扎畴壁运动，电畴转向困难，需要更高的电场诱导其转向。MN 含量继续增加到 x=0.045 时，饱和极化迅速降低，表明其弛豫性增强。不断降低的剩余极化和矫顽场，也说明其长程有序的电畴结构遭到破坏。

9.4.4　$(Mg_{1/3}Nb_{2/3})^{4+}$ 复合离子对 BNT-BKT 陶瓷储能性能的影响

结合 9.3.4 中韦伯分布的论证，MN 离子的掺杂使 BNKT-xMN 陶瓷的击穿场

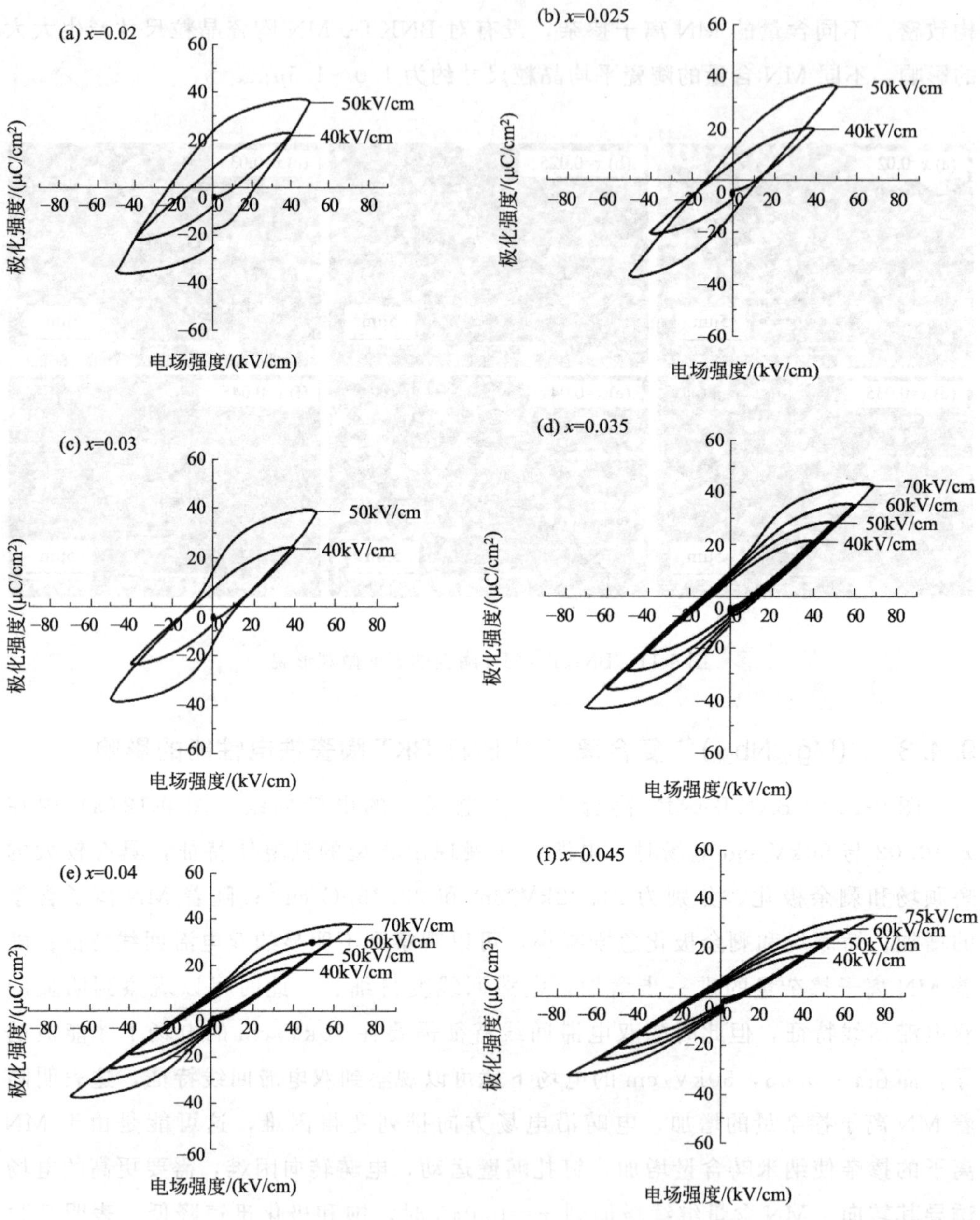

图 9-12 BNKT-xMN 陶瓷的电滞回线

强不断提高，这也影响其储能性能。图 9-13(a) 和 (b) 分别为根据图 9-12 的电滞回线计算的 BNKT-xMN 陶瓷在不同电场下的储能密度和储能效率。从图 9-13(a) 可知，随着电场强度的提高，BNKT-xMN 陶瓷的储能密度均呈线性增长。在

50kV/cm 的电场下，随着 MN 掺杂量的提高，其储能密度先升高后降低，在 $x=0.025$ 时有最大值 0.41J/cm^3。BNKT-xMN 陶瓷可以获得的最大储能密度为 0.7J/cm^3，此时 MN 的掺杂量为 0.035，电场为 70kV/cm。从图 9-13(b) 可以看出，随 MN 掺杂量的增加，BNKT-xMN 陶瓷的储能效率总体呈不断提高的趋势，在 $x=0.045$ 时的最大储能效率为 49%。MN 掺杂量为 0.045 时，在 75kV/cm 电场下，BNKT-xMN 陶瓷的储能密度和储能效率分别为 0.69J/cm^3 和 49.3%，相比于有最大储能密度的 BNKT-0.035MN 陶瓷，BNKT-0.045MN 陶瓷不仅有较高的储能密度，同时其储能效率也较好。

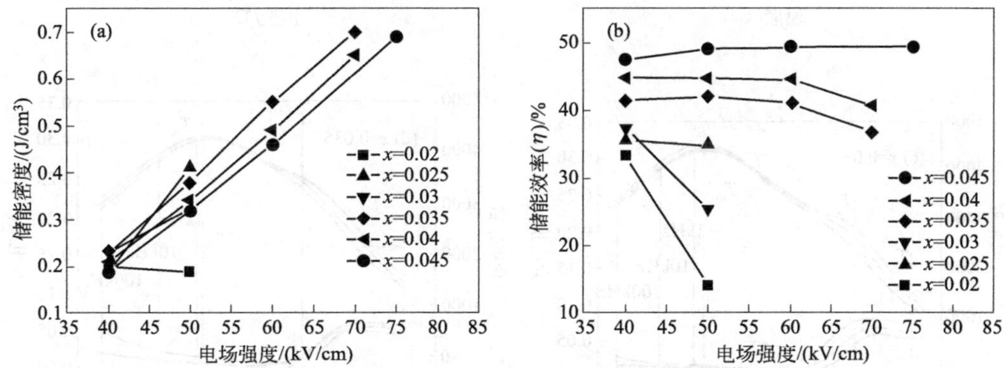

图 9-13　BNKT-xMN 陶瓷在不同电场下的储能密度（a）和储能效率（b）

9.4.5　$(Mg_{1/3}Nb_{2/3})^{4+}$ 复合离子对 BNT-BKT 陶瓷介电性能的影响

图 9-14 为 BNKT-xMN 陶瓷的介电常数和介电损耗随温度的变化曲线。图 9-14(a) 中有三个介电反常峰 T_d、T_p 和 T_m，T_d 处的反常峰约在 70℃。由图 9-14(b) 可知 T_d 峰向低温方向移至约 40℃。随着 MN 含量的增加，T_d 峰进一步向更低温度方向移动，在 $x=0.035$ 时已经移动到室温以下。这是因为 MN 含量的增加使 BNKT-xMN 陶瓷纳米畴含量逐渐增加，使长程有序的电畴结构被破坏，导致宏观上铁电畴稳定性降低。另外，在 T_d 处有一个与之相对应的介电损耗峰，其损耗主要来源于弛豫极化损耗。在 T_d 峰到 T_p 峰的温度范围内，介电常数随频率有明显的依赖性，温度高于 T_p 后，频率依赖性减弱，同时在介电损耗曲线上，介电损耗突然减小。T_m 反常峰是由顺电相的转变引起的，在温度高于 T_m 后介电常数随频率的变化不明显，但在高温处仍然存在一定程度的频率色散现象。温度高于 T_m 后的线性拟合图如图 9-15 所示，拟合得到的弥散指数在 1.51～1.69 之间，这表明其为弛豫铁电体。

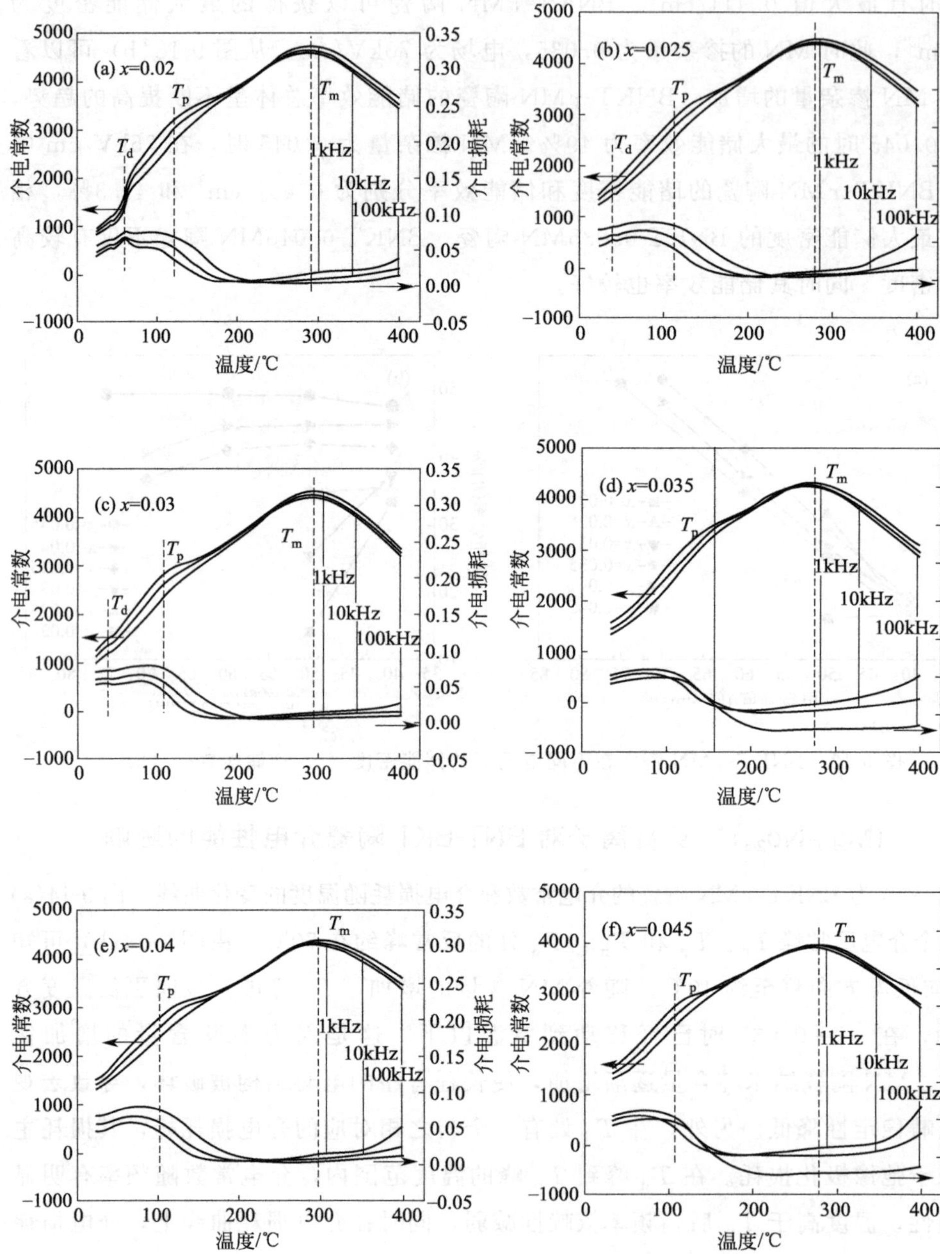

图 9-14　BNKT-xMN 陶瓷介电常数 ε_r 与介电损耗 $\tan\delta$ 随温度的变化曲线

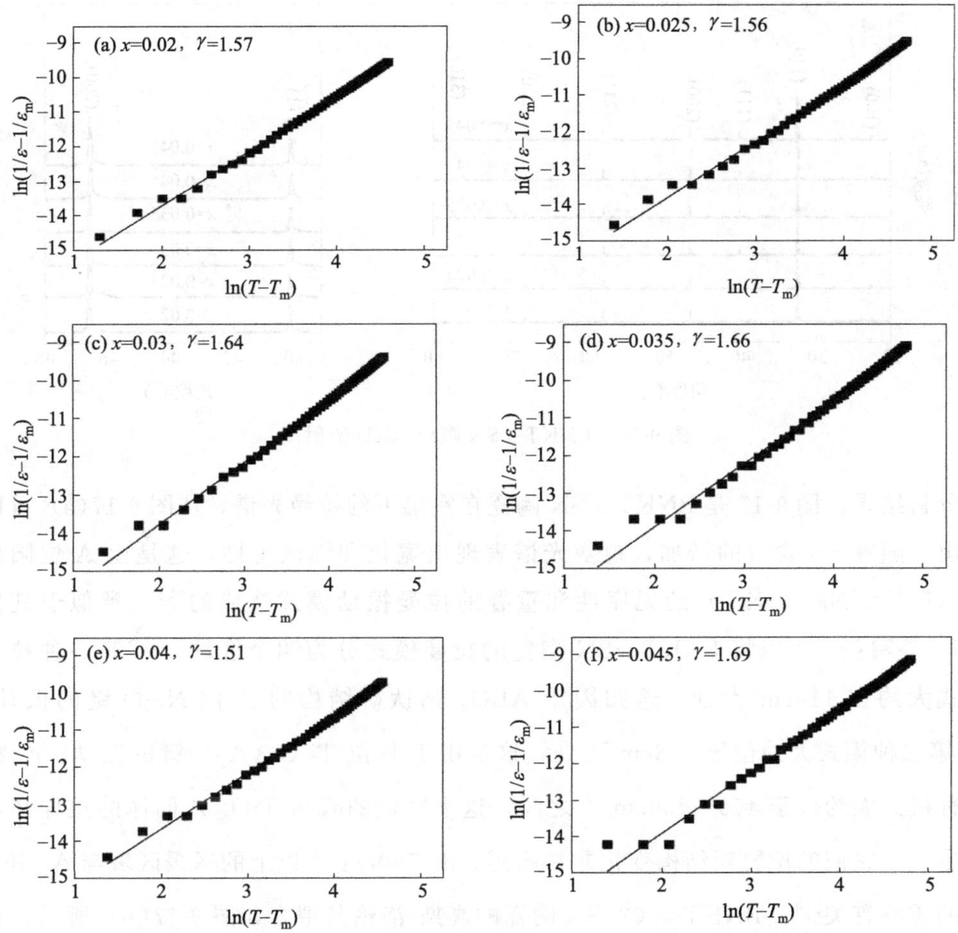

图 9-15　BNKT-xMN 陶瓷 $\ln(1/\varepsilon-1/\varepsilon_m)$ 与 $\ln(T-T_m)$ 的关系

9.5 $(Sr_{1/3}Nb_{2/3})^{4+}$ 复合离子对 BNT-BKT 陶瓷结构和性能的影响

9.5.1 $(Sr_{1/3}Nb_{2/3})^{4+}$ 复合离子对 BNT-BKT 陶瓷相组成的影响

室温下 BNKT-xSN 陶瓷的 X 射线衍射谱如图 9-16(a) 所示。从图 9-16(a) 可以看出 BNKT-xSN 陶瓷为纯钙钛矿结构，说明复合离子 SN 完全固溶到 BNT-BKT 二元固溶体中，并形成新的固溶体。图 9-16(b) 为 39°～48°范围内衍射峰的放大图，从局部放大的衍射峰可知 (111) 峰和 (200) 峰均没有发生分峰现象，这表明 BNKT-xSN 陶瓷具有伪立方相结构。

考虑到拉曼光谱对陶瓷的相变敏感，拉曼光谱分析被用于补充 XRD 在宏观上

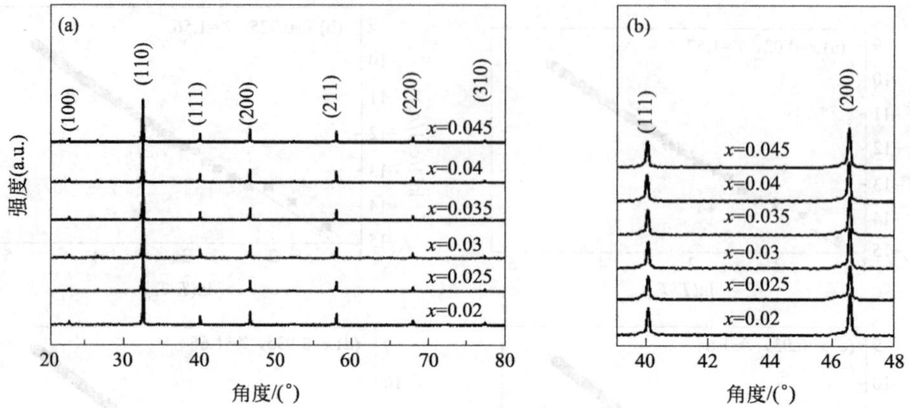

图 9-16　BNKT-xSN 陶瓷 XRD 衍射图

的分析结果。图 9-17 是 BNKT-xSN 陶瓷在室温下的拉曼光谱。从图 9-17(a) 可以看出，随着 SN 含量的增加，拉曼光谱表现出宽化和弥散特性，这是由 A 位阳离子（Bi^{3+}、Na^{+}、K^{+}）的无序性和重叠的拉曼振动模式造成的[6]。类似于其他 BNT 基陶瓷，可以将 BNKT-xSN 陶瓷的拉曼模式分为四个区域：a. 第一种拉曼模式大约在 110cm^{-1} 处，这归因于 ABO_3 钙钛矿结构的 A 位 Na-O 键的振动；b. 第二种模式大约位于 278cm^{-1} 处，这是由于 B 位 Ti-O（A_1）键的振动；c. 第三种模式大约位于 450～700cm^{-1} 之间，这个区域的峰与 TiO_6 八面体的拉伸和弯曲有关，它们的位置对结构变化非常敏感；d. 700cm^{-1} 以上的平缓区域与 A_1 和 E 键的重叠有关[7]。BNKT-0.035SN 陶瓷的高斯-洛伦兹拟合如图 9-17(b) 所示，在 100～1000cm^{-1} 波数内可以拟合出八个峰，其中 A_1 模式在 278cm^{-1} 处分裂为两个带，分别位于 265cm^{-1} 和 309cm^{-1}，表明 SN 的掺杂引起了结构演化中的特定声子行为。同时，拉曼模式数目的增加，意味着 BNKT-xSN 陶瓷多相共存。Quiroga 等的研究表明：室温下 0.82BNT-0.18BKT 陶瓷三方相和四方相两相共存，而且四方相所占的比例大于三方相[8]。对于极化后具有高应变响应的 BNT 基陶瓷，特定的声子行为可能与局部结构转变成有序的状态有关，并且能够实现可逆畴的翻转，从而促使纳米极性微区向更有序的短程有序极性状态排列。对于压电材料，宏观性质的变化，特别是铁电、压电特性，由相应的结构衍变和混合相控制。结合拉曼光谱和后续的电学特性，可以推测当 $x<0.035$ 时，室温下陶瓷的主导相是铁电四方相；对于临界成分点以上的陶瓷（$x>0.035$），遍历弛豫伪立方相是室温主导相，其特征在于弱的压电和铁电响应[9]。

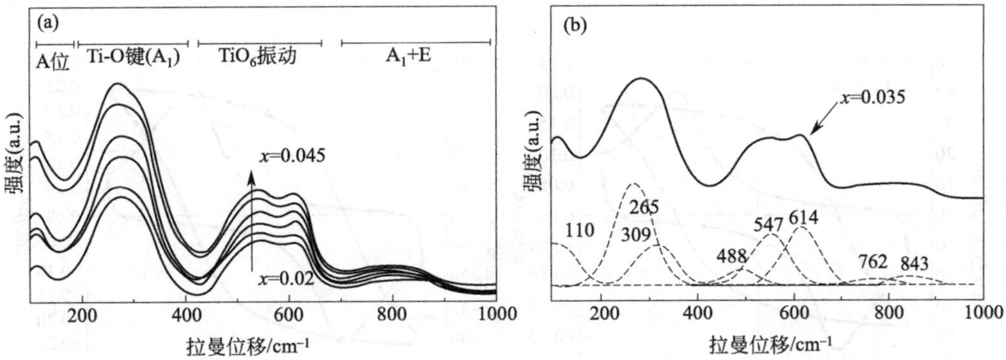

图 9-17　BNKT-xSN 陶瓷的拉曼光谱（a）和高斯-洛伦兹拟合的拉曼光谱（b）

9.5.2　$(Sr_{1/3}Nb_{2/3})^{4+}$ 复合离子对 BNT-BKT 陶瓷显微结构的影响

图 9-18 为 BNKT-xSN 陶瓷的表面微观形貌。从图 9-18 可知，在 x＝0.02 和 0.025 时，陶瓷的表面形貌显示出矩形的晶粒，晶粒晶界清晰。在 x＝0.035 和 0.04 时，晶粒形状转变成不规则矩形的小晶粒。BNKT-xSN 陶瓷的平均晶粒尺寸在 1.23～1.39μm 的窄范围内波动，表明复合离子 SN 掺杂对 BNKT-xSN 陶瓷的晶粒尺寸没有明显影响。

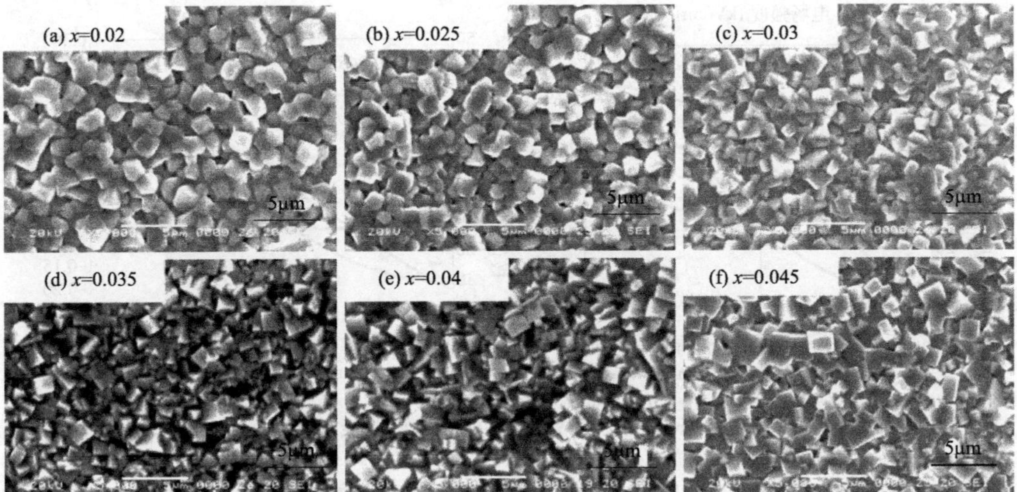

图 9-18　BNKT-xSN 陶瓷表面微观形貌

9.5.3　$(Sr_{1/3}Nb_{2/3})^{4+}$ 复合离子对 BNT-BKT 陶瓷铁电和储能性能的影响

BNKT-xSN 陶瓷在 70kV/cm 下的 P-E 曲线和 I-E 曲线如图 9-19 所示。当

$x<0.035$ 时，P-E 曲线呈饱和态，具有较大的 P_{max}、P_r 和 E_c，表现出典型的铁

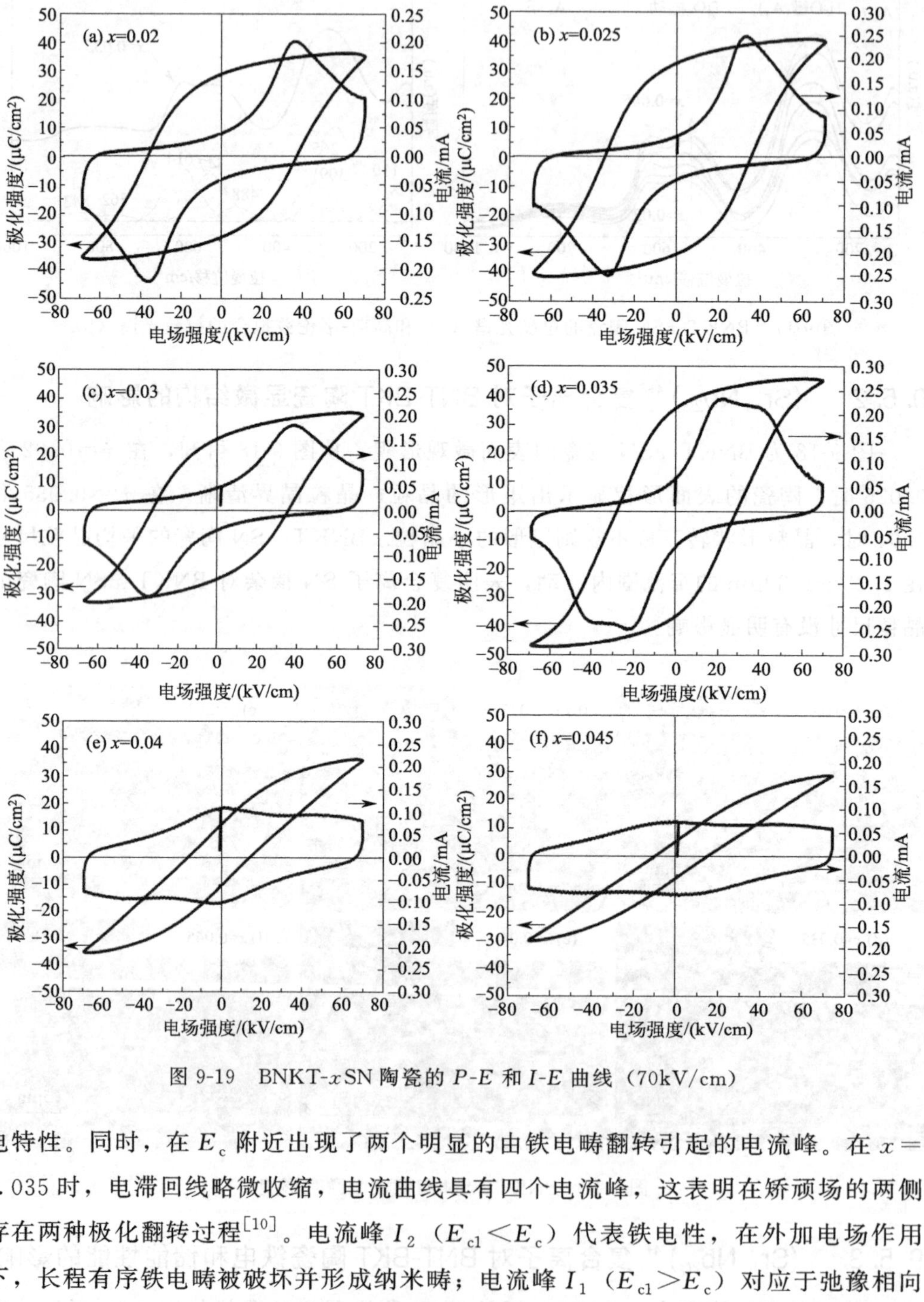

图 9-19 BNKT-xSN 陶瓷的 P-E 和 I-E 曲线（70kV/cm）

电特性。同时，在 E_c 附近出现了两个明显的由铁电畴翻转引起的电流峰。在 $x=0.035$ 时，电滞回线略微收缩，电流曲线具有四个电流峰，这表明在矫顽场的两侧存在两种极化翻转过程[10]。电流峰 I_2（$E_{c1}<E_c$）代表铁电性，在外加电场作用下，长程有序铁电畴被破坏并形成纳米畴；电流峰 I_1（$E_{c1}>E_c$）对应于弛豫相向铁电相的转变过程，伴随纳米畴的形成和生长。事实上，出现四个电流峰意味着

弛豫相和铁电相（非遍历弛豫相）在 $x=0.035$ 处两相共存[11]。当 $x\geqslant 0.4$ 时，I_1 和 I_2 向相反的方向移动。电流峰 I_1 向高电场方向移动并逐渐消失，而 I_2 向零电场附近移动，这表明当电场被撤销时，不稳定的铁电态又将恢复到弛豫态[10]。

图 9-20(a) 描述了 BNKT-xSN 陶瓷的 P_{max}、P_r、$P_{max}-P_r$ 和 E_c 随 SN 掺杂量的变化。对于具有较大 P_{max} 和 P_r 的典型铁电体，其储能密度较小，因为当铁电畴翻转时，大部分能量被吸收。随着 SN 含量的增加，可以看出 P_{max} 和 P_r 呈现相似的变化趋势，当 $x>0.035$ 时，P_{max} 和 P_r 急剧减小，E_c 随着掺杂量的增加逐渐降低。铁电参数的减小归因于 $(Sr_{1/3}Nb_{2/3})^{4+}$ 对 Ti^{4+} 的掺杂取代。由离子半径的差异可知，八面体配位中的 Ti^{4+}（0.0605nm）与 Nb^{5+}（0.064nm）的离子半径相近，Nb^{5+} 进入 B 位取代 Ti^{4+} 产生阳离子空位，如式(9-2) 所示：

$$Nb_2O_5 \longrightarrow 2Nb_{Ti}^{\cdot}+5O_O^{\times}+2e^- \tag{9-2}$$

据报道，ABO_3 化合物中出现的空位削弱了阳离子和 $[BO_6]$ 八面体之间的相互作用，引起晶格畸变，有利于长程有序铁电态向弛豫态转变，导致矫顽场降低[12]；Sr^{2+}（0.119nm，6）的离子半径大于 Ti^{4+}（0.0605nm，6），但仍小于具有 12 个配位数的 A 位阳离子如 Na^+（0.139nm，12）和 K^+（0.164nm，12），类似于 ABO_3 型钙钛矿化合物，如 $Pb(Sr_{1/3}Nb_{2/3})O_3$、$Ba(Sr_{1/3}Nb_{2/3})O_3$、$Ba(Sr_{1/3}Ta_{2/3})O_3$[10,12,13]，Sr^{2+} 进入 B 位后产生 Sr_{Ti}'' 缺陷，如式(9-3) 所示。

$$SrCO_3 \longrightarrow Sr_{Ti}''+V_O^{\cdot\cdot}+O_O^{\times}+CO_2\uparrow \tag{9-3}$$

同时，高温烧结也会导致 A 位碱金属元素如 Na、K 等挥发产生 Na_{Ti}' 缺陷，为了保持电中性，将会产生氧空位 $V_O^{\cdot\cdot}$。缺陷 Sr_{Ti}''、Na_{Ti}' 等与 $V_O^{\cdot\cdot}$ 形成缺陷偶极子 Sr_{Ti}''-$V_O^{\cdot\cdot}$、Na_{Ti}'-$V_O^{\cdot\cdot}$。杜刚等[14] 提出，在电场的作用下，自发极化取向会沿电场方向定向排列，但是由于氧空位迁移的响应时间较长，相应的缺陷偶极子极化转向滞后于自发极化的转向，这时缺陷偶极子的极化方向仍保留为原来的取向。当外加电场被撤除后，与自发极化相垂直的缺陷偶极子将提供一个回复力，使自发极化的极化方向转向其初始方向，使得整个陶瓷的电畴恢复到无电场下的无序状态，此状态下的铁电陶瓷在宏观上的极化强度较低，电滞回线会出现细瘦形状，这意味着 P_r 将降低。随着掺杂量的增加，氧空位浓度会增大，相应的缺陷偶极子对电畴的钉扎效应会更强，导致在氧空位附近的局域极化很难发生反转，材料的极化或去极化过程将会变得困难，导致 P_{max} 减小[15]。因此，在掺杂量较大时，BNKT-xSN 陶瓷的饱和极化变化较小。

从图 9-20(a) 可见，P_{max} 与 P_r 的差值随着掺杂量的增加而增大，特别是当

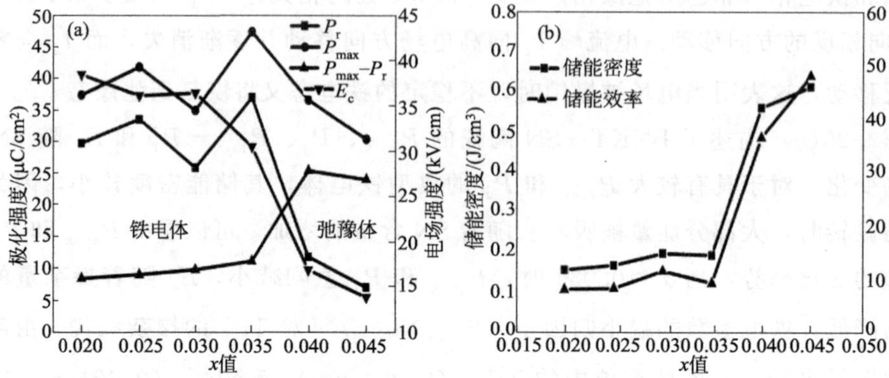

图 9-20　BNKT-xSN 陶瓷的铁电参数（a）和储能特性（b）变化图

$x>0.035$ 时，其值急剧增加。极化强度间的差值直接影响着储能密度的大小。如图 9-20(b) 所示，储能密度和储能效率呈现相同的变化趋势，而且当 $x>0.035$ 时，储能密度和储能效率均急剧增加。另外，从图 9-20(a) 还可以观察到，BNKT-xSN 陶瓷在 $x=0.04$ 时 P_{max} 与 P_r 的差值大于 $x=0.045$ 时 P_{max} 与 P_r 的差值，而在 $x=0.04$ 时陶瓷的储能密度却小于 $x=0.045$ 时的储能密度，这说明 $P_{max}-P_r$ 和储能密度并不具有相同的变化趋势。

从储能密度的计算公式可知，当陶瓷的击穿场强较大时，有利于提高储能密度值。BNKT-xSN 陶瓷在不同电场下的 P-E 曲线如图 9-21 所示。从图 9-21 可以看出，P_{max} 随着电场的增加而增大。当 $x\leqslant 0.035$ 时，P_r 随着电场的增加逐渐增大，而当 $x>0.035$ 时，P_r 值几乎保持不变，表明通过增加电场可以提高储能密度。表 9-4 列出了 BNKT-xSN 陶瓷在不同外加电场下的储能密度。结果表明，储能密度从 $x=0.02$（50kV/cm）时的 0.0741J/cm³ 提高到 $x=0.045$（80kV/cm）时的 0.7534J/cm³。BNKT-xSN（$x=0.02\sim0.045$）陶瓷的击穿强度增大，有利于提高储能密度，在 80kV/cm 时获得最大储能密度 0.7534J/cm³。

表 9-4　BNKT-xSN 陶瓷在不同外加电场下的储能密度　　单位：J/cm³

外加电场强度/(kV/cm)	x 值					
	0.020	0.025	0.030	0.035	0.040	0.045
50	0.0741	0.0844	0.1018	0.1538	—	0.3374
60	0.1180	0.1347	0.1448	0.1703	0.4448	0.4734
70	0.1401	0.1711	0.2012	0.1945	0.5455	0.4174
80	0.2053	—	0.2515	—	0.4782	0.7534

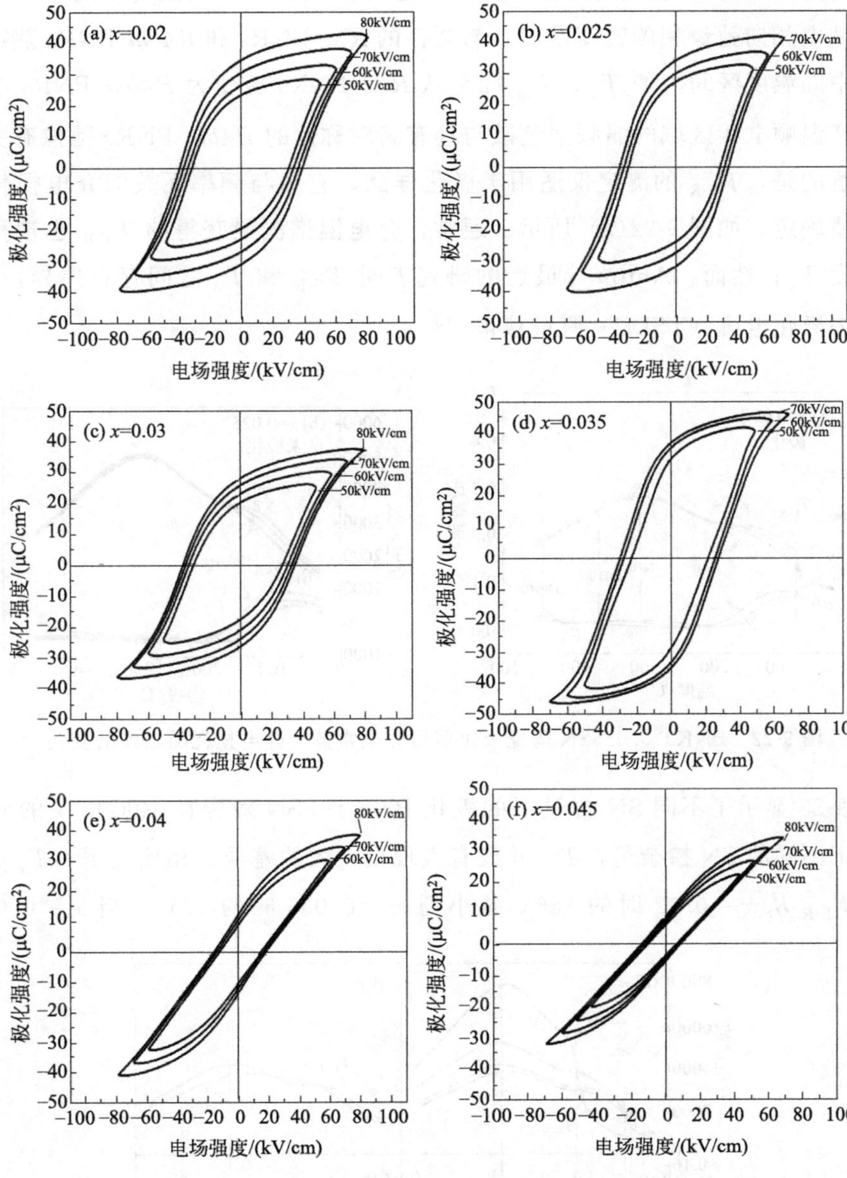

图 9-21　BNKT-xSN 陶瓷在不同电场下的电滞回线

9.5.4　$(Sr_{1/3}Nb_{2/3})^{4+}$ 复合离子对 BNT-BKT 陶瓷介电性能的影响

图 9-22 是极化前后 BNKT-0.025SN 陶瓷的介电温谱曲线（1kHz，10kHz，100kHz）。从图 9-22 可知，极化介电温谱中出现了三个介电异常峰，即 T_m、T_p 和 $T_{F\text{-}R}$，而未极化介电温谱中只有两个介电异常峰 T_m、T_p，它们也反映在相应的介电损耗曲线中。介电温谱中宽化且弥散的最大介电常数峰和与频率相关的峰

表明，BNKT-xSN 陶瓷具有弛豫特性。最近有人提出，较低温度下的介电异常峰 $T_{F\text{-}R}$（铁电相向弛豫相的转变温度）与共存的 $R3c$ PNRs 和 $P4bm$ PNRs 热衍变有关；在中间温度区间内的 T_p、T_m 峰与从 $R3c$ PNRs 转变为 $P4bm$ PNRs 的弛豫有关；高温顺电相区域的弱频率色散与具有高对称性的 $P4bm$ PNRs 弛豫有关[16]。应该注意的是，$T_{F\text{-}R}$ 的测定仅适用于极化样品，它由与频率无关的介电损耗曲线中的峰值确定，如图 9-22(a) 所示。通常，介电温谱测量获得的 $T_{F\text{-}R}$ 也被称为去极化温度 T_d；然而，Anton 等最近的研究表明 $T_{F\text{-}R}$ 和 T_d 之间存在差异，T_d 由热激励去极化电流（TSDC）测量获得[17]。

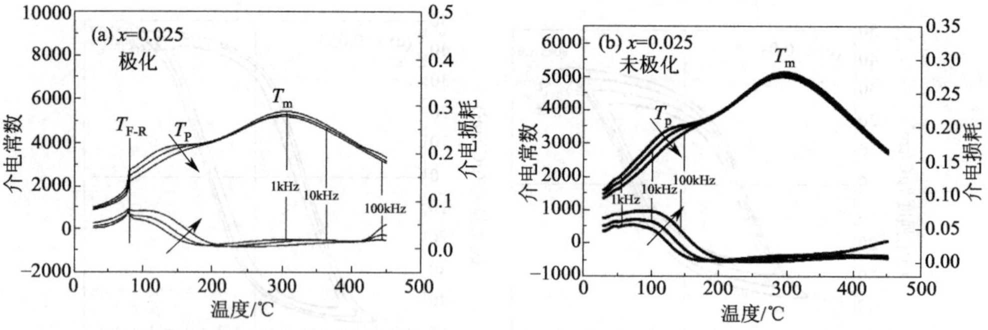

图 9-22　BNKT-0.025SN 陶瓷极化前后介电常数与介电损耗随温度的变化

图 9-23 显示了不同 SN 含量下的极化 BNKT-xSN 陶瓷在 10kHz 下的介电温谱。对于不同的 SN 掺杂量，T_m 并没有表现出太大的差异。相比之下，$T_{F\text{-}R}$ 变化很大，$T_{F\text{-}R}$ 从 $x=0.02$ 时的 166℃减小到 $x=0.035$ 时的 47℃。当 $x\geqslant0.04$ 时，

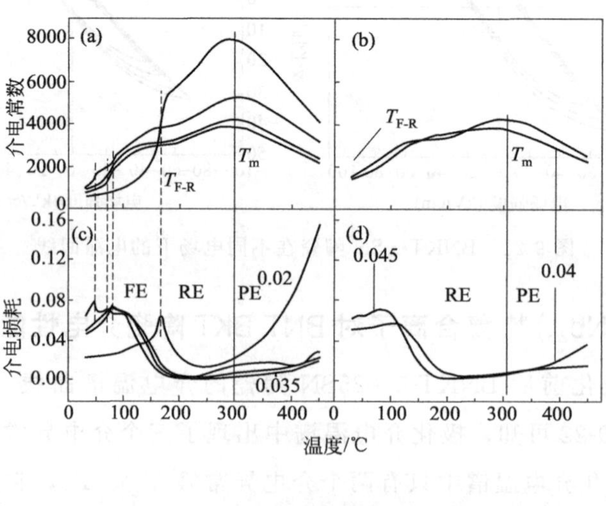

图 9-23　BNKT-xSN 陶瓷极化后介电温谱曲线

没有观察到明显的 $T_{F\text{-}R}$ 异常峰，这意味着 $T_{F\text{-}R}$ 降低到室温或室温以下。随着 SN 含量的增加 $T_{F\text{-}R}$ 减小，表明成分诱导铁电-弛豫相变。

图 9-24(a) 是 BNKT-xSN 陶瓷通过对 $\ln(1/\varepsilon-1/\varepsilon_m)-\ln(T-T_m)$ 曲线线性拟合后所得的弥散度变化曲线。从数据拟合结果可知，弥散度的值在 1.9～2.03 范围内波动，表明 BNKT-xSN 陶瓷具有较强的弛豫特性。

根据上述对结构、铁电和介电特性的分析结果，图 9-24(b) 给出了 BNKT-xSN 陶瓷的成分-温度相变演变图。与几乎保持不变的 T_m 相比，$T_{F\text{-}R}$ 几乎线性下降到室温以下。可以看出，$x=0.035$ 是一个临界点，在这个临界点上，BNKT-xSN 陶瓷两相（铁电相和遍历弛豫相）共存。对于 $x<0.035$，铁电相为主导相结构，当 $x>0.035$ 时，遍历弛豫相为主导相结构。合适的掺杂量、温度和外部电场调控着长程有序铁电态和弛豫态之间的相转变。此外，当温度超过 T_m 时，弛豫态将转变为顺电态。

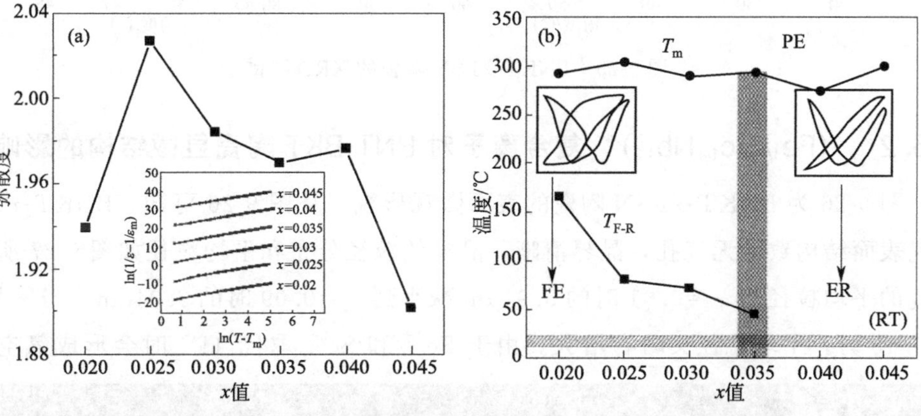

图 9-24　BNKT-xSN 陶瓷的介电弥散度 (a) 和成分-温度相变 (b)

9.6　$(Fe_{1/4}Sc_{1/4}Nb_{1/2})^{4+}$ 复合离子对 BNT-BKT 陶瓷结构和性能的影响

9.6.1　$(Fe_{1/4}Sc_{1/4}Nb_{1/2})^{4+}$ 复合离子对 BNT-BKT 陶瓷相组成的影响

图 9-25(a) 是 BNKT-xFSN 陶瓷的 XRD 图谱。从图 9-25(a) 可知，BNKT-xFSN 陶瓷为纯的钙钛矿结构，复合离子 FSN 完全固溶到 BNT-BKT 二元固溶体中，并形成新的固溶体。BNKT-xFSN 陶瓷在 45°～48°范围内的局部衍射峰如图 9-25(b) 所示，可知 (200) 峰无分裂峰，这表明 BNKT-xFSN 陶瓷具有伪立方相结构。掺杂量的增加导致 (200) 峰逐渐左移，这归因于平均离子半径较大的 FSN (Fe^{3+}，

0.0645nm；Sc^{3+}，0.0745nm；Nb^{5+}，0.064nm）取代 Ti^{4+}（0.0605nm）后，晶胞参数增大。

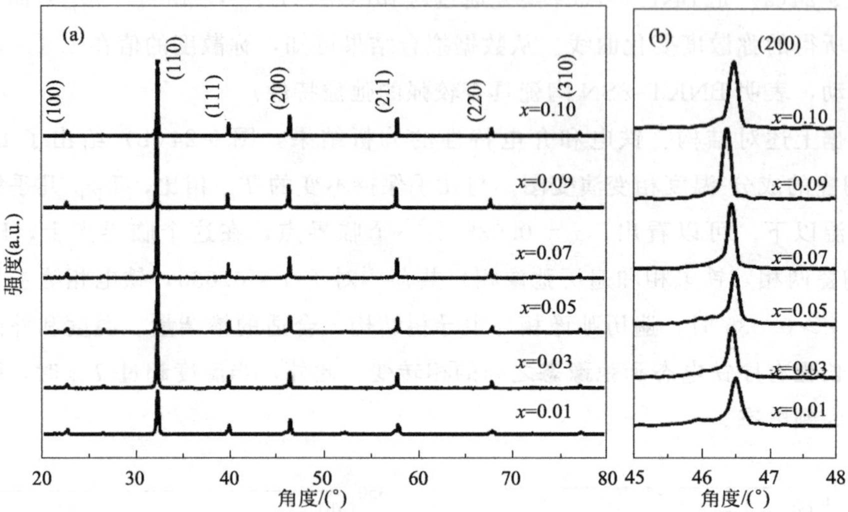

图 9-25　BNKT-xFSN 陶瓷的 XRD 图谱

9.6.2　$(Fe_{1/4}Sc_{1/4}Nb_{1/2})^{4+}$ 复合离子对 BNT-BKT 陶瓷显微结构的影响

图 9-26 为 BNKT-xFSN 陶瓷的表面微观形貌。从图 9-26 可知，BNKT-xFSN 陶瓷表面结构致密无气孔，晶界清晰。晶粒的粒径分布和平均粒径如图 9-27 所示，陶瓷的平均粒径从 $x=0.01$ 时的 5.91μm 减小到 $x=0.09$ 时的 3.04μm，当 x 增大到 0.10 时，平均粒径又略有增大。由于 Fe^{3+} 和 Sc^{3+} 取代 Ti^{4+} 时会形成氧空位，

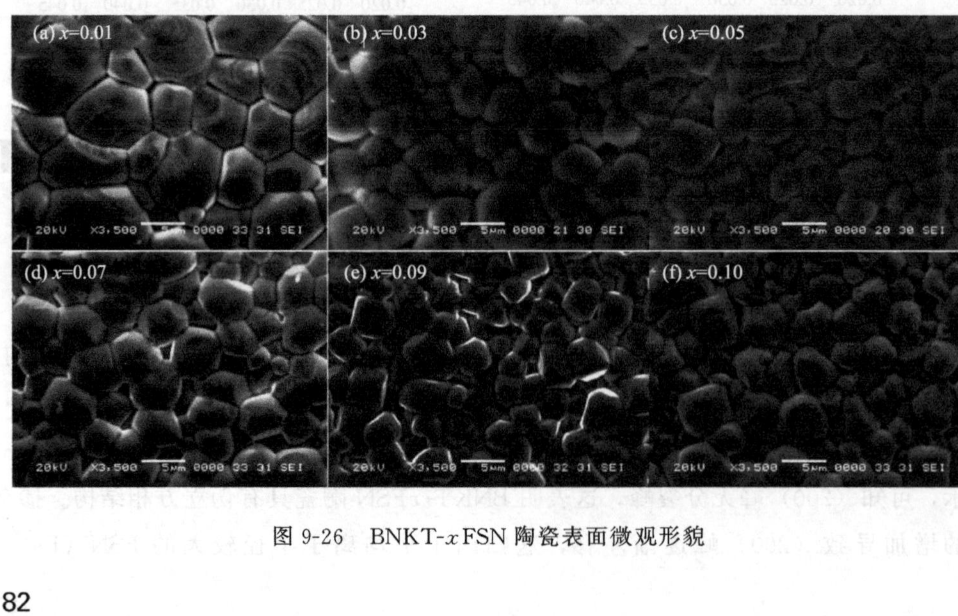

图 9-26　BNKT-xFSN 陶瓷表面微观形貌

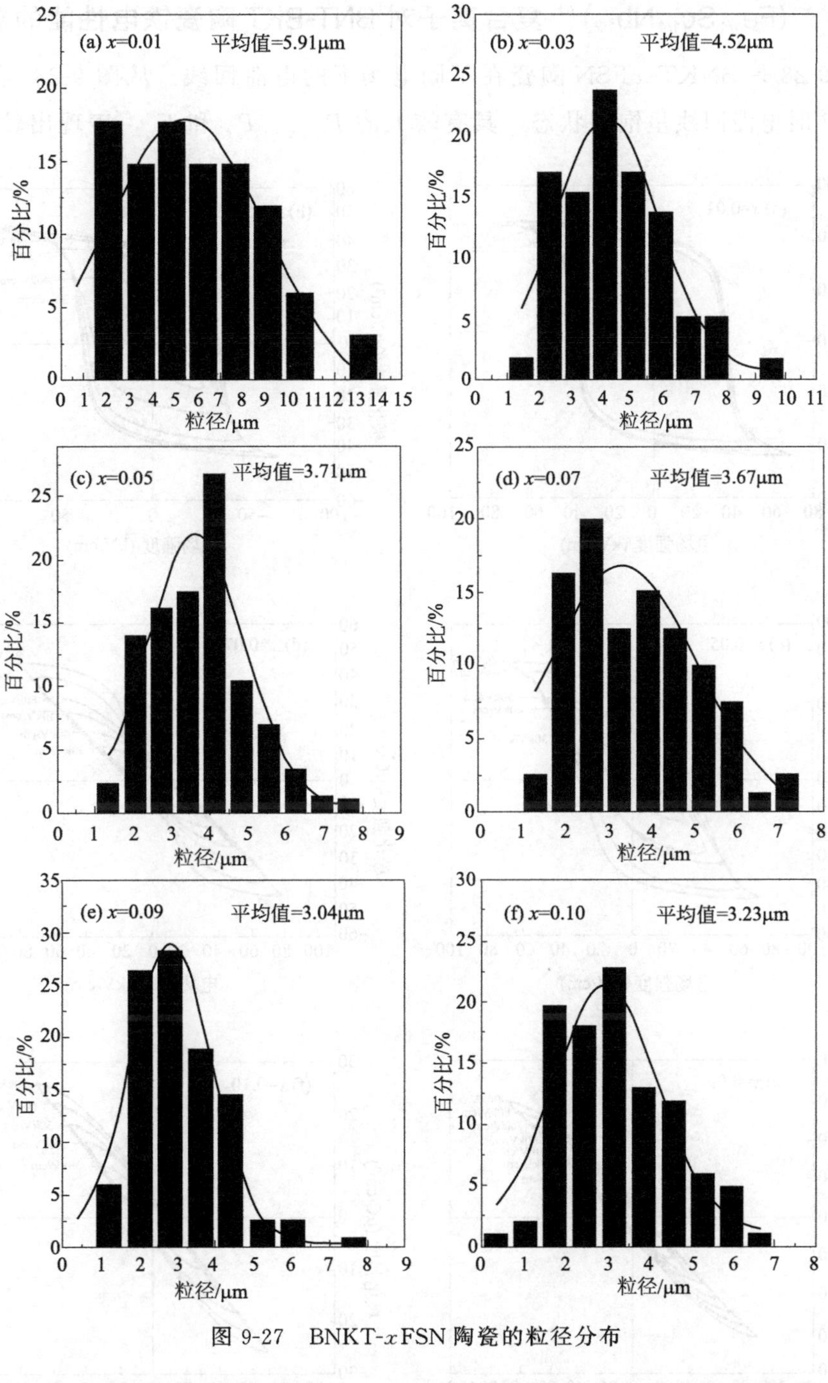

图 9-27　BNKT-xFSN 陶瓷的粒径分布

掺杂量的增加使得氧空位浓度增大，促进了烧结过程，导致晶粒略微增大。但是 BNKT-xFSN 陶瓷的平均粒径都在微米量级，因此复合离子 FSN 掺杂对 BNKT-xFSN 陶瓷的表面微观形貌没有明显影响。

9.6.3 $(Fe_{1/4}Sc_{1/4}Nb_{1/2})^{4+}$ 复合离子对 BNT-BKT 陶瓷铁电性能的影响

图 9-28 是 BNKT-xFSN 陶瓷在不同电场下的电滞回线。从图 9-28 可知，当 $x<0.07$ 时电滞回线呈饱和状态，具有较大的 P_{max}、P_r 和 E_c，表现出较强的铁

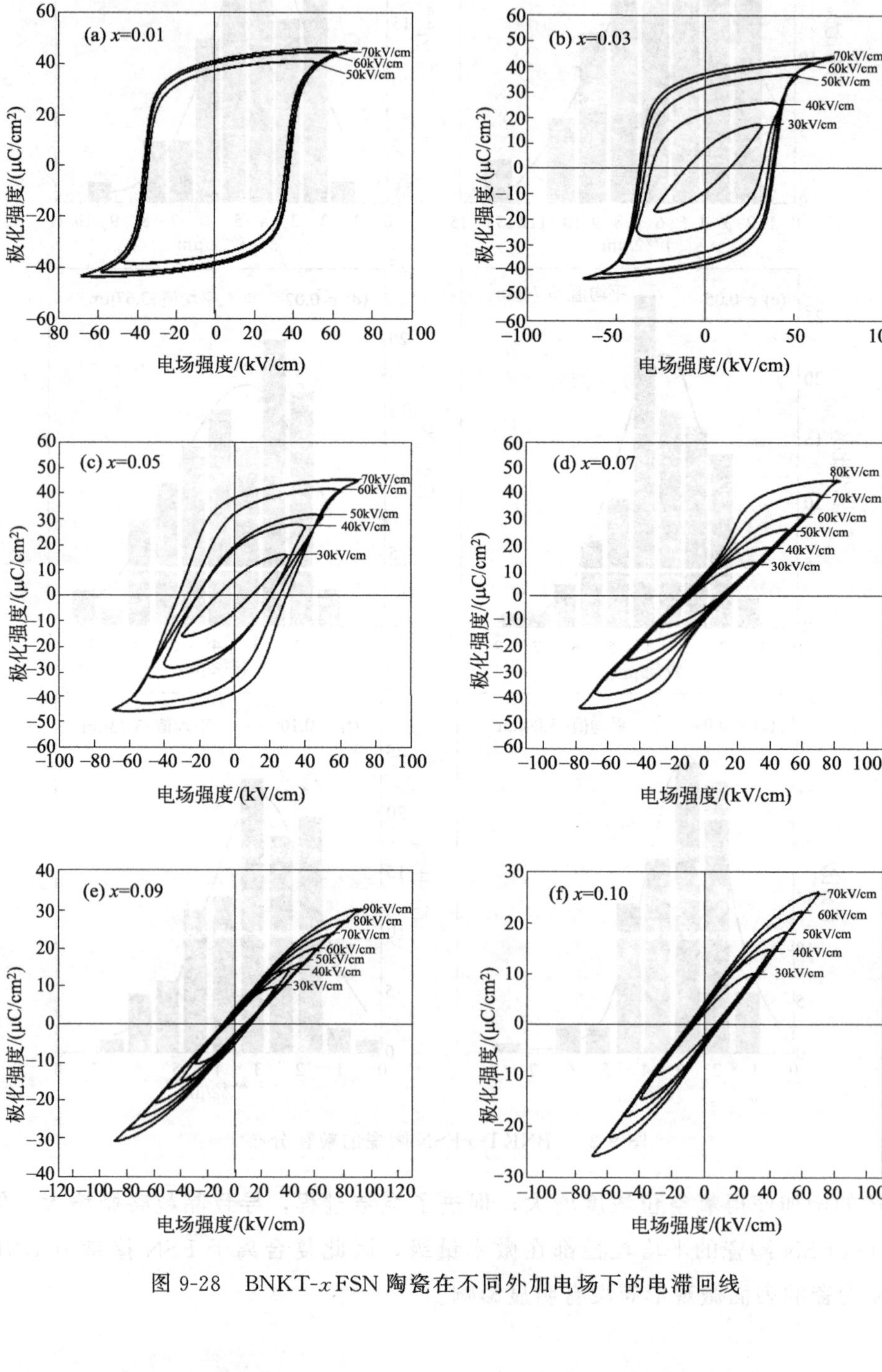

图 9-28 BNKT-xFSN 陶瓷在不同外加电场下的电滞回线

电特性。随着 FSN 掺杂量的增加，BNKT-xFSN 陶瓷的长程有序相被破坏，铁电态向弛豫态转变，弛豫态时的 E_c 和 P_r 降低。在 70kV/cm 电场时，随着 FSN 含量的增加，陶瓷的电滞回线逐渐变得细瘦，铁电参数（P_{max}、P_r、E_c）均减小，这归因于（$Fe_{1/4}Sc_{1/4}N_{1/2}$）$^{4+}$ 对 Ti^{4+} 的掺杂取代。Nb^{5+} 进入 B 位取代 Ti^{4+} 时会削弱阳离子和［BO_6］八面体之间的相互作用，有利于长程有序铁电态向弛豫态转变，使得矫顽场降低；低价 Fe^{3+} 和 Sc^{3+} 取代高价 Ti^{4+} 时会产生氧空位，氧空位浓度增大会阻碍畴壁的运动，使陶瓷难以被极化或去极化，导致 P_{max} 减小；氧空位迁移的响应时间较长，使得因电中性而产生的缺陷偶极矩转向滞后于饱和极化的转向，当外加电场被撤除时，缺陷偶极矩将提供反向恢复力，使饱和极化的极化方向转向其初始方向，导致 P_r 降低。随着电场强度增大，BNKT-xFSN 陶瓷的 E_c 变化不明显，在 $x<0.07$ 时，电场增大使得极化强度升高，但 P_{max}-P_r 值较小，极化强度的差值与储能密度的大小有着直接关系，这一变化不利于获得高的储能密度；当 $x \geqslant 0.07$ 时，P_{max} 随着电场的增大几乎线性增加，而 P_r 值几乎不变，这说明在掺杂量较高时，外加电场的增加使得 P_{max} 与 P_r 之间的差值增大，这一变化趋势有利于储能密度的提高。

9.6.4　$(Fe_{1/4}Sc_{1/4}Nb_{1/2})^{4+}$ 复合离子对 BNT-BKT 陶瓷储能性能的影响

图 9-29 为 BNKT-xFSN 陶瓷在不同电场下的储能密度和效率。从图 9-29 可知，当 FSN 掺杂量较低时，电场强度的增大对储能密度的影响不大；而当 $x \geqslant 0.07$ 时，随着电场强度的增加，储能密度呈现线性增大的趋势。结果表明，储能密度从 $x=0.01$（50kV/cm）时的 0.06J/cm^3 提高到 $x=0.09$（90kV/cm）时的 0.96J/cm^3。此外，外加电场的变化对储能效率的影响不明显，特别地，当 $x=0.09$ 时，储能效率几乎不变，维持在 62%左右。

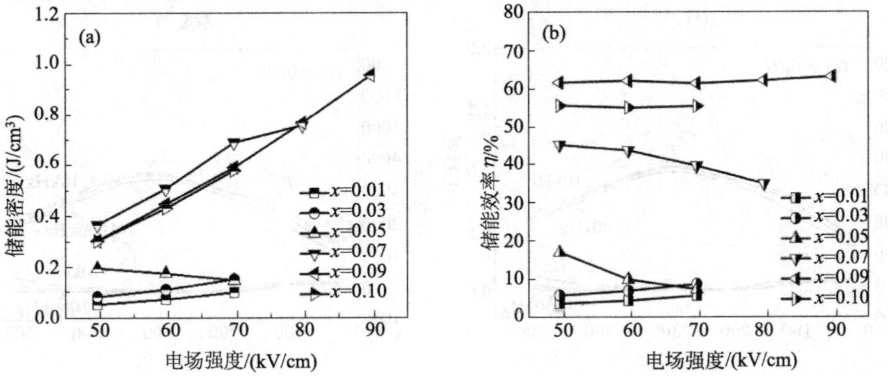

图 9-29　BNKT-xFSN 陶瓷的铁电参数（a）和储能特性变化（b）

9.6.5 $(Fe_{1/4}Sc_{1/4}Nb_{1/2})^{4+}$ 复合离子对 BNT-BKT 陶瓷介电性能的影响

图 9-30 是极化后 BNKT-xFSN 陶瓷的介电温谱（10kHz～1000kHz）。从图 9-30 可知，极化介电温谱中出现了 T_m、T_p 和 $T_{F\text{-}R}$ 三个介电异常峰。介电异常峰的出现与三方和四方 PNRs 的热衍变有关。随着掺杂量的增加，$T_{F\text{-}R}$ 逐渐降至室温或室温以下，而 T_m 维持在 280℃左右不变，最大介电常数也逐渐降低。介电温谱中宽化且弥散的 T_m 峰和与频率相关的 T_p 峰表明，BNKT-xFSN 陶瓷具有弛豫特性。在 BNT 基陶瓷中，Na^+、K^+、Bi^{3+} 占据 A 位，Fe^{3+}、Ti^{4+}、Sc^{3+}、Nb^{5+} 占据 B 位，它们之间离子半径和电荷量的差异，导致局域场和局域弹性场的形成。

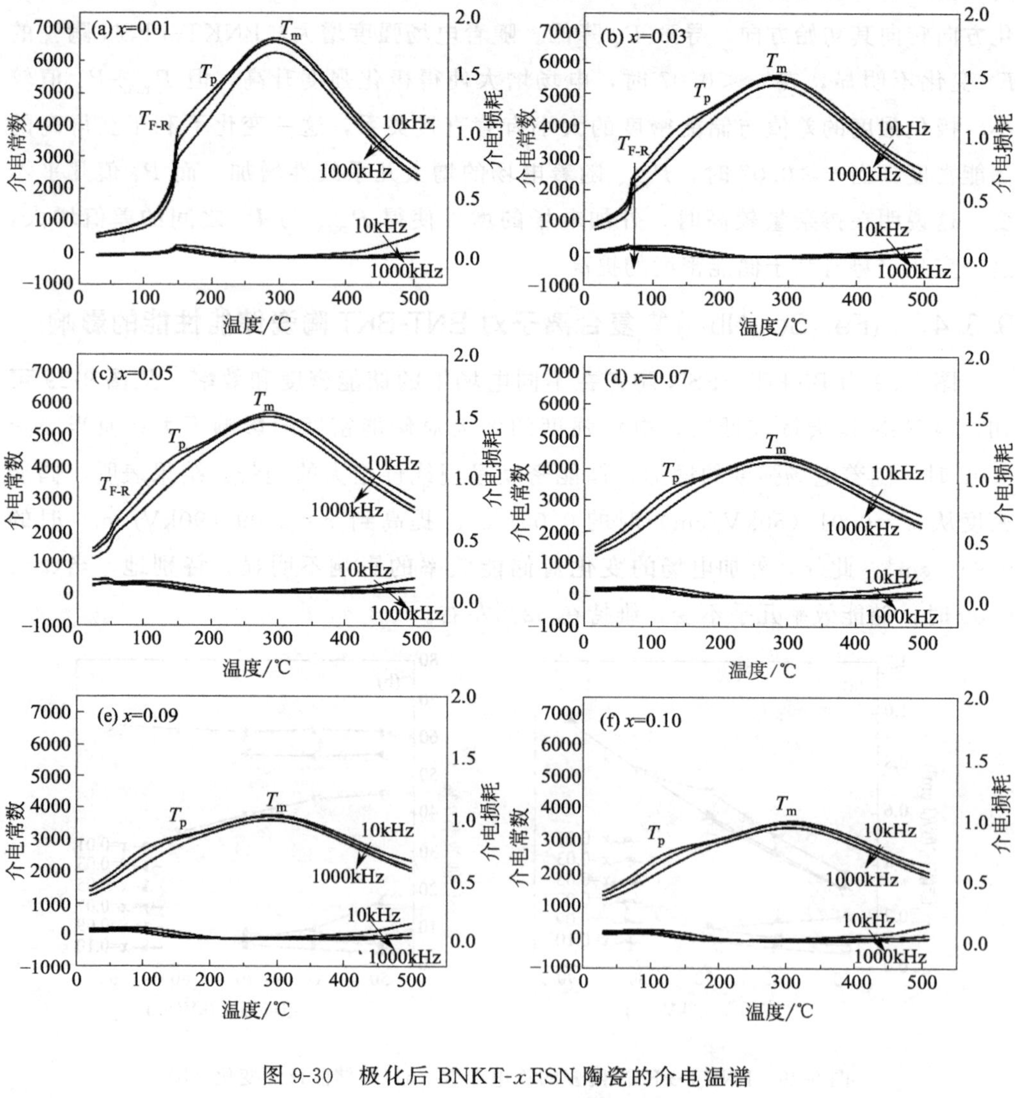

图 9-30 极化后 BNKT-xFSN 陶瓷的介电温谱

局域场和局域弹性场通过阻碍长程有序偶极矩的定向排列而产生 PNRs，大量 PNRs 的出现导致 BNKT-xFSN 陶瓷伪立方结构的形成，这与前面 XRD 的分析结果一致。A/B 位阳离子的随机分布使陶瓷内部的微区组分不均匀且性质不同，导致 BNKT-xFSN 陶瓷表现出宽化和弥散特性。

参考文献

[1] Smolensky G A, Siny I G, Pisarev R V, Kuzminov E G. Raman scattering in ordered and disordered perovskite type crystals [J]. Ferroelectrics, 1976, 12 (1): 135-136.

[2] Bartel C J, Sutton C, Goldsmith B R, Ouyang R H, Musgrave C B, Ghiringhelli L M, Scheffler M. New tolerance factor to predict the stability of perovskite oxides and halides [J]. Science Advances, 2019, 5 (2): eaav0693.

[3] 鄢洪建. $Bi_{0.5}Na_{0.5}TiO_3$ 基无铅压电陶瓷体系的设计、制备及性能研究 [D]. 成都：四川大学，2004.

[4] Wu Y, Wang X, Zhong C, Li L. Effect of Mn doping on microstructure and electrical properties of the $(Na_{0.85}K_{0.15})_{0.5}Bi_{0.5}TiO_3$ thin films prepared by sol-gel method [J]. Journal of the American Ceramic Society, 2011, 94 (11): 3877-3882.

[5] 郭菲菲. $Bi_{0.5}Na_{0.5}TiO_3$ 基无铅压电材料的机构及物性研究 [D]. 哈尔滨：哈尔滨工业大学，2015.

[6] Bai W, Chen D, Zheng P, Shen B, Zhai J, Ji Z. Composition-and temperature-driven phase transition characteristics and associated electromechanical properties in $Bi_{0.5}Na_{0.5}TiO_3$-based lead-free ceramics [J]. Dalton Transactions, 2016, 45 (20): 8573-8586.

[7] Bai W, Liu F, Li P, Shen B, Zhai J, Chen H. Structure and electromechanical properties in $Bi_{0.5}Na_{0.5}TiO_3$-based lead-free piezoceramics with calculated end-member $Bi(Ni_{0.5}Ti_{0.5})O_3$ [J]. Journal of the European Ceramic Society, 2015, 35 (13): 3457-3466.

[8] Quiroga D A B, Diaz J C C A, Venet M, Rodrigues A D G, Florencio O, Jr P S D S. Evolution of crystalline phases and morphotropic phase boundary of the (Bi, Na) TiO_3-(Bi, K) TiO_3-$BaTiO_3$ lead-free ceramic system [J]. Journal of Alloys and Compounds, 2017, 691: 498-503.

[9] Bai W, Chen D, Zheng P, Zhang J, Wen F, Shen B, Zhai J, Ji Z. Phase transition, switching characteristics of MPB compositions and large strain in lead-free $(Bi_{0.5}Na_{0.5})$ TiO_3-based piezoceramics [J]. Journal of Alloys and Compounds, 2017, 709: 646-657.

[10] Liu X, Zhai J, Shen B, Li F, Zhang Y, Li P, Liu B. Electric-field-temperature phase diagram and electromechanical properties in lead-free $(Na_{0.5}Bi_{0.5})$ TiO_3-based incipient piezoelectric ceramics [J]. Journal of the European Ceramic Society, 2017, 37 (4): 1437-1447.

[11] Zhou C, Li Q, Xu J, Yang L, Chen G. Ferroelectric-quasiferroelectric-ergodic relaxor transition and multifunctional electrical properties in $Bi_{0.5}Na_{0.5}TiO_3$-based ceramics [J]. Journal of the American Ceramic Society, 2018, 101 (4): 1554-1565.

[12] Malik R A, Hussain A, Rahman J U, Maqbool A, Song T, Kim W, Ryou S, Kim M. Structural transition and giant strain induced by A- and B-site concurrent donor doping in $Bi_{0.5}$ $(Na_{0.84}K_{0.16})_{0.5}TiO_3$-$SrTiO_3$ ceramics [J]. Materials Letters, 2015, 143: 148-150.

[13] Ren X, Zhang L X. Electro-shape-memory effect in ferroelectric martensite [J]. Materials Science and Engineering: A, 2006, 438-440: 1071-1076.

[14] 杜刚，梁瑞虹，李涛，卢晓蓉，王根水，董显林．压电材料中缺陷偶极子特性的研究进展 [J]. 无机材料学报，2013，28 (2)：123-130.

[15] Zhang Y, Li W, Cao W, Feng Y, Qiao Y, Zhang T, Fei W. Mn doping to enhance energy storage performance of lead-free 0.7NBT-0.3ST thin films with weak oxygen vacancies [J]. Applied Physics Letters, 2017, 110 (24): 243901.

[16] Wu L, Shen B, Hu Q, Chen J, Wang Y, Xia Y, Yin J, Liu Z. Giant electromechanical strain response in lead-free $SrTiO_3$-doped ($Bi_{0.5}Na_{0.5}TiO_3$-$BaTiO_3$) -$LiNbO_3$ piezoelectric ceramics [J]. Journal of the American Ceramic Society, 2017, 100 (10): 4670-4679.

[17] Anton E, Jo W, Damjanovic D, Rodel J. Determination of depolarization temperature of ($Bi_{1/2}Na_{1/2}$) TiO_3-based lead-free piezoceramics [J]. Journal of Applied Physics, 2011, 110 (9): 3787-1316.

第 10 章 反铁电组元调控 BNT 基陶瓷结构、铁电和储能性能

10.1 引言

固溶、掺杂、复合等方法都可以调控 BNT 基储能陶瓷的微结构，进而改善其储能性能。第 8 章和第 9 章分别通过单离子、复合离子对 BNT 基储能陶瓷进行了微结构和性能的调控。结合图 1-3，根据铁电体可释放储能密度的计算公式可知，可释放储能密度不仅受控于饱和极化 P_{max}，剩余极化 P_r 和击穿场强 E_{BD}，也受限于沿电滞回线的积分路径（电滞回线的形状，即极化行为）。掺杂、固溶、复合的 BNT 陶瓷在电场作用下发生弛豫铁电相变，最大极化随电场的提高而缓慢增加，其可释放储能密度会显著增加，剩余极化显著降低，电滞回线从似矩形变为细长形。另外，改性的 BNT 甚至可以被调控到反铁电态（有的定义为类反铁电体），在零电场附近的极化强度极低，提高电场则会形成反铁电-铁电相变的临界点，该相变点的最大极化强度迅速增加至饱和值，可获得较大的可释放储能密度，同时形成双电滞回线的现象。但是电滞回线的滞后性较大，表明其能量损耗也较大。反铁电体具有较低的剩余极化强度和矫顽场，其因铁电-反铁电瞬间相变而有更快的放电率。因此，以 BNT 材料为基体，引入反铁电组元，诱导 BNT 基陶瓷在室温下实现电滞回线的调控，从而提高储能性能，是非常重要的研究内容。

本章在 $0.94Bi_{0.5}Na_{0.5}TiO_3$-$0.06BaTiO_3$（0.94BNT-0.06BT）和 $0.82Bi_{0.5}Na_{0.5}TiO_3$-$0.18Bi_{0.5}K_{0.5}TiO_3$（0.82BNT-0.18BKT）储能陶瓷中引入 $Cs_2Nb_4O_{11}$ 和 $Ca_{0.3}Sr_{0.7}TiO_3$

对其进行微结构调控，进而提升其储能性能。

10.2 储能陶瓷的制备

陶瓷制备的原材料有 Bi_2O_3、Na_2CO_3、$BaCO_3$、K_2CO_3、TiO_2、Nb_2O_5、Cs_2CO_3、$CaCO_3$ 和 $SrCO_3$。采用 $Cs_2Nb_4O_{11}$ 组元时，需要先单独合成出 $Cs_2Nb_4O_{11}$ 粉体，然后再加入 BNT 基原料粉体中。引入反铁电组元的 BNT 基储能陶瓷采用传统的固相烧结技术制备，样品的制备采用图 8-1 所示的制备工艺流程，其实验的配方如表 10-1 所示。

表 10-1　反铁电组元调控的实验配方组成

配方公式	组成(x)
$(1-x)(0.94Bi_{0.5}Na_{0.5}TiO_3\text{-}0.06BaTiO_3)\text{-}xCs_2Nb_4O_{11}$ (BNBT-xCN)	0.01,0.02,0.03,0.04
$(1-x)(0.82Bi_{0.5}Na_{0.5}TiO_3\text{-}0.18Bi_{0.5}K_{0.5}TiO_3)\text{-}xCs_2Nb_4O_{11}$ (BNKT-xCN)	0.005,0.01,0.015,0.02,0.03
$(1-x)(0.94Bi_{0.5}Na_{0.5}TiO_3\text{-}0.06BaTiO_3)\text{-}xCa_{0.3}Sr_{0.7}TiO_3$ (BNBT-xCST)	0.02,0.06,0.08,0.10,0.12,0.16,0.20,0.24
$(1-x)(0.82Bi_{0.5}Na_{0.5}TiO_3\text{-}0.18Bi_{0.5}K_{0.5}TiO_3)\text{-}xCa_{0.3}Sr_{0.7}TiO_3$ (BNKT-xCST)	0.01,0.10,0.15,0.20,0.30,0.35

10.3 $Cs_2Nb_4O_{11}$ 对 BNT-BKT 陶瓷结构和性能的影响

使用反铁电组元掺杂铁电性电介质，是提高能量存储密度的有效方法，同时也会改善电致应变性能。目前，研究重点主要集中在无铅钙钛矿结构反铁电材料，对钨青铜结构的反铁电材料掺杂改性比钙钛矿结构研究少。2007 年，Smith[1] 在室温下、电场强度为 9.5kV/cm 的低电场下观察到 $Cs_2Nb_4O_{11}$ 单晶具有反铁电特性的双电滞回线，这种低场反铁电特性为研究 BNT 基陶瓷的结构调控和性能提升提供了新思路。将具有低熔点和钨青铜结构的 $Cs_2Nb_4O_{11}$（CN）引入 0.94BNT-0.06BT（BNBT）和 0.82BNT-0.18BKT（BNKT）陶瓷中，诱导结构相变，从而优化 BNT 基陶瓷的电学性能。

10.3.1 $Cs_2Nb_4O_{11}$ 对 BNT-BKT 陶瓷相组成的影响

图 10-1（a）是 BNKT-xCN 陶瓷的 XRD 图谱。将测试的陶瓷样品的 XRD 图谱与钙钛矿结构的标准衍射峰（PDF＃46-0001）对比，可知 BNKT-0.005CN 陶瓷的衍射主峰与标准谱线一一对应，因此具有典型的钙钛矿结构，没有观察到杂峰。

随着具有钨青铜结构的 $Cs_2Nb_4O_{11}$ 的增加，除了钙钛矿结构的衍射峰外，具有钨青铜结构的衍射峰也随之出现，峰强也逐渐增大。因此可以判断，BNKT-xCN 陶瓷的结构是包括钙钛矿和钨青铜结构的复相结构。图 10-1（b）展示了 35°～48.3° 的局部放大图，可以看出在 40°处的（111）峰没有峰分裂现象，并且在 46°处有（002）和（200）两个峰。这表明钙钛矿相是四方结构。随着 CN 含量的继续增加，（002）和（200）两个峰慢慢接近，最后分峰消失，两个峰合成一个峰，表明 BNKT-xCN 复相陶瓷的相结构随着 CN 的增加伴随四方相的弱化而逐渐转变为伪立方相。图 10-1（c）是 $Cs_2Nb_4O_{11}$ 粉体的 XRD 谱，可知实验合成的 $Cs_2Nb_4O_{11}$ 的 XRD 谱与铌酸铯的标准卡片（PDF＃74-0719）的标准衍射峰基本一一对应，表明成功地合成了 $Cs_2Nb_4O_{11}$ 粉体原料。

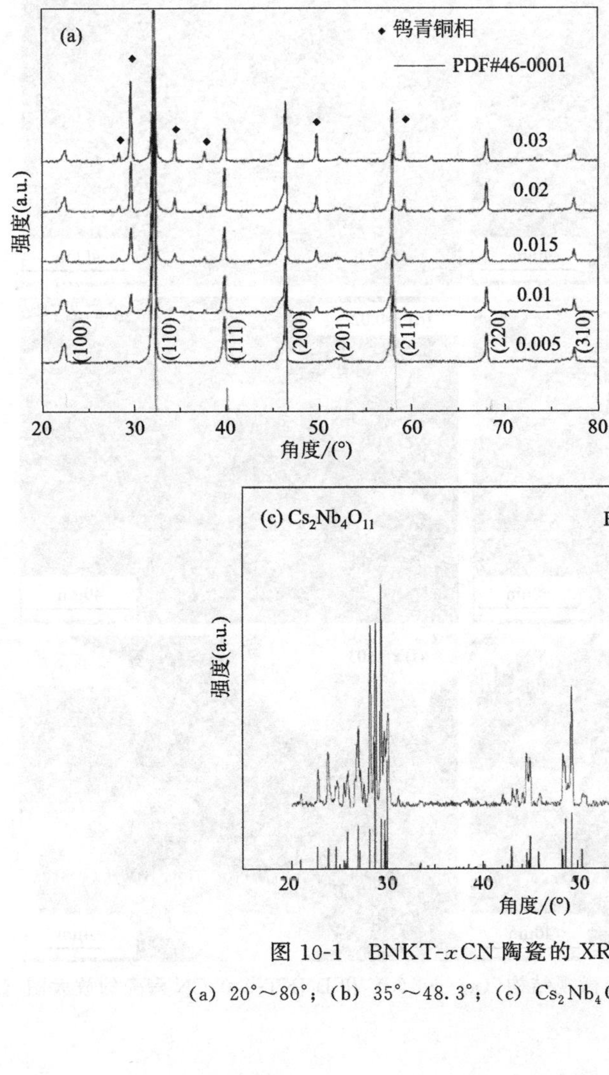

图 10-1　BNKT-xCN 陶瓷的 XRD 谱

(a) 20°～80°；(b) 35°～48.3°；(c) $Cs_2Nb_4O_{11}$ 的 XRD 谱

10.3.2 $Cs_2Nb_4O_{11}$ 对 BNT-BKT 陶瓷显微结构的影响

BNKT-xCN 陶瓷经扫描电镜分析的表面微观形貌如图 10-2 所示。从图 10-2（a）可以清楚地观察到，BNKT-0.005CN 陶瓷由棒状晶粒组成，其长度为 6～36μm。随着掺杂量的增加，BNKT-0.01CN 陶瓷中出现更多的棒状晶粒，其长度为 4～32μm，直径为 0.6～5.6μm。这些棒状晶粒无规律地分布在陶瓷表面上。如图 10-2（c）所示，当 x 增加到 0.015 时，棒状晶粒转变为立方晶粒。另外，在表面上出现了尺寸较大具有类似于钨青铜结构的第二相晶粒。随着 CN 含量的增加，较大晶粒的数量逐渐增多。如图 10-2（f）所示，从 BNKT-0.03CN 的放大图可以看出，在表面大晶粒下的小晶粒仍为立方结构，尺寸约为 2μm。

图 10-2　BNKT-xCN 陶瓷的表面微观结构（a）～（e）和 BNKT-0.03CN 陶瓷的放大图（f）

10.3.3　$Cs_2Nb_4O_{11}$ 对 BNT-BKT 陶瓷铁电性能的影响

图 10-3 是 BNKT-xCN 陶瓷在不同外电场下的电滞回线。从图 10-3 可以观察到，P-E 曲线的形状在很大程度上取决于所制备样品的成分组成。当在样品施加 70 kV/cm 的低电场时，纯 BNKT 陶瓷得到完全饱和的电滞回线，其 P_{max} 和 P_r 分别为 37.0μC/cm^2 和 30.5μC/cm^2，E_c 为 38.8kV/cm，图形近似矩形，呈现出铁电材料的典型特征。引入 CN 后，如图 10-3 中（b）和（c）所示，P-E 曲线变得细长且向中心处收缩，这表明 CN 成分对 BNKT 陶瓷的铁电相具有很大的可调节性。BNKT-0.005CN 陶瓷呈现出明显的双电滞回线，这与 $AgNbO_3$ 反铁电体的电滞回线类似[2]。在 x=0.01 时，类似于双电滞回线的曲线变得更加明显。但是，随着 CN 含量的进一步增加，在 80kV/cm 时，饱和极化从 48.7μC/cm^2 降至 15.0μC/cm^2。根据电滞回线的分析得出，在 x=0.005 处的电滞回线具有明显的缩颈现象，这与反铁电曲线特有的电滞回线类似，所以可以认为，当 x=0.005 时存在成分诱导的从铁电相到反铁电相的相变。但是在目前研究中，仅根据 P-E 曲线的特点就认定掺杂后的 BNT 基陶瓷存在反铁电相，条件是不充分的。但通过图 10-4 所示的 I-E 曲线和其他已有研究对比[3]，可以确定这里表现出的相变就是铁电相-反铁电相的转变。在相同电场下，最大极化强度缓慢减小，剩余极化强度和矫顽场随 CN 含量的增加而不断减小。这些结果表明，具有反铁电相的 CN 的掺杂打破了 BNKT 陶瓷铁电相长程有序的结构，在外加电场时，CN 改性的 BNKT 陶瓷出现了反铁电相。当 CN 含量较高时，P-E 曲线的形状由接近矩形变为细长，高掺杂量时的电滞回线与线性电介质材料比较接近[4]。这也表明畴结构经历了宏观畴到微观畴的转变，也证实了在室温下成分诱导从铁电相到弛豫相的相变。但是，低的饱和极化强度也会影响其储能和电致应变性能。

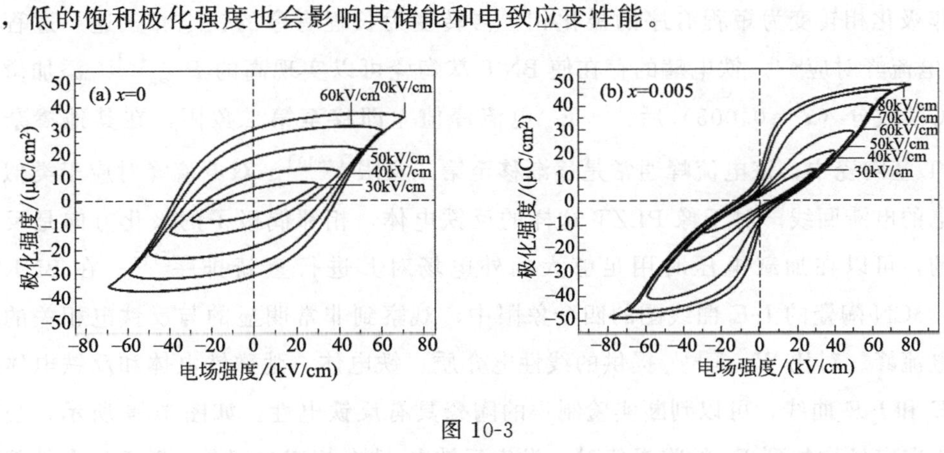

图 10-3

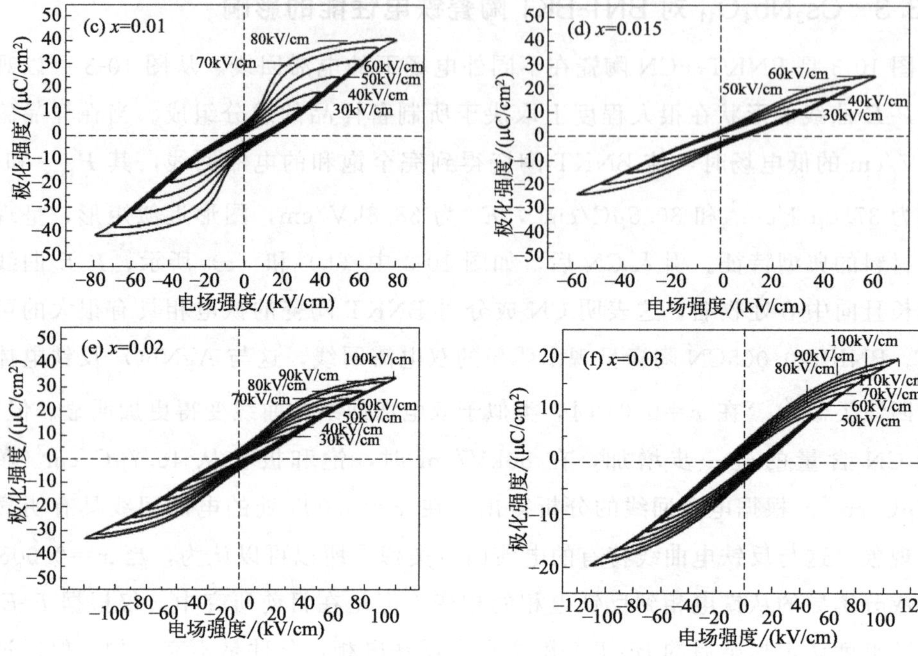

图 10-3　BNKT-xCN 陶瓷在不同外电场下的电滞回线

图 10-4 为 BNKT-xCN 陶瓷在 60kV/cm 下的 I-E 曲线。从图 10-4 可以清楚地观察到，在 E_c 附近观察到纯 BNKT 陶瓷在第一和第三象限中的两个电流峰 $\pm E_c$。这是由于铁电畴的反转，这与典型的铁电特性相对应。当 $x=0.005$ 时，在 I-E 电流曲线中有四个电流峰，这表明在施加外部电场时发生了两个畴的反转。当外加电场介于零电场与矫顽场之间时，有序的宏观铁电畴转变为随机取向的铁电畴；电场增大至高于矫顽场时，外加电场使随机排列的极性纳米微区定向排列，从一个非极化相转变为短程有序的极化相，再转变为长程有序的铁电相，这一过程与 E_f 电流峰对应[5]。铁电畴的存在使 BNT 基陶瓷可以实现高的 P_{max}[3]。添加微量的 CN 成分（$x=0.005$）后，$+E_c$ 电流峰值立即移至第二象限，在其他掺杂的 BNT 基陶瓷中，该电流峰通常是逐渐移至第二象限[6~10]。双电流峰对应于类似反铁电的电滞回线。对于像 PLZT 这样的反铁电体，相邻偶极子的极化方向是反平行的，可以在加载电压时用足够大的外电场对其进行重新排序[11]。在 BNKT-0.005CN 陶瓷的 I-E 曲线图的四个象限中，观察到非常明显的与反铁电相关的四个电流峰。对比 Wu 等[3] 提供的线性电介质、铁电体、弛豫铁电体和反铁电体的 P-E 和 I-E 曲线，可以判断实验制得的陶瓷具有反铁电性。如图 10-4 所示，当外部正向电场增加到 E_f 的临界值时，发生反铁电-铁电相变。但是，随着反向外部电

场减小到 E_b 的较低临界值，铁电相将变回原始的反铁电相。因此，大的储能密度是由电场诱导反铁电到铁电相的可逆相变产生的[12]。储能特性的增强与 E_f 和 E_b 之间的微小差异有关。具体而言，可以通过降低 E_f 使其移至较低电场，进而降低能量损耗来获得较高的储能效率，也可以通过将 E_f 移至较高电场，获得大的储能密度并降低能量损耗[13]。

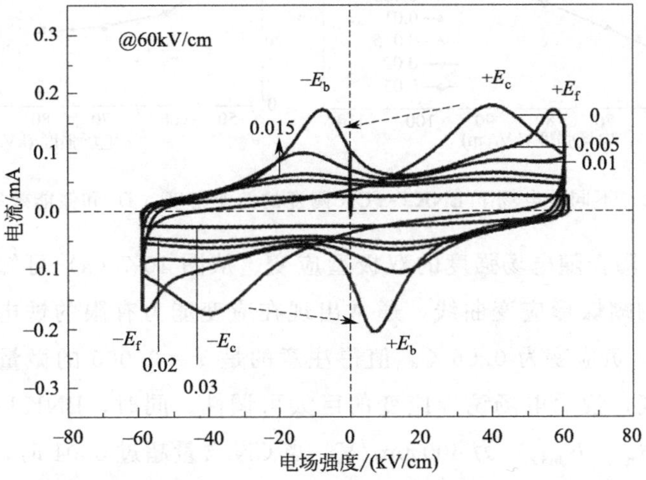

图 10-4　不同掺杂量的 BNKT-xCN 陶瓷在 60kV/cm 下的 I-E 曲线

10.3.4　$Cs_2Nb_4O_{11}$ 对 BNT-BKT 陶瓷储能性能的影响

图 10-5 是不同电场下 BNKT-xCN 陶瓷的储能密度和储能效率。从图 10-5 可以看出，不同 CN 含量陶瓷的储能密度随外加电场强度的增大呈线性增加，这说明 CN 含量与储能密度有很强的关系。图 10-5 中 BNKT-xCN 陶瓷样品所施加的最大外电场不同，是由于不同 CN 掺杂量样品所能承受的最大击穿场强不同。当 CN 含量较低时，电场对储能密度影响不大。当 $x \geqslant 0.01$ 时，储能密度随电场强度的增大而急剧增大。结果表明，储能密度从 $x=0.01$（50kV/cm）时的 0.4J/cm^3 增加到 $x=0.02$（100kV/cm）时的 1.0J/cm^3。如图 10-5（a）所示，随着外加电场的增大，储能效率逐渐降低。对具有最大储能密度的 BNKT-0.02CN 陶瓷样品，其储能效率为 54.7%。

10.3.5　$Cs_2Nb_4O_{11}$ 对 BNT-BKT 陶瓷应变性能的影响

图 10-6 为 60kV/cm 电场时不同 CN 含量的 BNKT-xCN 陶瓷的双极型应变（频率为 1 Hz）。从图 10-6 可以看出，加入微量 CN 后，BNKT-xCN 陶瓷的应变急剧增加；随着进一步增加 CN 的含量，应变则逐渐减小。图 10-7 为不同 CN 含量

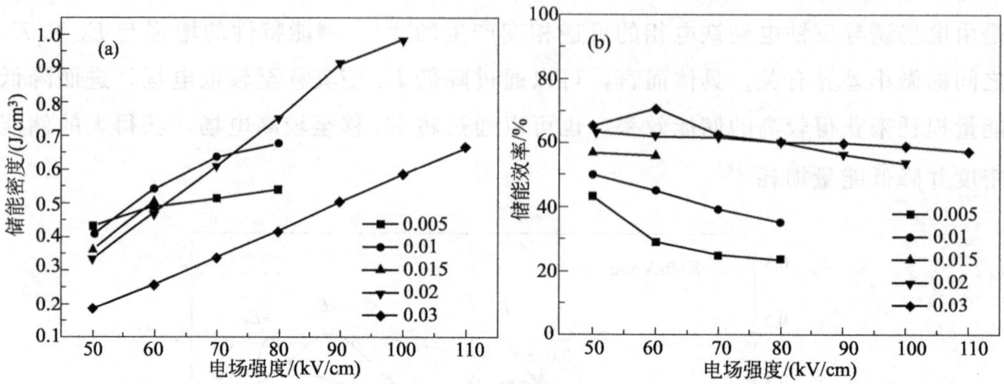

图 10-5　不同外电场下 BNKT-xCN 陶瓷的储能密度（a）和储能效率（b）

的 BNKT-xCN 陶瓷随电场强度的双极型应变。从图 10-7（a）可知，纯的 BNKT 陶瓷具有典型的蝴蝶形应变曲线，通常出现在应变能力有限的铁电材料中，其正应变为 0.16%，负应变为 0.06%。值得注意的是 $x=0.005$ 的微量掺杂可引起约 0.48%的巨应变，说明电场诱导应变的巨大可调性。同时，BNKT-0.005CN 陶瓷的 d_{33}^{*}（$d_{33}^{*}=S_{\max}/E_{\max}$）为 600 pm/V，当 CN 含量超过 0.01 时，应变随 CN 含量的增加而显著降低，与纯 BNKT 陶瓷相当。掺杂量 $x=0.005$ 和 $x=0.01$ 改性的 BNKT 陶瓷具有大的饱和极化强度，这意味着反铁电畴和铁电畴共存[14]。因此，这种大应变是由电场诱导的反铁电-铁电相变引起的，它通常高于正常压电效应所能达到的值[15~17]。

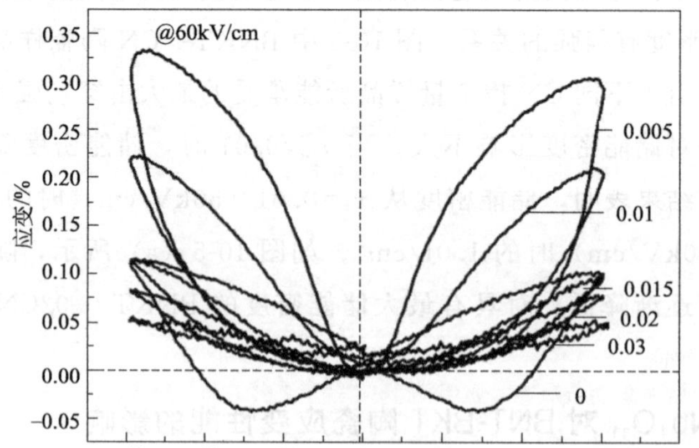

图 10-6　在 60kV/cm 电场下不同掺杂量的 BNKT-xCN 陶瓷的应变曲线

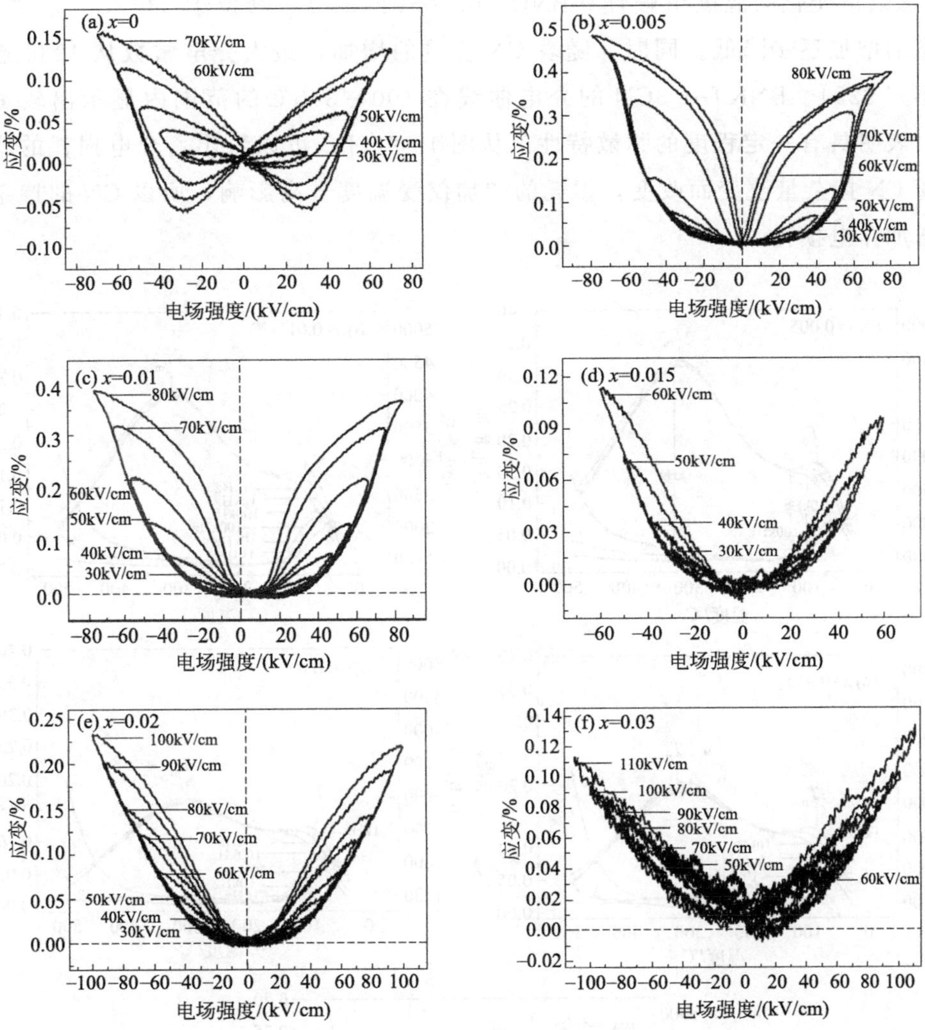

图 10-7　BNKT-xCN 陶瓷在 1Hz 和室温下的双极型应变曲线

10.3.6　$Cs_2Nb_4O_{11}$ 对 BNT-BKT 陶瓷介电性能的影响

图 10-8 为极化后的 BNKT-xCN 陶瓷在 1kHz、10kHz 和 100kHz 时介电常数和介电损耗与温度之间的关系曲线。从图 10-8 可以看出，在 5 个图中都可以清楚地观察到两个突出的介电异常峰分别为 T_m 和 T_p。但是，根据众多对纯的 BNKT 陶瓷介电性能的研究可知，极化后的纯 BNKT 陶瓷还会存在退极化温度 T_d，但是观察到在 $x=0.005$ 的介电温谱图未出现 T_d，这可能是由于 T_d 的温度低于室温，超过仪器的测量范围，这说明 CN 组分对 BNKT 基陶瓷具有很强的调

节性。图 10-9 为在 10kHz 的频率下 BNKT-xCN 陶瓷的介电常数和介电损耗随 CN 掺杂量变化的温度依赖性。BNKT-0.005CN 的 T_m 峰位于 320 ℃，随着 CN 含量的增加逐步降低。同时，随着 CN 含量的增加，最大介电常数从 4335 逐渐减小到 2284。BNKT-0.3CN 的介电曲线在 100～300℃ 的范围内显示出较宽的峰，表明具有一定程度的弥散特性。从图 10-9（b）可以看出，介电损耗的增加不随 CN 掺杂量改变而改变，损耗的增加仅受温度升高影响，所以 CN 的掺杂不会增加介电损耗。

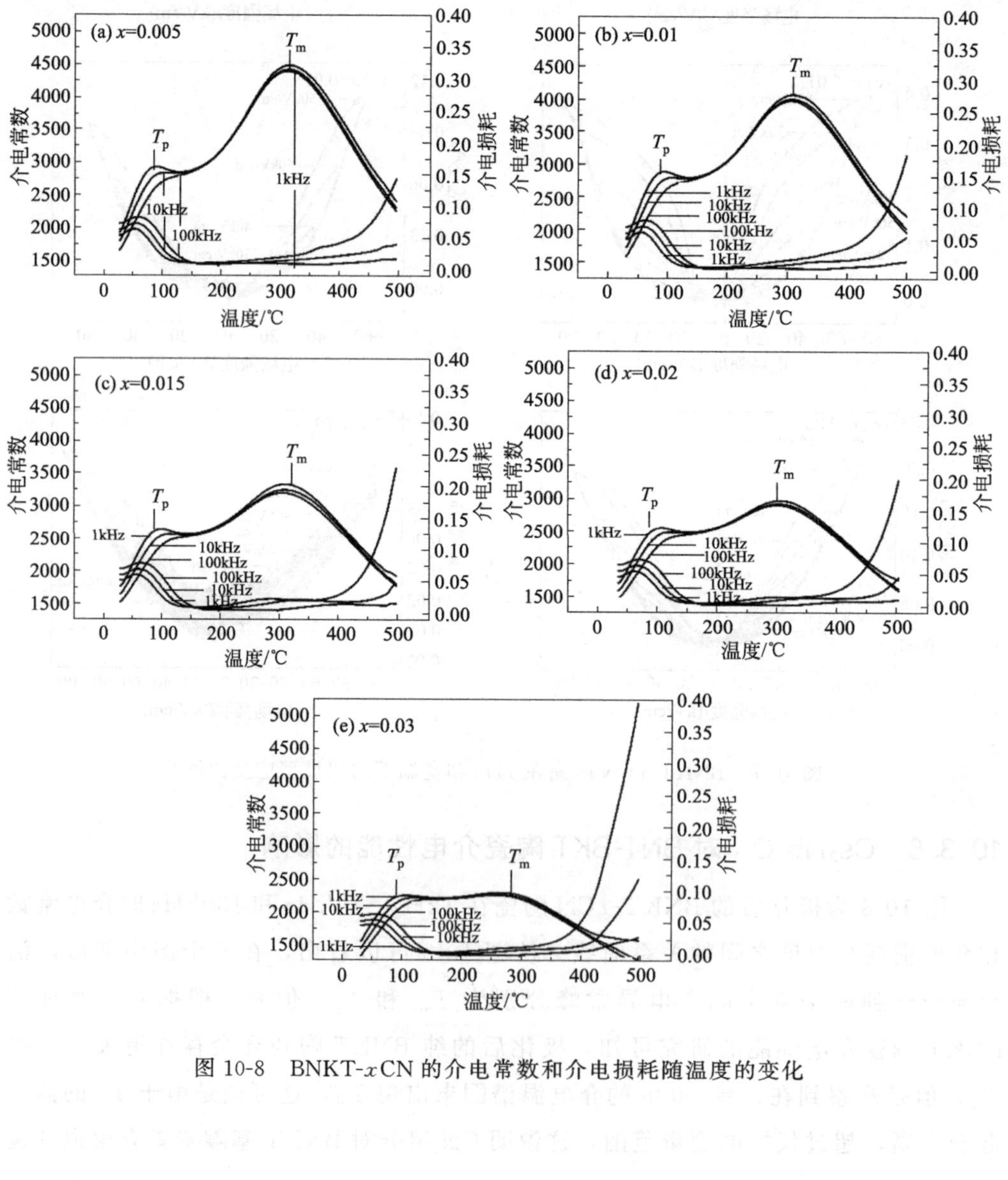

图 10-8　BNKT-xCN 的介电常数和介电损耗随温度的变化

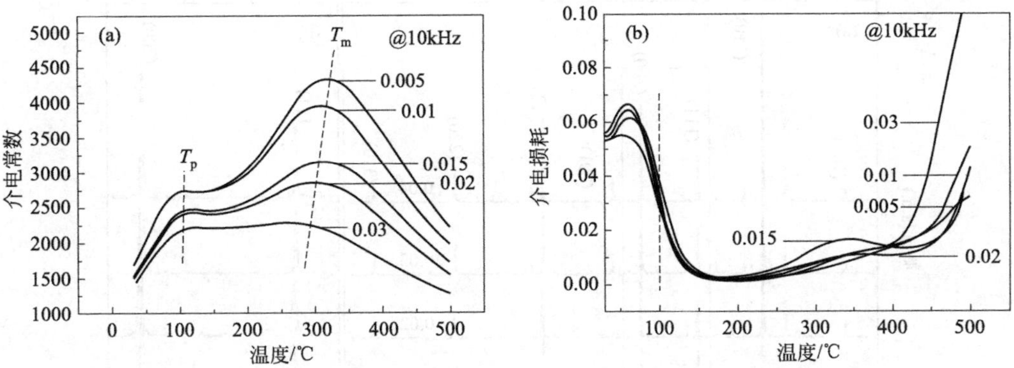

图 10-9　10kHz 频率下 BNKT-xCN 的介电常数和介电损耗与温度的关系曲线

10.4　$Cs_2Nb_4O_{11}$ 对 BNT-BT 陶瓷结构和性能的影响

10.4.1　$Cs_2Nb_4O_{11}$ 对 BNT-BT 陶瓷相组成的影响

图 10-10（a）为 BNBT-xCN 陶瓷的 XRD 图谱，图 10-10（b）是 38.9°～48.1°的局部放大图。XRD 图谱表明，四个成分点的主相依旧是标准的钙钛矿结构。在少量掺杂即 $x=0.01$ 时，CN 对 BNBT 陶瓷的主晶相影响不大，伴随着具有钨青铜结构的 CN 掺杂量的增加，除了钙钛矿结构的衍射峰外，钨青铜结构对应的峰也逐渐出现，随着 CN 的增多峰强逐渐增大。图 10-10（b）的局部放大图可以看出，在 40°和 46°处的（111）和（200）峰都没有分裂的现象。这表明 BNBT 陶瓷在少量 CN 加入后，已由纯的三方相和四方相共存，转变为伪立方相。

10.4.2　$Cs_2Nb_4O_{11}$ 对 BNT-BT 陶瓷显微结构的影响

图 10-11 为 BNBT-xCN 陶瓷热腐蚀后的表面微观形貌。从图 10-11 可知，低掺杂量的 CN 就可以改变 BNBT 陶瓷的表面形貌。在图 10-11（a）中可以看到，平均长度 7.58μm、平均宽度 2.17μm 的不规则棒状晶粒穿插生长在平均晶粒尺寸为 2.06μm 的圆形晶粒之间。随着掺杂量的增加，如图 10-11（b）所示，棒状晶粒逐渐变粗、变长，密度明显增大，其平均长度变为 18.26μm，平均宽度为 2.43μm，其中不规则的圆形晶粒的平均尺寸为 1.69μm。当 CN 的掺杂量达到 $x=0.03$ 时，棒状晶粒密度明显增大，其平均长度为 20.56μm，平均宽度为 4.82μm，圆形晶粒平均尺寸也显著下降到 0.93μm。随着 CN 掺杂量到达 0.04 后，图 10-11（d）中可以看出有大块矩形晶粒生成，棒状晶粒消失，大块状晶粒在表面生成，

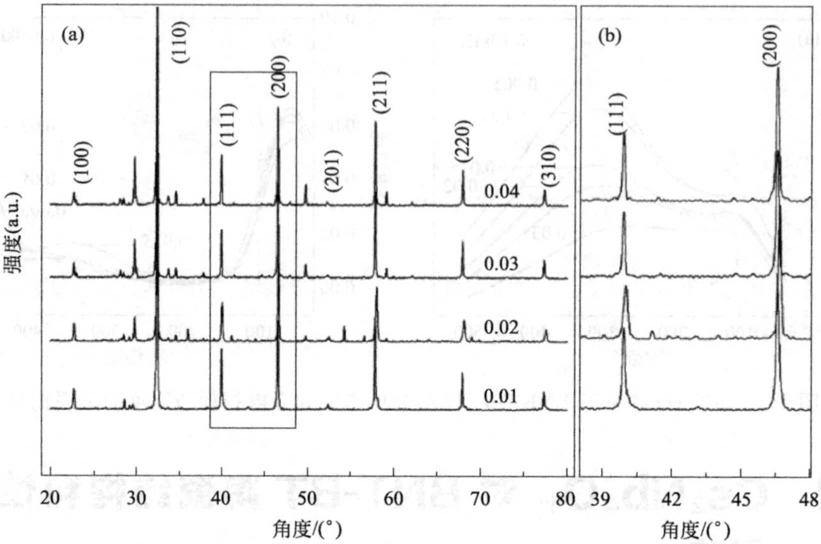

图 10-10　BNBT-xCN 陶瓷的 XRD 谱

这与 BNKT-xCN 高掺杂量的样品类似，大块晶粒的直径为 6.25μm，圆形晶粒变得更加细小，平均晶粒尺寸 0.71μm。随着掺杂量的增加，第二相在陶瓷表面表现得越来越明显，通过对比可以看出，CN 的掺杂可以显著细化晶粒，这也有助于储能性能的提升。

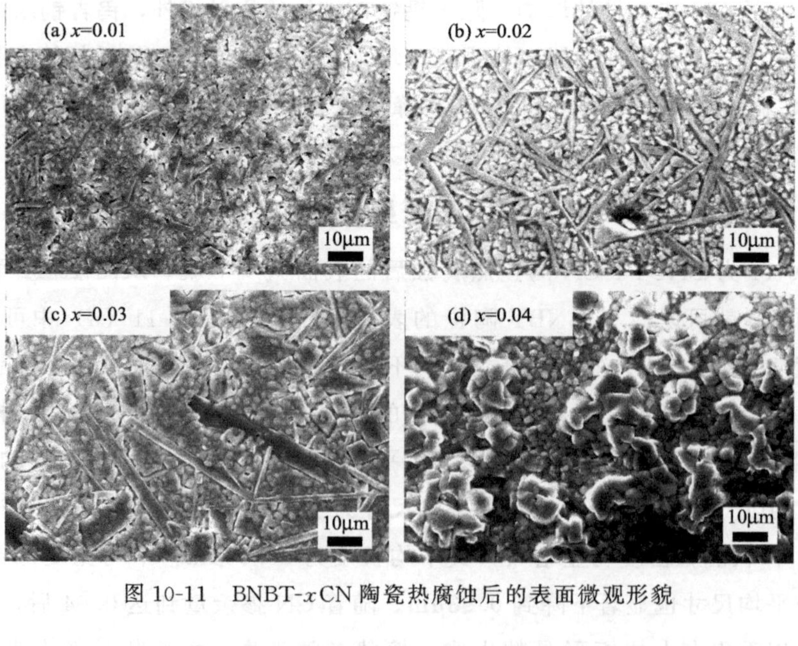

图 10-11　BNBT-xCN 陶瓷热腐蚀后的表面微观形貌

10.4.3　$Cs_2Nb_4O_{11}$ 对 BNT-BT 陶瓷铁电性能的影响

图 10-12 为 BNBT-xCN 陶瓷在不同外电场时的电滞回线。从图 10-12 可以看到，低掺杂量时出现与 BNKT-xCN 陶瓷类似的反铁电电滞回线，但是双电滞回线的形状不明显，而高掺杂量时无双电滞回线特性。图 10-12（a）在 $x=0.01$ 低掺杂量时，电滞回线变得细长，在 80kV/cm 电场下饱和极化强度为 31.2μC/cm²。随着掺杂量进一步增加到 $x=0.02$，陶瓷的弛豫铁电性增强，反铁电特征消失，在 80kV/cm 下的饱和极化强度下降到 23.4μC/cm²，当掺杂量继续增加后，铁电性继续变差，降低的 P_{max} 表明 CN 诱导的长程有序铁电相被破坏，铁电态向弛豫态转变。不同组分的 BNBT-xCN 陶瓷在 60kV/cm 下的电滞回线如图 10-13 所示，可以观察到 BNBT-xCN 在过多掺杂量时不利于陶瓷铁电性能的提升，这可能是由于 CN 熔点较低有促进烧结的作用，同时由于高温导致 Na^+ 等阳离子挥发会产生氧空位，氧空位浓度增大会阻碍畴壁的运动，使得材料难以被极化或去极化，导致 P_{max} 减小。

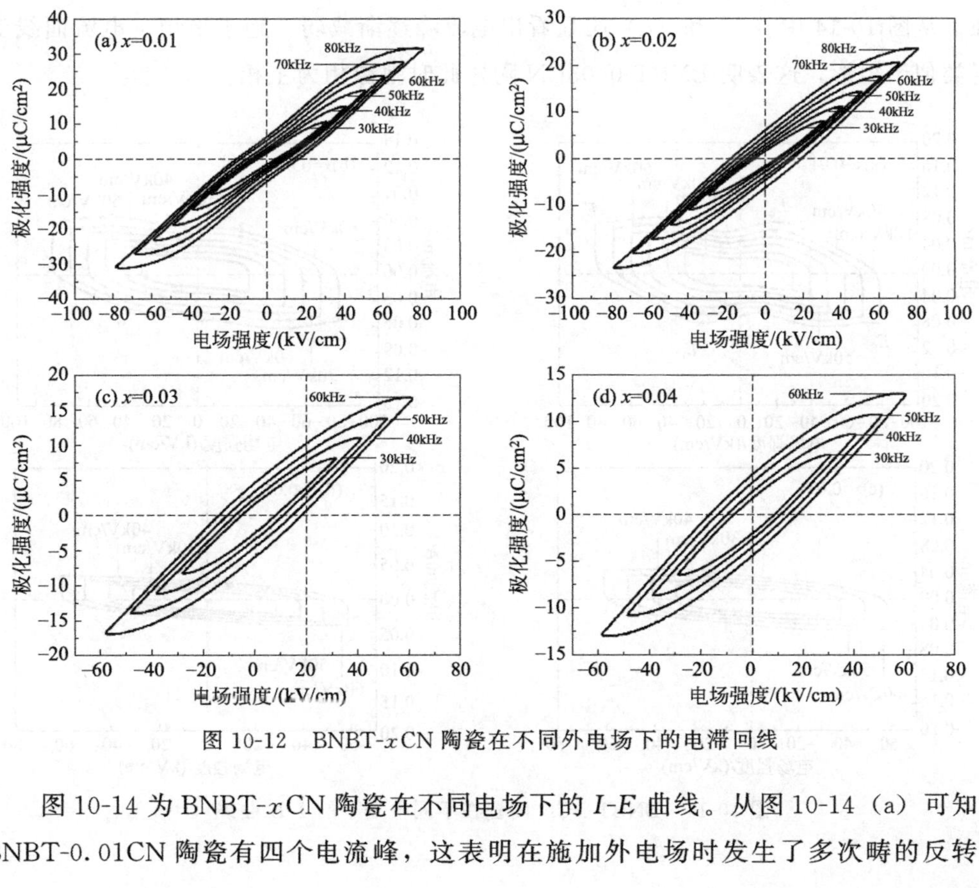

图 10-12　BNBT-xCN 陶瓷在不同外电场下的电滞回线

图 10-14 为 BNBT-xCN 陶瓷在不同电场下的 I-E 曲线。从图 10-14（a）可知，BNBT-0.01CN 陶瓷有四个电流峰，这表明在施加外电场时发生了多次畴的反转，

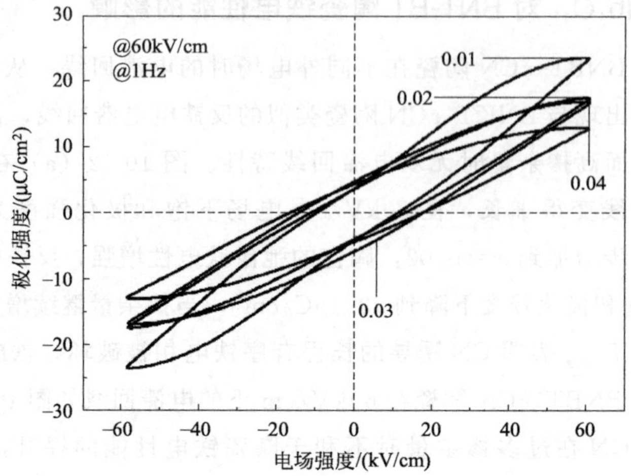

图 10-13　BNBT-xCN 陶瓷在 60kV/cm 下的电滞回线

双电流峰对应于类反铁电体，这与 BNKT-xCN 的 I-E 曲线是一致的。随着掺杂量的进一步增加，CN 掺杂导致 BNBT 陶瓷长程有序铁电相被破坏，陶瓷的弛豫性增强。从图 10-14 中（c）和（d）明显看出电流峰逐渐减弱，趋于平坦，电流曲线变得类似于矩形，这表明 BNBT-0.03CN 陶瓷此时弛豫相为主相。

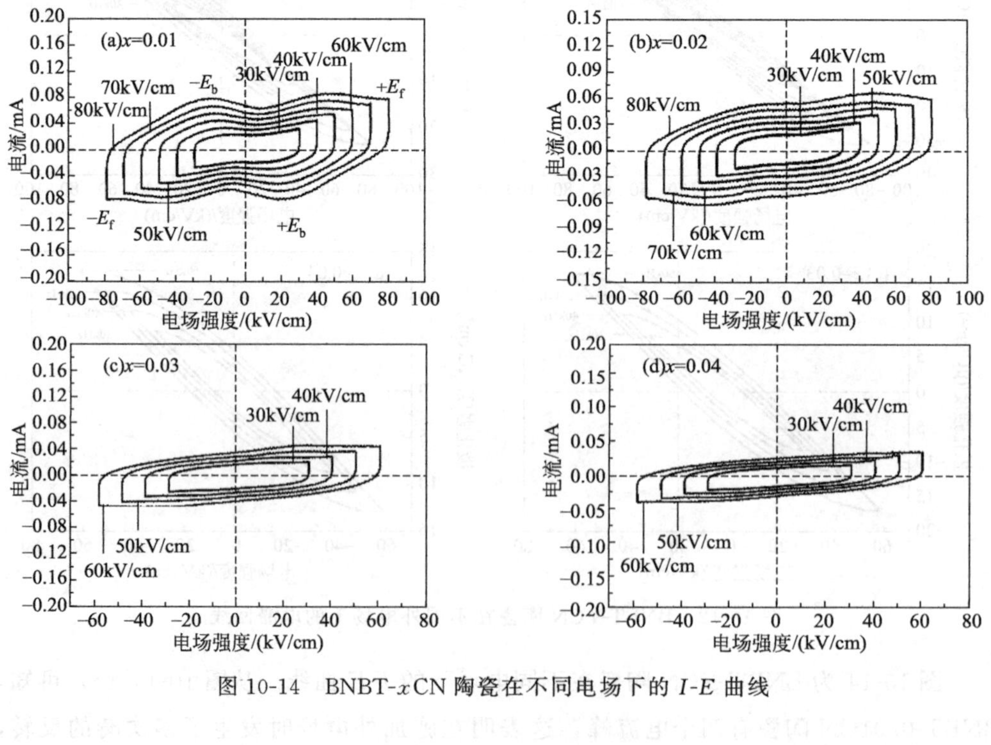

图 10-14　BNBT-xCN 陶瓷在不同电场下的 I-E 曲线

10.4.4 $Cs_2Nb_4O_{11}$ 对 BNT-BT 陶瓷储能性能的影响

通过电滞回线积分计算获得储能密度与储能效率，表 10-2 为 BNBT-xCN 陶瓷在不同电场下的储能密度与储能效率。从表 10-2 可知，在 x=0.01 和 80kV/cm 电场时获得较佳的储能性能，其储能密度达 0.70J/cm^3，储能效率达到 44.83%。随着 CN 掺杂量的增加，P_{max} 显著降低，而电滞回线的形状基本不变，导致储能密度与储能效率都有所下降。

表 10-2 BNBT-xCN 在不同电场下的储能密度与储能效率

成分点	0.01 (80kV/cm)	0.02 (80kV/cm)	0.01 (60kV/cm)	0.02 (60kV/cm)	0.03 (60kV/cm)	0.04 (60kV/cm)
储能密度 /(J/cm^3)	0.70	0.52	0.47	0.33	0.27	0.18
储能效率 /%	44.83	44.24	52.96	49.92	41.15	31.79

10.4.5 $Cs_2Nb_4O_{11}$ 对 BNT-BT 陶瓷应变性能的影响

图 10-15 为 BNBT-xCN 陶瓷在室温和 1 Hz 时不同电场下的双极型电致应变。从图 10-15（a）可以看出，少量的 CN 掺杂就可以显著改变 BNBT 陶瓷的电致应变性能，而且电致应变曲线呈不对称的嫩芽形，这表明陶瓷本身具有一定的自发极化性，同时 CN 的掺杂使陶瓷弛豫性增强。在 x=0.01 时，正向应变最大值为 0.19%。当 CN 继续增加后，从图 10-15（b）可以看出最大正应变变化较小，在 x=0.02 时获得最大正向应变为 0.20%，但是应变迟滞相对增大。随着掺杂量的继续增加，从图 10-15 中（c）和（d）中可以观察到应变量非常小，对比图 10-15（e）可知在 60kV/cm 时应变量下降到仅有 0.03%。此时弛豫态更稳定，这说明铁电态向弛豫态的转变更加彻底，此时稳定的弛豫态需要更大的电场来诱导弛豫-铁电相变[18]。

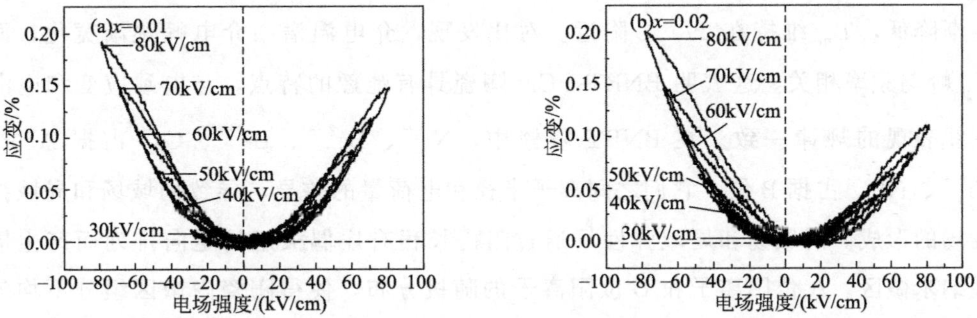

图 10-15

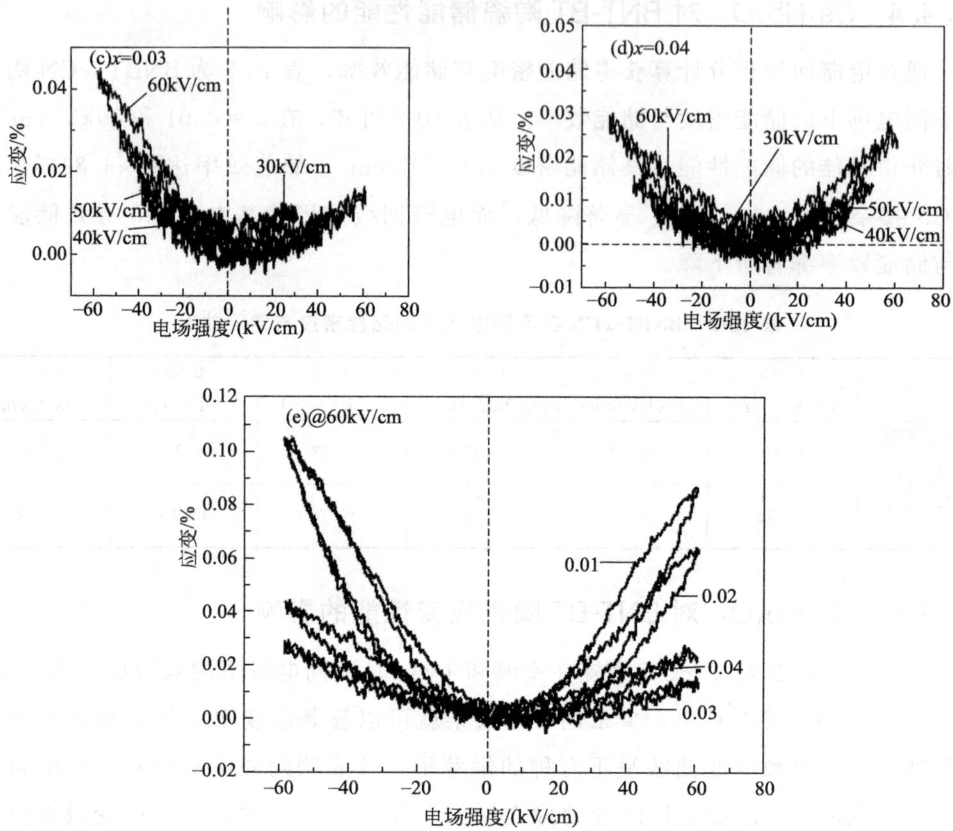

图 10-15 BNBT-xCN 陶瓷在不同电场（a）～（d）和不同成分（e）时的电致应变

10.4.6 $Cs_2Nb_4O_{11}$ 对 BNT-BT 陶瓷介电性能的影响

图 10-16 为极化后 BNBT-xCN 陶瓷的介电温谱。从图 10-16 可以看出，极化后的介电温谱中有两个介电异常峰 T_p 和 T_m，未观察到 T_d 峰是因为 T_d 降到测试下限（室温）以下。介电异常峰与陶瓷的相演变有关。当 CN 含量增加，介电常数逐渐降低，T_m 维持在 290 ℃附近。对比发现，介电温谱中介电峰逐渐宽化，而 T_p 峰与频率相关，这表明 BNBT-xCN 陶瓷具有弛豫的特点，与电致应变和电滞回线表现的规律一致。在 BNBT 陶瓷中，Na^+、Ba^{2+}、Bi^{3+}、Cs^+ 占据 A 位，Ti^{4+}、Nb^{5+} 占据 B 位，它们之间离子半径和电荷量的差异，导致局域场和局域弹性场的形成。局域场和局域弹性场通过阻碍长程有序偶极矩的定向排列而产生极性纳米微区。A 位阳离子和 B 位阳离子的随机分布，使得陶瓷内微区组分不均匀以及性质不同，导致 BNKT-xCN 陶瓷的介电峰出现宽化和弥散的特性。

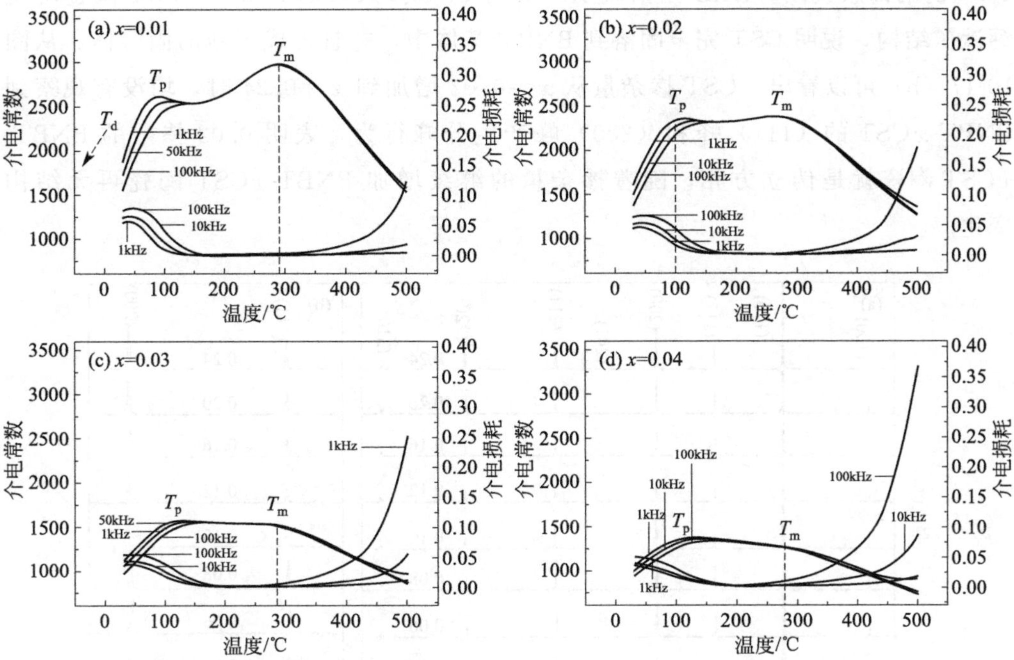

图 10-16　BNBT-xCN 陶瓷极化后的介电常数和介电损耗随温度的变化

10.5　$Ca_{0.3}Sr_{0.7}TiO_3$ 对 BNT-BT 陶瓷结构和性能的影响

具有 ABO_3 结构的晶体，判断其是否具有反铁电性，可以通过公式（9-1）计算容差因子 t 的方法得出，通常 t 的数值越接近于 0，反铁电性能就越稳定。根据公式如果 A 位离子越小，那么 t 值就越小。$SrTiO_3$ 如果用离子半径更小的 Ca^{2+} 适当比例取代 Sr^{2+}，就可以使反铁电性更稳定。在 $Ca_xSr_{1-x}TiO_3$（CST）陶瓷中，由于 Ca^{2+} 添加量的变化，会产生不同的相变。Ranjan 等[19] 研究发现 $Ca_xSr_{1-x}TiO_3$ 中 x 的取值在 0.06～0.12 之间会产生特殊的介电现象，被认为是反铁电相与铁电相转变的结果。在 $0.12<x<0.4$ 范围内，低温下的 CST 由弛豫铁电体变为反铁电体的 *Pbcm* 相。当 x 高于 0.4 之后则无反铁电特性。因此，选择成分比为 $Ca_{0.3}Sr_{0.7}TiO_3$ 的 CST，将其引入 0.94BNT-0.06BT 和 0.82BNT-0.18BKT 陶瓷中，调控其微观结构和电学特性。

10.5.1　$Ca_{0.3}Sr_{0.7}TiO_3$ 对 BNT-BT 陶瓷相组成的影响

图 10-17（a）为 BNBT-xCST 陶瓷的 XRD 图谱，图 10-17（b）是 37.9°～

48.6°的局部放大图。XRD 图谱表明，不同 CST 掺杂量的 BNBT-xCST 陶瓷均是钙钛矿结构，说明 CST 完全固溶到 BNBT 基体中，并且形成了新的固溶体。从图 10-17（b）可以看出，CST 掺杂量从 $x=0.02$ 增加到 $x=0.24$ 时，均没有观察到 BNBT-xCST 的（111）峰和（200）峰产生分峰行为，表明 0.02 掺杂的 BNBT-xCST 陶瓷就是伪立方相，随着掺杂量的继续增加 BNBT-xCST 陶瓷再无结构变化。

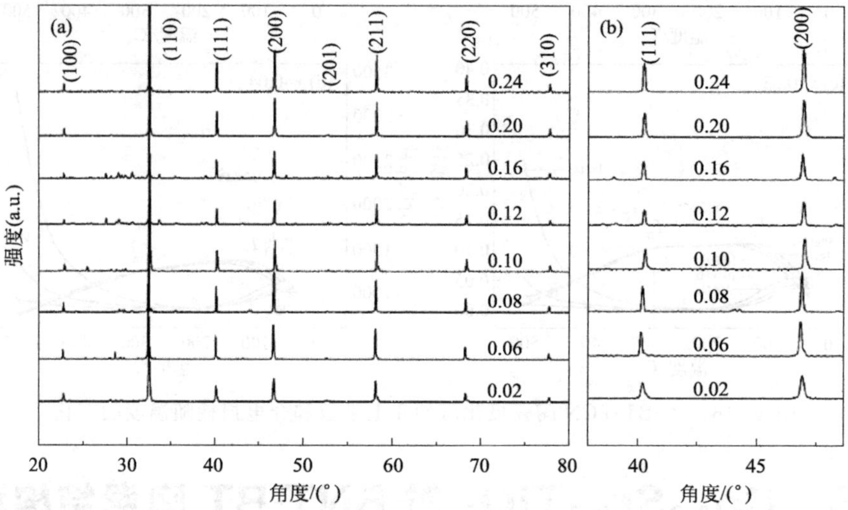

图 10-17　BNBT-xCST 陶瓷的 XRD 谱

10.5.2　$Ca_{0.3}Sr_{0.7}TiO_3$ 对 BNT-BT 陶瓷显微结构的影响

图 10-18 为 BNBT-xCST 陶瓷在 1130℃ 保温 4h 后的表面微观形貌。从图 10-18 可知，$x=0.02$ 的陶瓷表面生成一些熔融状物质，中间夹杂生长的晶粒，对 $x=0.02$ 的陶瓷来说可能是因为烧结温度过高或保温时间过长。随着掺杂量的增加，$x=0.06$ 和 0.08 的 BNBT-xCST 陶瓷的晶粒致密堆积，晶粒尺寸变化小，其中 $x=0.06$ 时仍然有少量熔融状物质，它们的平均晶粒尺寸分别为 2.49μm 和 2.39μm。随着 CST 掺杂量的进一步增加，陶瓷的晶粒尺寸逐渐减小，熔融物彻底消失，在 $x=0.16$ 时获得最小晶粒尺寸，其平均尺寸为 1.38μm，这表明适量的 CST 掺杂具有抑制晶界迁移、细化晶粒的作用。$x=0.16$ 时的晶粒形状不规则呈嫩叶状，且有少量的孔洞，这可能是由于 CST 固溶到 BNBT 基材内，不同离子的取代引起晶格发生局部畸变，产生内部应力，晶格表面原子与晶格分离以平衡这个应力，从而使晶界的迁移受到限制，导致晶粒变小并且不规则[20]。CST 掺杂量在 $x=0.16$ 以后，细小的晶粒呈现出圆球状形貌结构，晶粒尺寸略有增大，且存

在微小孔洞。$x=0.20$ 和 0.24 时的平均晶粒尺寸分别为 1.51μm 和 1.67μm。晶粒尺寸增大可能是 CST 掺杂过量造成晶格畸变加大，从而有利于烧结过程中的离子传质，导致晶粒生长。

图 10-18　BNBT-xCST 陶瓷的表面微观形貌

10.5.3　$Ca_{0.3}Sr_{0.7}TiO_3$ 对 BNT-BT 陶瓷铁电性能的影响

图 10-19 是不同 CST 含量的 BNBT-xCST 陶瓷在不同电场（1Hz）时的 I-E 曲线。从图 10-19 中（a）和（b）可知，纯的 BNBT 陶瓷在 E_c 位置存在 $\pm I_1$ 两个电流峰，这与典型的铁电特性相对应。随着掺杂量的增加，如图 10-19 中（c）和

(d) 所示，$\pm I_1$ 电流峰向低场方向移动，这是因为掺杂量的增加降低了铁电畴的稳定性。在掺杂量达到 $x=0.12$ 后，从图 10-19 (e) 可以清楚地观察到 $\pm I_1$ 和 $\pm I_2$ 四个明显的电流峰，表明在施加外电场时发生了多次畴的翻转，双电流峰与反铁电体的特性一致。在 $x=0.12$ 以后，$+I_1$ 电流峰值逐渐移至第二象限。图 10-19 中 (e)、(f) 和 (g) 的 I-E 曲线都比较相似，只是随着掺杂量的增加，电流峰的强度逐渐减弱，可以判断这三种组成的 BNBT 陶瓷均可获得反铁电相。但是，当掺杂量达到 $x=0.24$ 时，如图 10-19 (h) 所示，四个电流峰消失，电流曲线趋于平坦，表明反铁电相逐渐向弛豫铁电相转变。

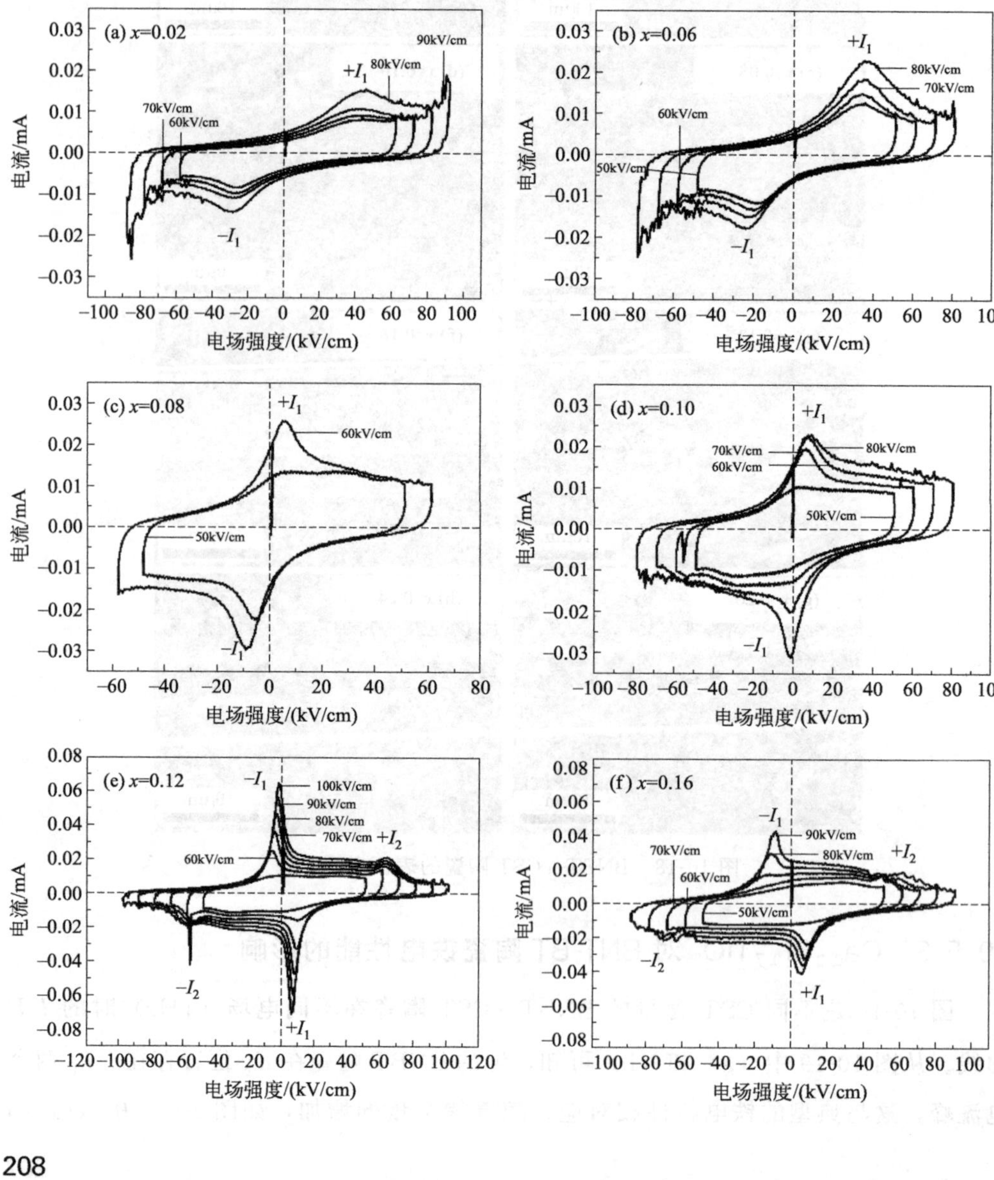

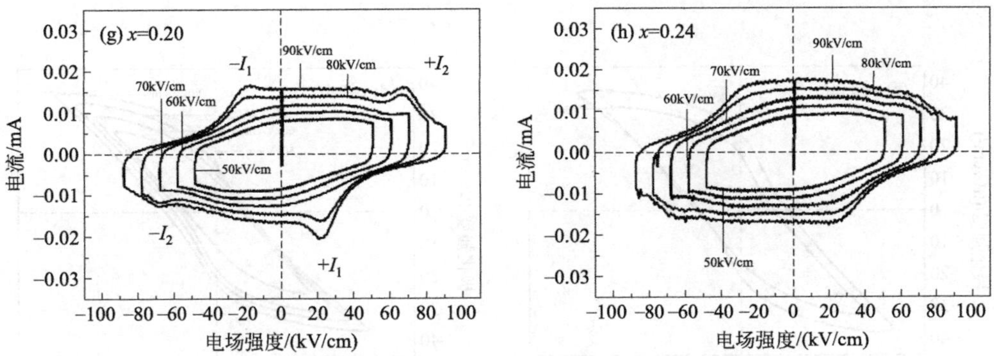

图 10-19　BNBT-xCST 陶瓷的 I-E 曲线

10.5.4　$Ca_{0.3}Sr_{0.7}TiO_3$ 对 BNT-BT 陶瓷储能性能的影响

图 10-20 为 BNBT-xCST 陶瓷在不同电场下的电滞回线。从图 10-20 可知，掺杂量较低时电滞回线呈矩形，符合典型的铁电体特征。随着掺杂量的增加，P-E 曲线变得细长，E_c 和 P_r 减小，P_{max} 逐渐增大。在 $x=0.16$ 时饱和极化强度获得最大值 51.6μC/cm^2，这表明适量掺杂可以增强 BNBT-xCST 陶瓷的铁电性。随着掺杂量的增加，尤其是超过 0.10 之后，电滞回线在原点处产生明显的收缩，同时 P_{max} 略有降低，P-E 曲线呈现出双电滞回线的反铁电特征，这表明 CST 打乱了铁电畴的长程有序结构，由极性铁电畴向反铁电微畴转变，从而在室温获得了反铁电相。在 $x=0.12$ 时的储能密度为 0.58J/cm^3，储能效率较低仅为 24.5%。随着掺杂量的进一步增加，电滞回线变得细长，但是反铁电体的双电滞回线变得不明显。在 $x=0.20$ 时，BNBT-xCST 陶瓷在 90kV/cm 电场下的储能密度和效率分别为 0.84J/cm^3 和 34.7%。在 $x=0.24$ 时和 90kV/cm 电场下的储能密度和效率分别为 0.96J/cm^3 和 45.7%。由此可知，CST 不仅可以调控优化 BNBT 陶瓷的电滞回线，而且可以提高陶瓷的击穿强度，有利于提升储能性能。

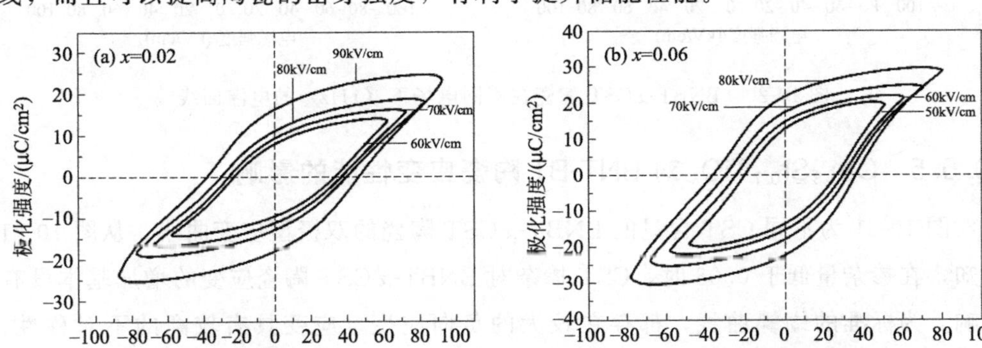

图 10-20

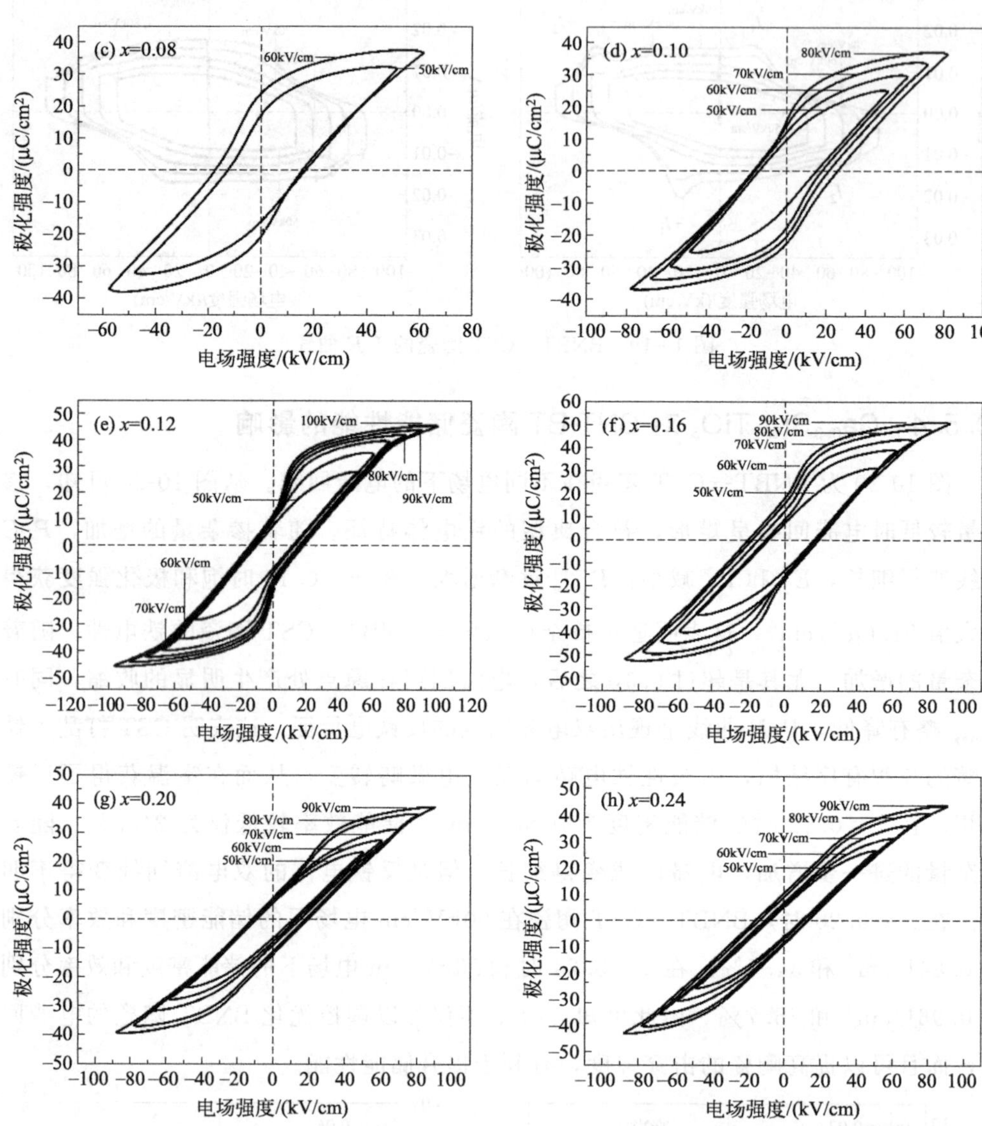

图 10-20　BNBT-xCST 陶瓷在不同电场下（1Hz）的电滞回线

10.5.5　$Ca_{0.3}Sr_{0.7}TiO_3$ 对 BNT-BT 陶瓷应变性能的影响

图 10-21 为不同 CST 含量的 BNBT-xCST 陶瓷的双极型应变曲线。从图 10-21 可知，在掺杂量低于 0.08 时，CST 掺杂对 BNBT-xCST 陶瓷应变的增加基本没有影响，为标准的蝴蝶曲线，都存在较大的负向应变。应变具有较高的不对称性，这是由于在高温下烧结了较长时间，陶瓷中含有挥发性阳离子如 Na^+ 和 Bi^{3+} 等，

高温烧结会导致这些阳离子挥发缺失，形成大量的带电点缺陷。在第一次施加电场之后，这些缺陷结构的构型被调整为更稳定的状态，并且随着电场的继续施加，这个结构基本不变。因此，它们提供了在去除电场后，将对齐的铁电畴切换回原始状态的驱动力，这有利于产生大的电致应变[21]。在一定程度上这些对齐的缺陷结构还会产生内部偏置场，导致应变曲线的高度不对称性。随着掺杂量的增加，从图 10-21（d）可以看出，在 CST 掺杂量达到 $x=0.10$ 后，正向应变急剧升高，在 80kV/cm 的电场下获得了 0.55%的巨应变，同时负向应变彻底消失，电致应变曲线变为嫩芽形，此时的 d_{33}^{*} 为 688pm/V。随着 CST 含量的继续增加，$x=0.12$ 时陶瓷在 80 kV/cm 电场下的电致应变达到最大值 0.59%，随着电场的增加不再改变，达到饱和，此时的 d_{33}^{*} 为 738pm/V。随着掺杂量的进一步增加，嫩芽形电致应变曲线变得细瘦，迟滞减小，同时电致应变获得最大值。在 $x=0.16$ 和 90 kV/cm 电场下的最大电致应变为 0.66%。如前所述，掺杂量为 0.12 和 0.16 的 BNBT-xCST 陶瓷具有大的饱和极化强度，这意味着反铁电畴和铁电畴共存，这与铌酸铯掺杂引起巨应变是类似的。因此，这种巨应变是由电场诱导的反铁电-铁电相变引起的，它通常高于正常压电效应所能达到的值[15~17]，其 d_{33}^{*} 为 733pm/V。当掺杂量达到 $x=0.20$ 后，在 80kV/cm 的电场下电致应变显著降低到 0.39%，这是由于过量的 CST 掺杂引起的相变和内建电场对电畴的钉扎效应变强，从而使饱和极化和电致应变减小。从图 10-21（g）观察到，从 80kV/cm 到 90kV/cm 的电场，应变有一个显著的下降，这是由于测量时陶瓷片已达到其击穿的极限电压，测试完成后陶瓷片已经破碎，导致应变急剧下降。当掺杂量达到 $x=0.24$ 后，在 90kV/cm 电场下电致应变为 0.56%。

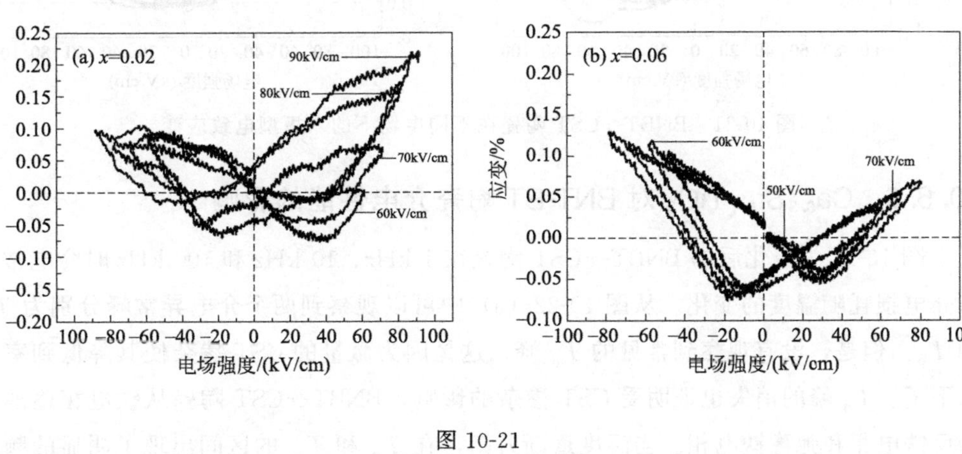

图 10-21

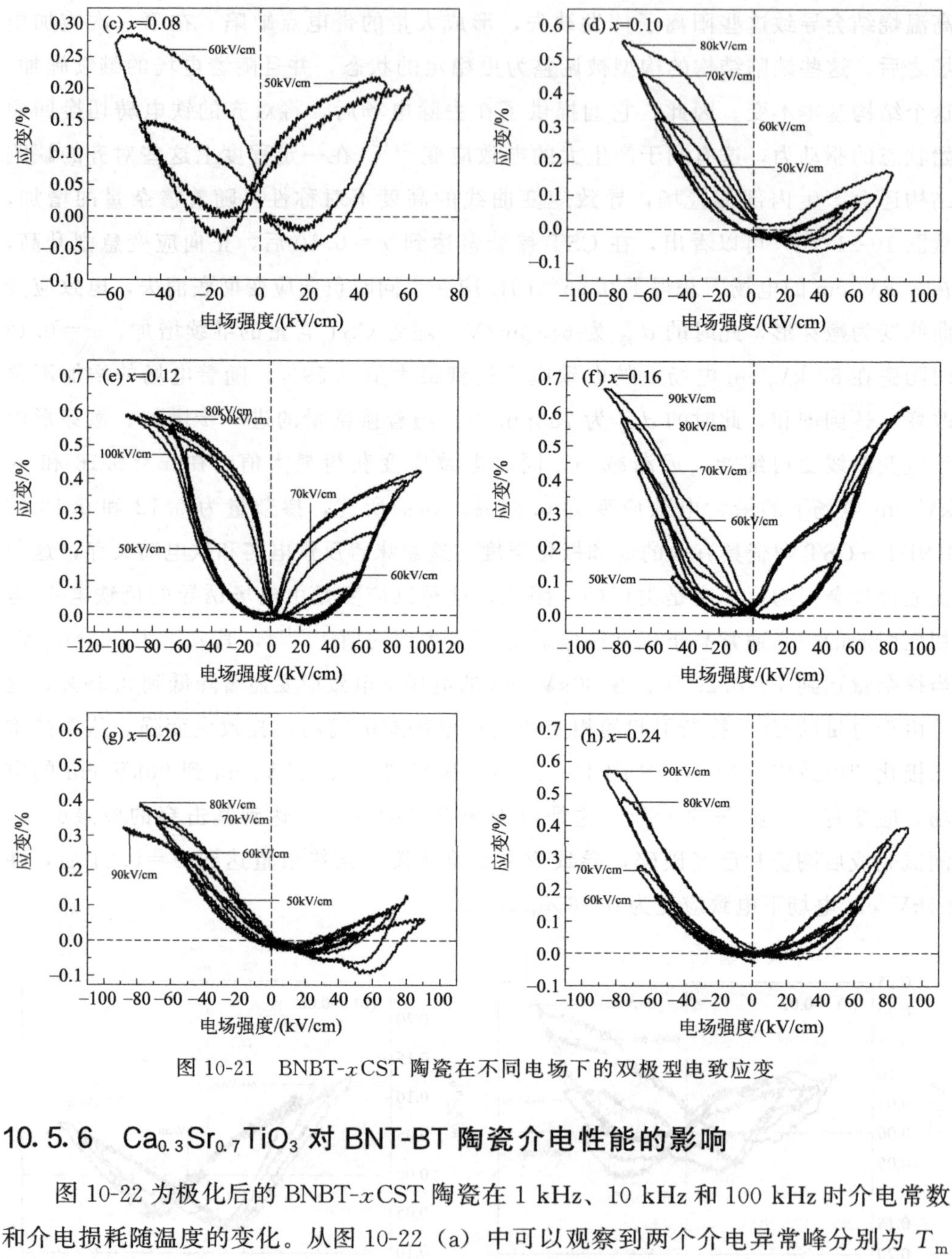

图 10-21　BNBT-xCST 陶瓷在不同电场下的双极型电致应变

10.5.6　$Ca_{0.3}Sr_{0.7}TiO_3$ 对 BNT-BT 陶瓷介电性能的影响

图 10-22 为极化后的 BNBT-xCST 陶瓷在 1 kHz、10 kHz 和 100 kHz 时介电常数和介电损耗随温度的变化。从图 10-22（a）中可以观察到两个介电异常峰分别为 T_m 和 T_p。但是，没有观察到常见的 T_d 峰，这是因为微量的 CST 掺杂使其降低到室温以下了。T_d 峰的消失也证明受 CST 掺杂的影响，BNBT-xCST 陶瓷从铁电相逐渐变为反铁电相和弛豫铁电相。当温度逐渐升高，在 T_p 和 T_m 的区间出现了明显的频率色散现象，在达到 T_m 后频率色散现象消失。T_m 峰随着 CST 掺杂量的增加逐渐向低

温方向移动，并且 CST 的掺杂对 T_m 的介电常数基本没有影响。从图 10-22（a）可知，T_m 峰从约 280℃降低到图 10-22（h）的约 230℃。从图 10-22（c）可知，在 $x=0.03$ 后的陶瓷从 T_p 峰所对应的温度到 400℃左右的介电温谱曲线对频率的依赖性减弱。对于 BNBT-xCST 陶瓷，其 A 位由 Bi^{3+}、Ca^{2+}、Na^{+} 和 Sr^{2+} 四种离子共同占据，这种多离子占位会导致材料在纳米尺寸上成分分布不均，在陶瓷内部可能会导致一些成分在某一微区内富集。除此之外，半径稍大的 Sr^{2+}（1.44Å）会不等价取代半径稍小的 Bi^{3+}（1.30Å），同时还有一些阳离子随烧结而挥发，这会造成 A 位缺乏部分阳离子进而生成氧空位，氧空位的形成会阻碍 ABO_3 结构中的 BO_6 八面体之间的耦合，导致材料的畴结构向着纳米方向转变，铁电-反铁电的弥散现象和介电常数与频率依赖性都是这种畴结构的表现。

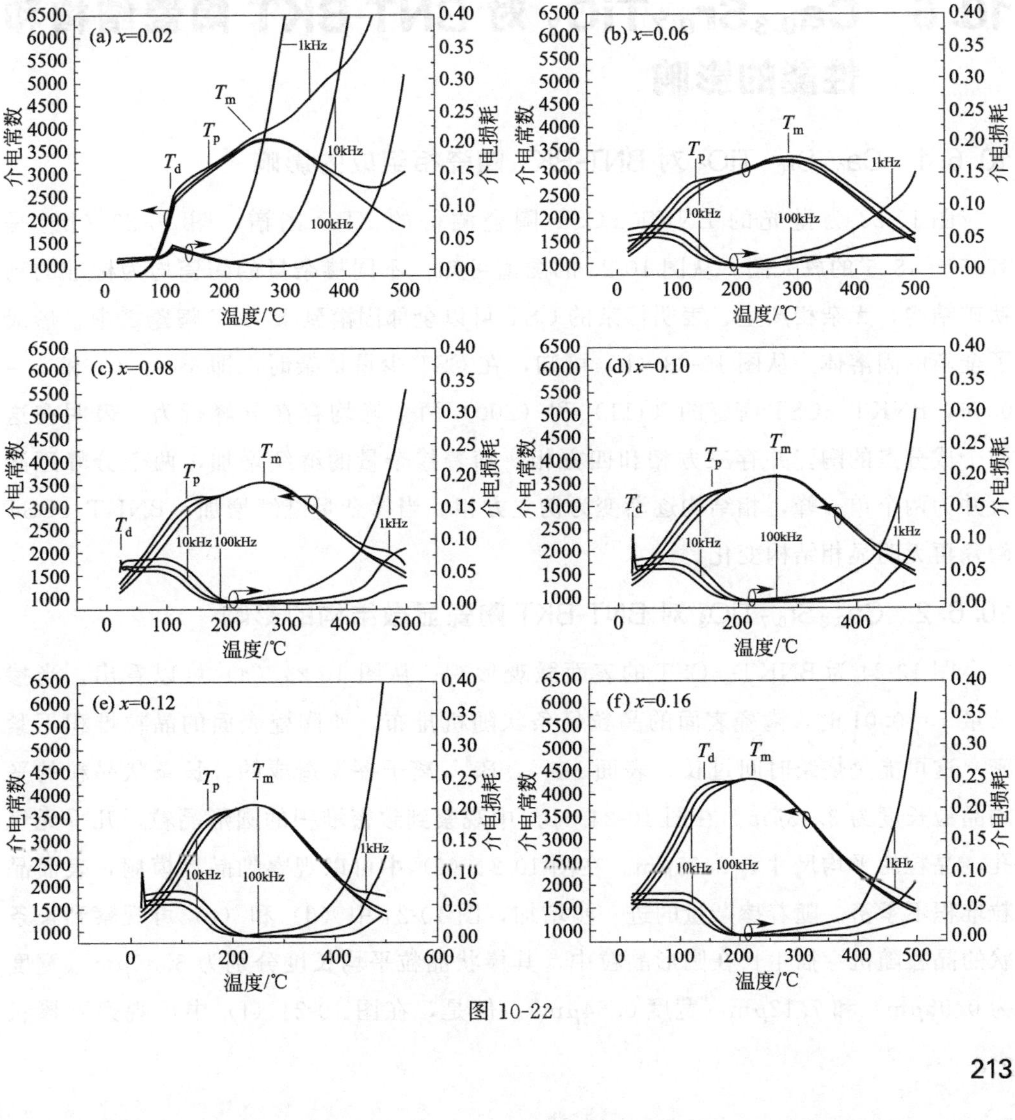

图 10-22

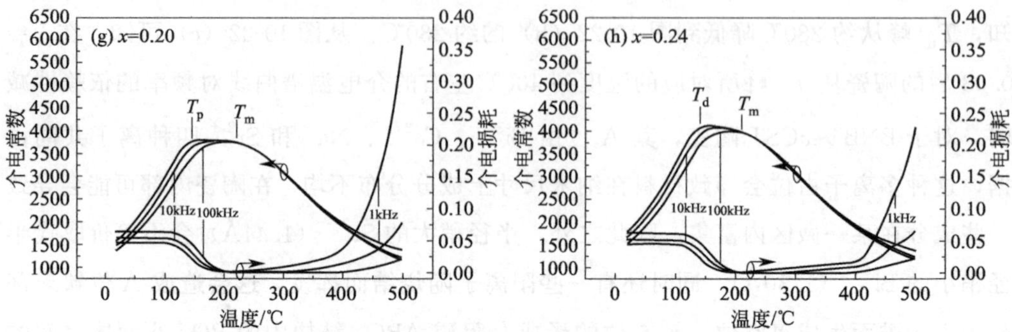

图 10-22 BNBT-xCST 陶瓷极化后的介电常数和介电损耗随温度的变化

10.6 $Ca_{0.3}Sr_{0.7}TiO_3$ 对 BNT-BKT 陶瓷结构和性能的影响

10.6.1 $Ca_{0.3}Sr_{0.7}TiO_3$ 对 BNT-BKT 陶瓷相组成的影响

图 10-23 为抛光的 BNKT-xCST 陶瓷测得的 XRD 图谱，图 10-23（b）是 37.5°～48.5°的放大图。从图 10-23 的图谱可知，不同掺杂量的陶瓷均为标准的钙钛矿结构，无杂相产生，表明掺杂的 CST 可以全部固溶到 BNKT 陶瓷之中，形成了全新的固溶体。从图 10-23（b）可知，在 CST 少量掺杂时，即 $x=0.01$ 和 $x=0.10$，BNKT-xCST 陶瓷的（111）和（200）两个峰均存在分峰行为，表明在这两个成分点的陶瓷并存三方相和四方相。随着掺杂量的继续增加，两个分峰逐渐合并为两个单一峰，相结构逐渐变为伪立方相。当掺杂量继续增加，BNKT-xCST 陶瓷再无明显相结构变化。

10.6.2 $Ca_{0.3}Sr_{0.7}TiO_3$ 对 BNT-BKT 陶瓷显微结构的影响

图 10-24 为 BNKT-xCST 的表面微观形貌。从图 10-24（a）可以看出，当掺杂量 $x=0.01$ 时，陶瓷表面的晶粒呈条状随机排布，使陶瓷表面的晶粒堆积不紧密，这可能是烧结时间过长，表面 Na^+、Bi^{3+} 离子挥发造成的，长条状晶粒的平均晶粒长度为 3.43μm。在图 10-24（b）中观察到致密堆积的圆形晶粒，几乎无气孔，晶粒的平均尺寸为 2.35μm。在图 10-24（c）中可以观察到晶界模糊，表面晶粒堆积不紧密。随着掺杂量的进一步增加，图 10-24 中（d）和（e）可观察到长条状的晶粒随机穿插生长在圆形晶粒中，其棒状晶粒平均长度分别为 5.85μm（宽度为 0.98μm）和 7.12μm（宽度 0.64μm）。但是，在图 10-24（f）中可观察到棒状

晶粒明显减少。从圆形晶粒的生长可以发现，适量的 CST 掺杂可以抑制晶粒的生长，可以起到细化晶粒的作用，促进棒状晶粒的生成。但是过量掺杂会促进晶界迁移，导致晶粒增大，这不利于提升储能性能。

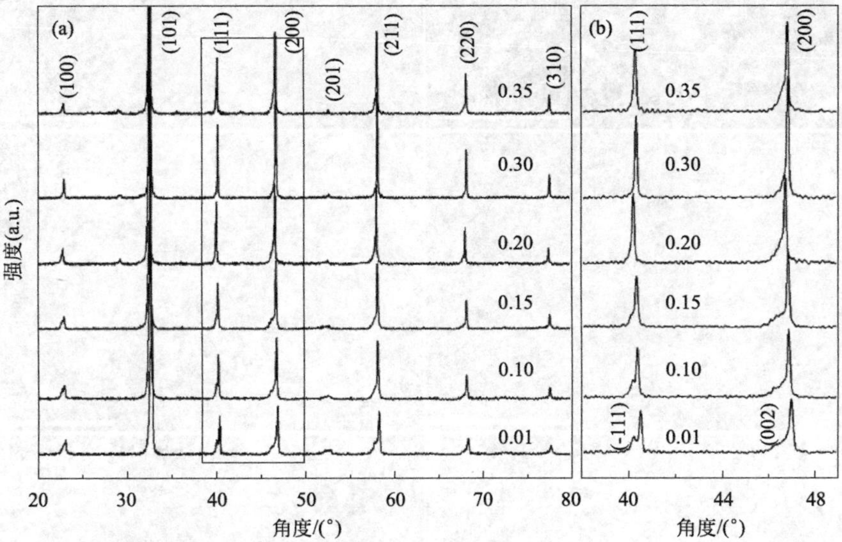

图 10-23 BNKT-xCST 陶瓷的 XRD 图谱

10.6.3 $Ca_{0.3}Sr_{0.7}TiO_3$ 对 BNT-BKT 陶瓷铁电性能的影响

图 10-25 为 BNKT-xCST 陶瓷在室温和 1Hz 时不同电场下的电流曲线。从图 10-25 可知，前两个成分点的电流曲线较为相同，仅在第一和第三象限各有一个电流峰，这是典型的铁电体特征。在图 10-25（c）中可以看出，I-E 曲线呈现出双电流峰，$\pm I_1$ 电流峰逐渐移向低电场，同时在 $+I_1$ 电流峰的右侧出现 $+I_2$ 电流峰，在 $-I_1$ 的左侧出现 $-I_2$ 电流峰，这两个电流峰的产生表明外电场作用时铁电相形成。当外加电场介于零电场与矫顽场之间时，有序的宏观铁电畴转变为随机取向的铁电畴；电场增大至高于矫顽场时，外加电场使随机排列的极性纳米微区定向排列，从一个非极化相转变为短程有序的极化相，再转变为长程有序的铁电相，这一过程与 $\pm I_2$ 电流峰对应，并且如果 $\pm I_1$ 电流峰在 y 轴附近出现，则证明当外加电场撤除后铁电相可以恢复到弛豫相。随着 CST 掺杂量的进一步增加，电流峰逐渐减弱。在 $x>0.20$ 之后，弱的电流峰使得 I-E 曲线趋于平坦，使电流曲线趋于矩形，进一步证明了长程有序的铁电相被破坏，弛豫性增强[6]。

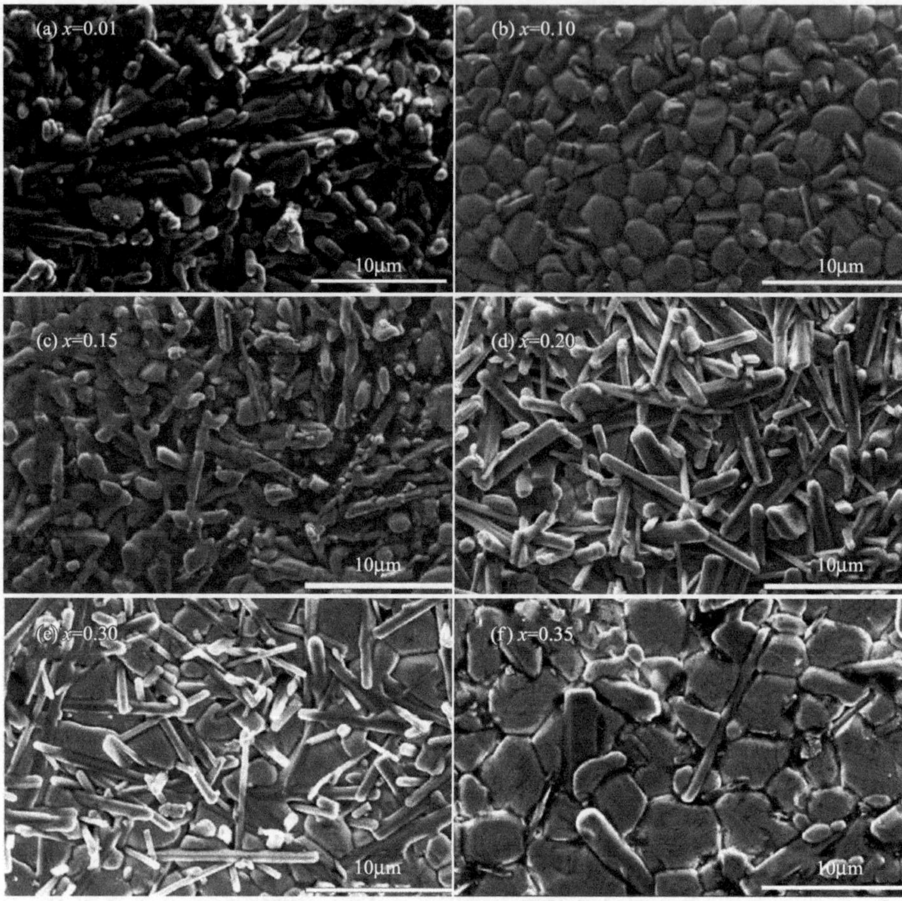

图 10-24　BNKT-xCST 陶瓷的表面微观形貌

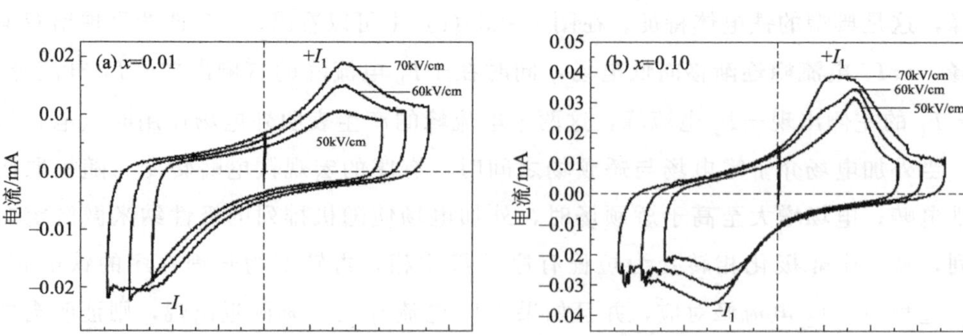

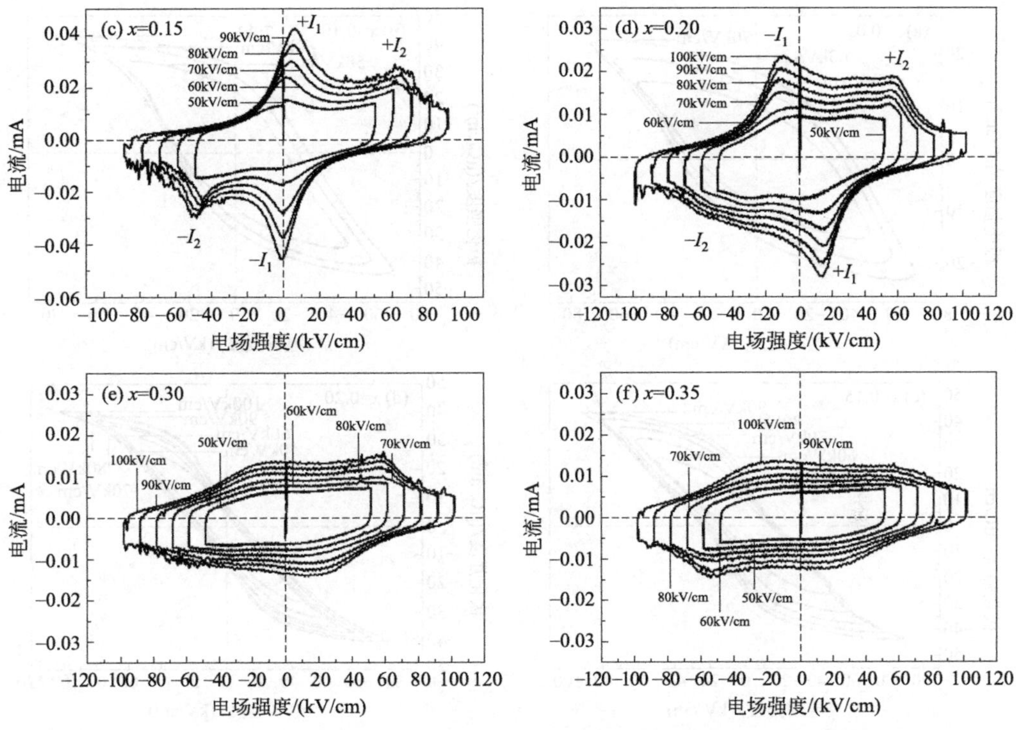

图 10-25　BNKT-xCST 陶瓷的 I-E 曲线

10.6.4　$Ca_{0.3}Sr_{0.7}TiO_3$ 对 BNT-BKT 陶瓷储能性能的影响

图 10-26 为 BNKT-xCST 在室温和 1Hz 时不同电场下的电滞回线。从图 10-26 中 (a) 和 (b) 可知，在掺杂量较低时，电滞回线接近矩形，具有较大的 E_c 和 P_r。这表明在低 CST 掺杂量时，BNKT 陶瓷的铁电性没有明显变化。随着 CST 掺杂量的增加，P_{max} 逐渐增大，电滞回线变得细长，E_c 和 P_r 逐渐降低，有利于提升储能性能。从图 10-26 (c) 可以看出陶瓷的电滞回线在 x 轴附近有收缩的现象，呈现出类似于反铁电体的电滞回线效果，在 90kV/cm 电场下达到了 43.7μC/cm^2 的较高饱和极化强度，但仍然具有较大的 E_c 和 P_r，不利于提升储能性能。随着掺杂量的进一步增加，虽然 P_{max} 在 100kV/cm 电场下为 40.3μC/cm^2，但是电滞回线逐渐变得细长，弛豫性增强，有利于提升储能性能。在 $x=0.20$ 时，储能密度为 0.77J/cm^3，其效率为 36.8%。当 x－0.30 时，在 100kV/cm 电场下的储能密度增加到 0.94J/cm^3，其效率为 53.1%，这主要是由于弛豫性增强，剩余极化强度降低。当 $x=0.35$ 和 100kV/cm 电场时，储能密度和效率分别提升到 0.96J/cm^3 和 54.6%，这是因为 CST 掺杂改变了极化特性，使电滞回线细化，降低了放电时的能量损耗。

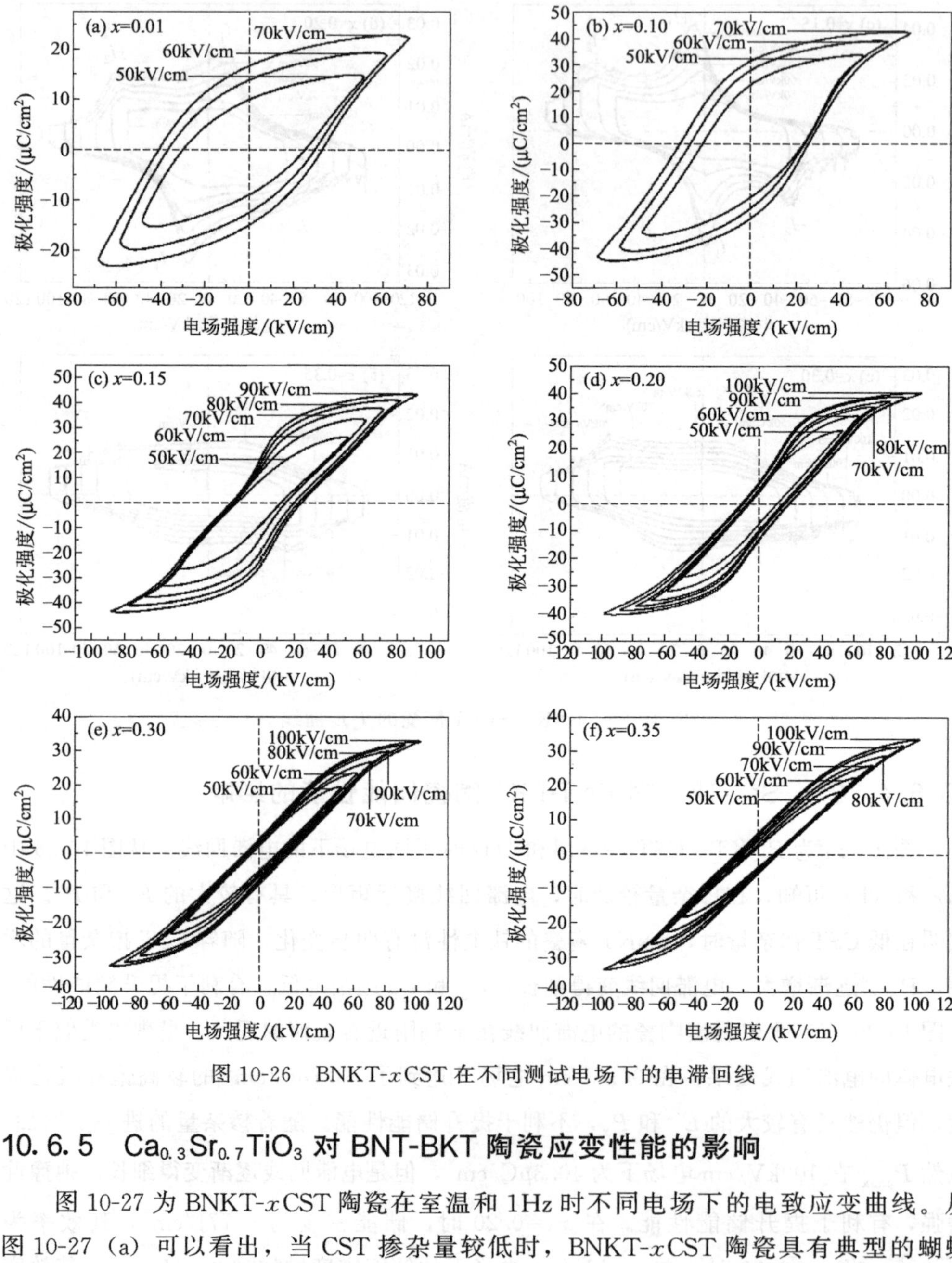

图 10-26　BNKT-xCST 在不同测试电场下的电滞回线

10.6.5　$Ca_{0.3}Sr_{0.7}TiO_3$ 对 BNT-BKT 陶瓷应变性能的影响

图 10-27 为 BNKT-xCST 陶瓷在室温和 1Hz 时不同电场下的电致应变曲线。从图 10-27（a）可以看出，当 CST 掺杂量较低时，BNKT-xCST 陶瓷具有典型的蝴蝶形电致应变曲线，具有较大的负向应变，在 70kV/cm 电场下的最大正向应变仅为 0.09%。从图 10-27（b）可观察到非对称的电致应变曲线，这是因为挥发性阳离子（如 Na^+、K^+ 和 Bi^{3+}）高温烧结时挥发损失，形成带电点缺陷[22,23]。这些缺陷结构会产生内部偏置电场，导致电致应变曲线的不对称性。当掺杂量 $x=0.15$ 时，从图

10-27（c）观察到应变曲线在 60kV/cm 达到饱和状态，应变值为 0.34%，其 d_{33}^* 为 567 pm/V，继续提高电场其应变几乎保持不变。从图 10-27（d）观察到与图 10-27（c）类似的现象，应变量达到饱和，但是应变量进一步增大，在 80kV/cm 下获得最大值为 0.49%，其 d_{33}^* 为 613pm/V。随着掺杂量的进一步增加，在 x=0.3 时的应变能力显著增加，在图 10-27（e）中可以观察到迟滞较小的巨大应变，在 100kV/cm 电场下可获得的巨应变高达 0.60%，其 d_{33}^* 为 600pm/V。随着掺杂量的进一步增加，应变显著降低，这可能与铁电性减弱、弛豫性增强有关。

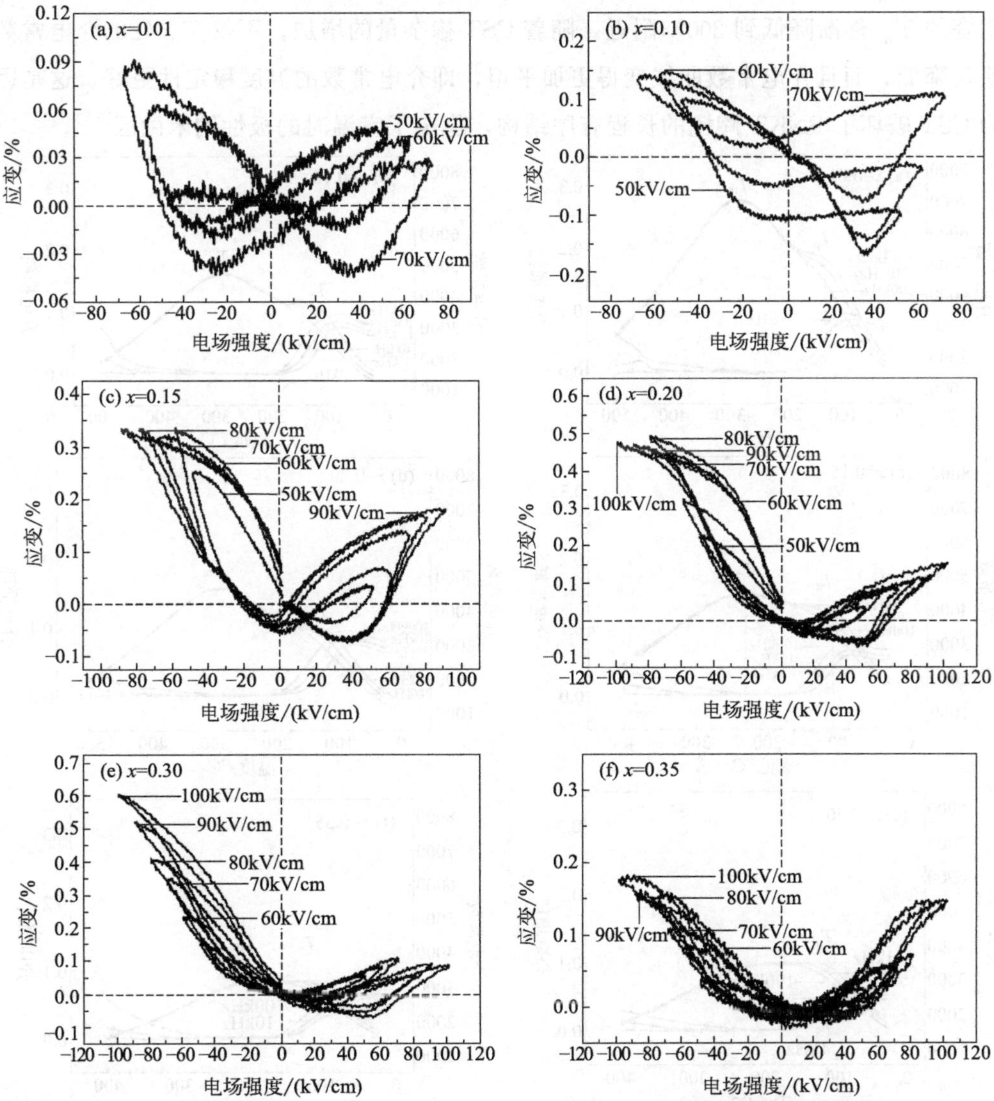

图 10-27　BNKT-xCST 陶瓷在室温和 1Hz 时不同电场下的电致应变曲线

10.6.6 $Ca_{0.3}Sr_{0.7}TiO_3$ 对 BNT-BKT 陶瓷介电性能的影响

图 10-28 为极化后的 BNKT-xCST 陶瓷在 1 kHz、10 kHz 和 100 kHz 时的介电常数和介电损耗。从图 10-28 可知，纯的 BNKT 陶瓷在极化后应该观察到 T_d、T_m 和 T_p 三个介电异常峰，但是在图 10-28（a）中没有观察到 T_d，这是由于 T_d 下降到室温以下。T_d 峰的消失也表明受 CST 掺杂的影响，BNKT-xCST 陶瓷由铁电相逐渐变为反铁电相和弛豫相。T_p 峰对应的温度基本维持在约 130℃。当 CST 的掺杂量 $x<0.2$ 时，BNKT-xCST 陶瓷的 T_m 基本保持在 280℃。当继续增加 CST 的掺杂量时，陶瓷的 T_m 逐渐降低到 200℃附近。随着 CST 掺杂量的增加，不仅 T_m 处的介电常数明显降低，而且介电常数曲线变得更加平坦，即介电常数的温度稳定性更好。这是因为 CST 破坏了 BNKT 陶瓷的长程有序结构，稳定了室温时的极性纳米微区[24]。

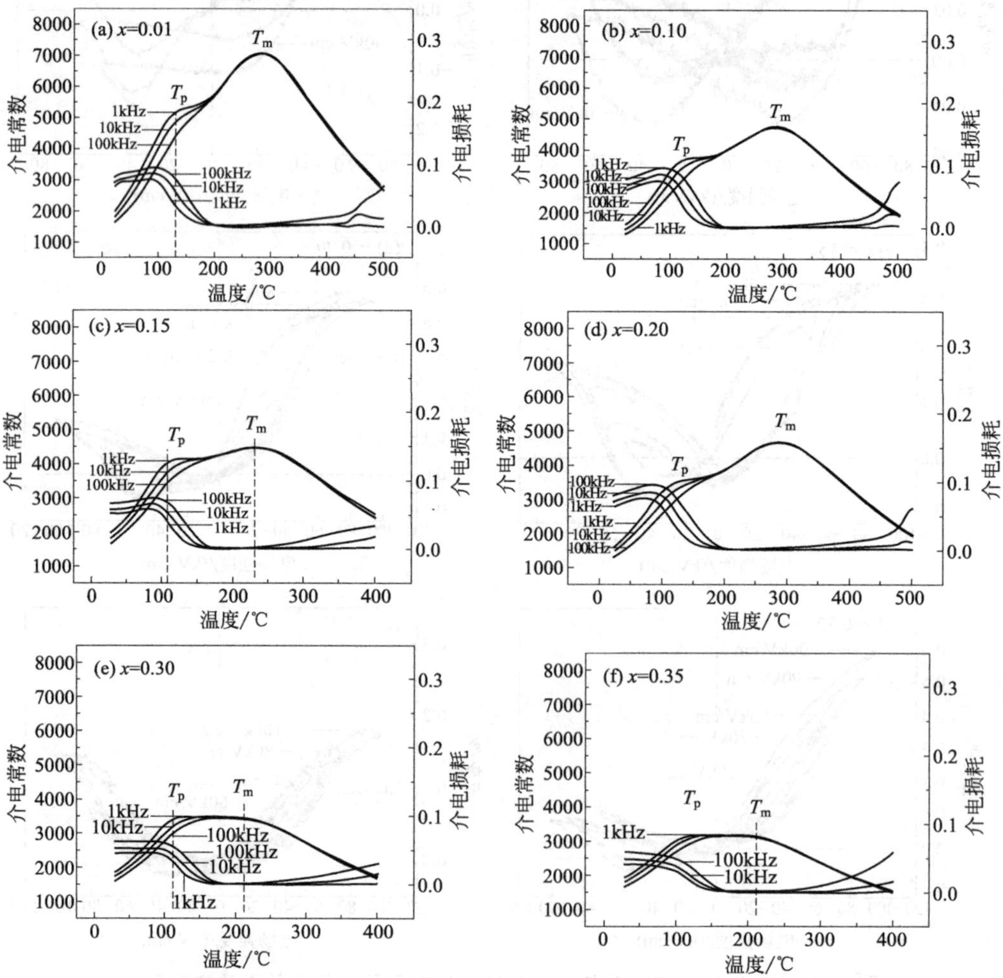

图 10-28　BNKT-xCST 陶瓷极化后的介电常数和介电损耗随温度的变化

参考文献

[1] Smith R W, Hu C, Liu J, Mei W, Lin K. Structure and antiferroelectric properties of cesium niobate, $Cs_2Nb_4O_{11}$ [J]. Journal of Solid State Chemistry, 2007, 180 (4): 1193-1197.

[2] Wu L, Xiao D, Lin D, Zhu J, Yu P. Synthesis and properties of $[Bi_{0.5}(Na_{1-x}Ag_x)_{0.5}]_{1-y}Ba_yTiO_3$ piezoelectric ceramics [J]. Japanese Journal of Applied Physics, 2005, 44 (12): 8515-8518.

[3] Wu J, Mahajan A, Riekehr L, Zhang H, Yang B, Meng N, Zhang Z, Yan H. Perovskite $Sr_x(Bi_{1-x}Na_{0.97-x}Li_{0.03})_{0.5}TiO_3$ ceramics with polar nano regions for high power energy storage [J]. Nano Energy, 2018, 50: 723-732.

[4] Zhu Y, Zhang Y, Xie B, Fan P, Marwat M A, Ma W, Wang C, Yang B, Xiao J, Zhang H. Large electric field-induced strain in $AgNbO_3$-modified $0.76Bi_{0.5}Na_{0.5}TiO_3$-$0.24SrTiO_3$ lead-free piezoceramics [J]. Ceramics International, 2018, 44 (7): 7851-7857.

[5] Guo Y, Fan H, Shi J. Origin of the large strain response in tenary $SrTi_{0.8}Zr_{0.2}O_3$ modified $Bi_{0.5}Na_{0.5}TiO_3$-$Bi_{0.5}K_{0.5}TiO_3$ lead-free piezoceramics [J]. Journal of Materials Science, 2014, 50 (1): 403-411.

[6] Li F, Liu Y, Lyu Y, Qi Y, Yu Z, Lu C. Huge strain and energy storage density of A-site La^{3+} donor doped $(Bi_{0.5}Na_{0.5})_{0.94}Ba_{0.06}TiO_3$ ceramics [J]. Ceramics International, 2017, 43 (1): 106-110.

[7] Yu Z, Liu Y, Shen M, Li F, Qian H. Enhanced energy storage properties of $BiAlO_3$ modified $Bi_{0.5}Na_{0.5}TiO_3$-$Bi_{0.5}K_{0.5}TiO_3$ lead-free antiferroelectric ceramics [J]. Ceramics International, 2017, 43 (10): 7653-7659.

[8] Xu C, Fu Z, Liu Z, Wang Z L, Yan S, Chen X, Cao F, Dong X, Wang G. La/Mn codoped $AgNbO_3$ lead-free antiferroelectric ceramics with large energy density and power density [J]. ACS Sustainable Chemistry & Engineering, 2018, 6 (12): 16151-16159.

[9] Zhang L, Pu Y, Chen M, Liu G. Antiferroelectric-like properties in MgO-modified $0.775Na_{0.5}Bi_{0.5}TiO_3$-$0.225BaSnO_3$ ceramics for high power energy storage [J]. Journal of the European Ceramic Society, 2018, 38 (16): 5388-5395.

[10] Qiu Y, Lin Y, Liu X, Yang H. $Bi(Mg_{2/3}Nb_{1/3})O_3$ addition inducing high recoverable energy storage density in lead-free $0.65BaTiO_3$-$0.35Bi_{0.5}Na_{0.5}TiO_3$ bulk ceramics [J]. Journal of Alloys and Compounds, 2019, 797: 348-355.

[11] Lu B, Li P, Tang Z, Yao Y, Gao X, Wolfgang K, Lu S. Large electrocaloric effect in relaxor ferroelectric and antiferroelectric lanthanum doped lead zirconate titanate ceramics [J]. Scientific Reports, 2017, 7: 45335.

[12] Cheng R, Xu Z, Chu R, Hao J, Du J, Jia W, Li G. Large piezoelectric effect in $Bi_{1/2}Na_{1/2}TiO_3$-based lead-free piezoceramics [J]. Ceramics International, 2015, 41 (6): 8119-8127.

[13] Zhao L, Liu Q, Zhang S, Li J. Lead-free $AgNbO_3$ anti-ferroelectric ceramics with an enhanced energy storage performance using MnO_2 modification [J]. Journal of Materials Chemistry C, 2016, 4 (36): 8380-8384.

[14] Sun H, Wang X, Yao X. Effect of WO_3 doping on dielectric and ferroelectric properties of 0.94

$(Bi_{0.5}Na_{0.5})$ TiO_3-0.06$BaTiO_3$ ceramics [J]. Ceramics International, 2012, 38: S373-S377.

[15] Fan P, Zhang Y, Zhu Y, Ma W, Liu K, He X, Marwat M A, Xie B, Li M, Zhang H. Large strain under low driving field in lead-free relaxor/ferroelectric composite ceramics [J]. Journal of the American Ceramic Society, 2019, 102 (7): 4113-4126.

[16] Zhang S T, Kounga A B, Aulbach E, Granzow T, Jo W, Kleebe H, Rodel J. Lead-free piezoceramics with giant strain in the system $Bi_{0.5}Na_{0.5}TiO_3$-$BaTiO_3$-$K_{0.5}Na_{0.5}NbO_3$. Ⅰ. Structure and room temperature properties [J]. Journal of Applied Physics, 2008, 103: 034107.

[17] Zhang S T, Kounga A B, Aulbach E, Jo W, Granzow T, Ehrenberg H, Rodel J. Lead-free piezoceramics with giant strain in the system $Bi_{0.5}Na_{0.5}TiO_3$-$BaTiO_3$-$K_{0.5}Na_{0.5}NbO_3$. Ⅱ. Temperature dependent properties [J]. Journal of Applied Physics, 2008, 103: 034108.

[18] Bai W, Chen D, Huang Y, Zheng P, Zhong J, Ding M, Yuan Y, Shen B, Zhai J, Ji Z. Temperature-insensitive large strain response with a low hysteresis behavior in BNT-based ceramics [J]. Ceramics International, 2016, 42 (6): 7669-7680.

[19] Ranjan R, Pandey D. Siruguri V, Krishna P S R, Paranjpe S K. Novel structural features and phase transition behaviour of $(Sr_{1-x}Ca_x)$ TiO_3: Ⅰ. Neutron diffraction study [J]. Journal of Physics Condensed Matter, 1999, 11 (10): 2233.

[20] 马武祥，杜慧玲，郝星辰．CeO_2 掺杂钛酸铋钠钾陶瓷的制备工艺与介电性能 [J]. 硅酸盐通报，2017，36 (5)：1679-1685.

[21] Wu L, Shen B, Hu Q, Chen J, Wang Y, Xia Y, Yin J, Liu Z. Giant electromechanical strain response in lead-free $SrTiO_3$-doped $(Bi_{0.5}Na_{0.5}TiO_3$-$BaTiO_3)$ -$LiNbO_3$ piezoelectric ceramics [J]. Journal of the American Ceramic Society, 2017, 100 (10): 4670-4679.

[22] Jin L, Li F, Zhang S. Decoding the fingerprint of ferroelectric loops: comprehension of the material properties and structures [J]. Journal of the American Ceramic Society, 2014, 97 (1): 1-27.

[23] Zhang X, Jiang G, Liu D, Yang B, Cao W. Enhanced electric field induced strain in $(1-x)$ $((Bi_{0.5}Na_{0.5})$ TiO_3-Ba (Ti, Zr) $O_3)$ -x$SrTiO_3$ ceramics [J]. Ceramics International, 2018, 44 (11): 12869-12876.

[24] Hussain A, Ahn C, Ullah A, Lee J, Kim I. Dielectric, ferroelectric and field-induced strain behavior of $K_{0.5}Na_{0.5}NbO_3$-modified $Bi_{0.5}(Na_{0.78}K_{0.22})_{0.5}TiO_3$ lead-free ceramics [J]. Ceramics International, 2012, 38 (5): 4143-4149.